2010—2022年
滨州市小麦产量主要影响因素分析

◎ 宋元瑞　卢振宇　张　洁　主编

中国农业科学技术出版社

图书在版编目（CIP）数据

2010—2022年滨州市小麦产量主要影响因素分析 / 宋元瑞，卢振宇，张洁主编. --北京：中国农业科学技术出版社，2023. 3

ISBN 978-7-5116-6057-2

Ⅰ. ①2… Ⅱ. ①宋… ②卢… ③张… Ⅲ. ①小麦－产量因素－研究 Ⅳ. ①S512.1

中国版本图书馆CIP数据核字（2022）第225450号

责任编辑 白姗姗
责任校对 马广洋
责任印制 姜义伟 王思文

出 版 者 中国农业科学技术出版社
北京市中关村南大街12号 邮编：100081
电 话 （010）82106638（编辑室） （010）82109702（发行部）
（010）82109709（读者服务部）
网 址 https: // castp.caas.cn
经 销 者 各地新华书店
印 刷 者 北京建宏印刷有限公司
开 本 185 mm × 260 mm 1/16
印 张 17.75
字 数 400千字
版 次 2023年3月第1版 2023年3月第1次印刷
定 价 98.00元

《2010—2022年滨州市小麦产量主要影响因素分析》

编 委 会

前 言

滨州市地处黄河下游的鲁北黄泛冲积平原，山东省北部、黄河三角洲腹地，为温带大陆性季风气候特征；灌溉水源以黄河水为主。小麦是滨州市第一大粮食作物，2022年全市小麦种植面积422万亩，面积、总产量均占全市粮食生产的一半左右。抓好小麦生产，对于完成粮食生产任务、提高种植户收入、确保国家粮食安全及国民经济持续稳定发展均具有非常重要的意义。

本书总结了近十几年来滨州市小麦每年的播种基础、生产过程的气象条件、采取的管理措施及最后的产量构成，以期总结其中的经验教训，为当地广大农业技术推广人员和种植户参考。本书在编写过程中得到了滨州市农业农村局、滨州市农业技术推广中心、滨州黄河三角洲高效生态产业现代技术研究院等单位领导、专家的大力支持和帮助，在此表示衷心感谢。由于编者水平有限，书中不妥之处在所难免，敬请批评指正。

编 者

2023年2月

目　录

第一章　2010—2011年度小麦产量主要影响因素分析

第一节　2010年播种基础及秋种技术措施

2010年小麦秋种工作总的思路是：以高产创建为抓手，以规范化播种为突破口，优化品种布局，搞好配方施肥，提高播种质量，切实打好秋种基础。从这几年的情况看，滨州市秋种质量逐年提高，但还存在着有机肥施用不足、连年旋耕造成耕层变浅、秸秆还田地块镇压不实等问题，针对滨州市实际重点抓好以下技术措施。

一、选用适宜品种，充分发挥良种的增产潜力

各地以小麦良种补贴项目为平台，根据当地的生态条件、地力基础、灌溉情况等因素选择适宜品种。据气象部门预测，2010年冬季气温可能偏低，因此，要坚决杜绝抗寒性差的品种。推荐品种布局如下。

（一）水浇条件较好地区

以济麦22、良星99、潍麦8号、济麦20（强筋）、良星66、济南17号（强筋）、洲元9369（强筋）、烟农19号（强筋）、烟农24号、青丰1号、烟农23号、烟农5158、山农17等为主。

（二）水浇条件较差旱地

主要以鲁麦21号、烟农21号、青麦6号、山农16、烟农0428、青麦7号等为主。

（三）盐碱地

建议种植德抗961、山融3号、H6756等。

二、培肥地力，切实提升土壤产出能力

土壤地力是小麦高产的基础，为培肥地力，要重点抓好以下措施。

（一）搞好秸秆还田，增施有机肥

提高土壤有机质含量的方法一是增施有机肥，二是进行秸秆还田。在有机肥缺乏的条件下，唯一的途径就是秸秆还田。玉米秸秆还田时应注意尽量将玉米秸秆粉碎得细一些，一般要用玉米秸秆还田机打2遍，秸秆长度低于10 cm，最好在5 cm左右。此外，各地要在推行玉米联合收获和秸秆还田的基础上，广辟肥源，增施农家肥，努力改善土壤结构，提高土壤耕层的有机质含量。一般高产田亩（1亩≈667 m^2）施有机肥3 000～4 000 kg；中低产田亩施有机肥2 500～3 000 kg。

（二）测土配方施肥

各地要结合配方施肥项目，因地制宜合理确定化肥基施比例，优化氮磷钾配比。高产田一般全生育期亩施纯氮（N）12～14 kg，磷（P_2O_5）7.5 kg，钾（K_2O）7.5 kg，硫（S）3～4 kg；中产田一般亩施纯氮（N）12～14 kg，磷（P_2O_5）6～7.5 kg，钾（K_2O）6～7.5 kg，硫（S）3～4 kg。高产田要将全部有机肥、磷肥、钾肥，氮肥的50%作底肥，翌年春季小麦拔节期追施50％的氮肥。中产田应将全部有机肥、磷肥、钾肥，氮肥的50%～60%作底肥，翌年春季小麦起身拔节期追施40%～50%的氮肥。大力推广化肥深施技术，坚决杜绝地表撒施。

三、耕旋耙压相结合，切实提高整地质量

耕作整地是小麦播前准备的主要技术环节，整地质量与小麦播种质量有着密切关系。整地要重点注意以下几点。

（一）因地制宜确定深耕或旋耕

对土壤实行大犁深耕可疏松耕层，降低土壤容重，增加孔隙度，改善通透性，促进好气性微生物活动和养分释放，提高土壤渗水、蓄水、保肥和供肥能力。因此，对采用秸秆还田的高产田，尤其是高产创建地块，要增加耕翻深度，努力扩大机械深耕面积。土层深厚的高产田，深耕时耕深要达到25 cm左右，中产田23 cm左右，对于犁地（底）层较浅的地块，耕深要逐年增加。但大犁深耕也存在着工序复杂，耗费能源较大，在干旱年份还会因土壤失墒较严重而影响小麦产量等缺点，优点是深耕效果可以维持多年。因此，对于一般地块，不必年年深耕，可深耕1年，旋耕2～3年。进行玉米秸秆还田的麦田，由于旋耕机的耕层浅，采用旋耕的方法难以完全掩埋秸秆，所以应将玉米秸秆粉碎，尽量打细，旋耕2遍，效果才好。

（二）搞好耕翻后的耙耢镇压工作

耕翻后耙耢、镇压可使土壤细碎，消灭坷垃，上松下实，底墒充足。因此，各类耕翻地块都要及时耙耢、镇压。尤其是采用秸秆还田和旋耕机旋耕地块，容易造成小麦播种过深、根系下扎困难，形成弱苗，影响小麦分蘖的发生，造成穗数不足，降低产量。此外，

该类地块由于土壤松散，失墒较快。所以必须耕翻后尽快耙耢、镇压不少于2遍，以破碎土垡，耙碎土块，疏松表土，平整地面，上松下实，减少蒸发，抗旱保墒，使耕层紧密，种子与土壤紧密接触，保证播种深度一致，出苗整齐健壮。对于玉米秸秆还田地块，在一般墒情条件下，最好在还田后灌水造墒，也可在小麦播种后立即浇蒙头水，墒情适宜时耧划破土，辅助出苗。这样，有利于小麦苗全、苗齐、苗壮。造墒时，每亩灌水40 m^3。

（三）按规格作畦

实行小麦畦田化栽培，以便于精细整地，保证播种深浅一致，浇水均匀，节省用水。因此，秋种时，各类麦田，尤其是有水浇条件的麦田，一定要在整地时打埂筑畦。畦的大小应因地制宜，水浇条件好的要尽量采用大畦，水浇条件差的可采用小畦。畦宽1.65 ~ 3 m，畦埂40 cm左右。在确定小麦播种行距和畦宽时，要充分考虑农业机械的作业规格要求和下茬作物直播或套种的需求。大力推广麦油、麦棉、麦菜套种技术，努力扩大有麦面积；但对于小麦玉米一年两熟的地区，要因地制宜推广麦收后玉米夏直播技术，尽量不要预留玉米套种行。

四、提高播种质量，确保苗齐苗匀

提高播种质量是保证小麦苗全、苗匀、苗壮，群体合理发展和实现小麦丰产的基础。秋种中应重点抓好以下几个环节。

（一）认真搞好种子处理

提倡用种衣剂进行种子包衣，预防苗期病虫害。没有用种衣剂包衣的种子要用药剂拌种。根病发生较重的地块，选用2%戊唑醇（立克莠）按种子量的0.1% ~ 0.15%拌种，或20%三唑酮（粉锈宁）按种子量的0.15%拌种；病、虫混发地块用以上杀菌剂+杀虫剂混合拌种。

（二）适期播种

温度是决定小麦播种期的主要因素。一般情况下，小麦从播种至越冬开始，0℃以上积温以600 ~ 650℃为宜。各地要在试验示范的基础上，因地制宜地确定适宜播期。适宜播期为10月1—10日，其中最佳播期为10月3—8日。由于2010年玉米腾茬时间可能推迟，各地一定要尽早备好玉米收获、小麦播种机械，加快机收、机播进度，确保小麦在适期内播种。对于不能在适期内播种的小麦，要注意适当加大播量，做到播期播量相结合。

（三）足墒播种

小麦出苗的适宜土壤湿度为田间持水量的70% ~ 80%。秋种时若墒情适宜，要在秋作物收获后及时耕翻，并整地播种；墒情不足的地块，要注意造墒播种。田间有积水地块，要及时排水晾墒。在适期内，应掌握“宁可适当晚播，也要造足底墒”的原则，做到足墒下种，确保一播全苗。

（四）适量播种

小麦的适宜播量因品种、播期、地力水平等条件而异。在玉米腾茬晚、小麦播期推迟的条件下，要以推广半精播技术为主，并注意播量不能过大。在适宜播种期内，分蘖成穗率低的大穗型品种，每亩基本苗15万～18万株；分蘖成穗率高的中穗型品种，每亩基本苗12万～16万株。在此范围内，高产田宜少，中产田宜多。晚于适宜播种期播种，每晚播2 d，每亩增加基本苗1万～2万株。旱作麦田每亩基本苗12万～16万株，晚茬麦田每亩基本苗20万～30万株。

（五）精细播种

采用带有镇压装置的小麦精播机或半精播机播种，行距21～23 cm，播种深度3～5 cm。采用宽幅播种机械时，行距可适当加大。播种机不能行走太快，以每小时5 km为宜，以保证下种均匀、深浅一致、行距一致、不漏播、不重播。

（六）播后镇压

从近几年的生产经验看，小麦播后镇压是提高小麦苗期抗旱能力和出苗质量的有效措施。因此，2010年秋种，各地要选用带镇压装置的小麦播种机械，小麦播种时随种随压，小麦播种后用镇压器再镇压2遍，努力提高镇压效果。尤其是秸秆还田地块，如果土壤墒情较好不需要浇水造墒时，要将粉碎的玉米秸秆耕翻或旋耕之后，用镇压器多遍镇压，小麦播种后再镇压，才能保证小麦出苗后根系正常生长，提高抗旱能力。

五、搞好查苗补种，坚决杜绝缺苗断垄

小麦要高产，苗全苗匀是关键。因此，小麦出苗后，要及时到地里检查出苗情况，对于有缺苗断垄地块，要尽早进行补种。补种方法：选择与该地块相同品种的种子，进行种子包衣或药剂拌种后，开沟均匀撒种，墒情差的要结合浇水补种。

第二节　天气及管理措施对小麦冬前苗情的影响

一、秋种基本情况

2010年，滨州市小麦播种面积384.5万亩，播种时间从9月29日开始，至10月20日，基本播种完毕，其中，90%以上集中在10月1—13日。

从2010的秋种情况看，主要有以下几个特点。

1. 机耕、机播率高，秸秆还田面积大

2010年，滨州市三秋期间投入机具4.2万套，其中玉米联合收割机6 100台套，秸秆还

田机械2 282套，耕地机械6 070台套，播种机械8 600台套。秸秆还田面积288.12万亩，比2009年增加55.22万亩；机耕面积380.48万亩，比2009年增加15.27万亩；机播面积377.61万亩，基本实现了机械化，为播种质量的提高提供了保证。

2. 播种基础好于往年

主要表现为：①土壤墒情好，底墒充足，足墒播种面积大；②播期集中、适宜，播期相对集中，播期适宜，十分有利于一播全苗；③品种布局合理，种子包衣率高，2010年滨州市小麦统一供种实现全覆盖，品种主要以济麦22、良星99、潍麦8、泰农18等品种为主，种子包衣比2009年增加30.65万亩；④播后镇压面积大，由于宣传推广力度大，效果好，滨州市播后镇压面积逐年提高，播后镇压面积238.43万亩，比2009年增加151.73万亩，占播种面积的39.4%；⑤氮磷钾施用日趋合理。

3. 秋种技术推广力度大，小麦秋种科技含量增加

为做好秋种工作，滨州市农业局及时印发了《滨州市二〇一〇年秋种技术意见》，为全面做好秋种工作提供技术支持。各县乡镇办农技站及时制定本地秋种技术意见发放到村，指导农民科学秋种。同时农业技术人员深入到田间地头，向群众广泛宣传技术要领，引导群众抓住当前墒情有利时机，抢收抢种。

二、基本苗情

滨州市有麦面积385.48万亩，折实384.5万亩。基本苗20.09万，比上年增加0.79万；亩茎数61.73万，比上年增加1.93万；单株分蘖3.09个，比上年减少0.11个；三叶以上大蘖2.24个，比上年增加0.14个；单株次生根4.05根，比上年减少0.13根。一类苗173.44万亩，比上年增加55.72万亩；亩茎数77.85万，比上年增加3.85万；单株分蘖4.44个、三叶以上大蘖2.95个，分别比上年增加0.18个、0.04个，单株次生根5.13根，比上年减少0.73根。二类苗面积155.47万亩，比上年减少25.76万亩；亩茎数52.07万、单株分蘖2.36个、三叶以上大蘖1.23个、单株次生根3.3根，分别比上年减少0.13万、0.75个、0.61个、0.48根。三类苗面积54.66万亩，比上年减少9.02万亩；亩茎数40.76万、单株分蘖1.36个、三叶以上大蘖0.45个、单株次生根2.39根，分别比上年减少1.84万、0.32个、0.74个，增加0.29根。总体上看，由于播期较适宜、集中，土壤墒情好，小麦苗情好于上年。表现为苗全、苗匀，缺苗断垄面积小，一类苗面积大，占总面积的45.1%，三类苗面积减少，占总面积的14.2%，旺苗及“一根针”面积小。小麦个体发育整体较好，但也存在根系发育不良、次生根偏少等问题。

原因分析：①播种质量明显提高。由于机械化在农业生产中的普及，以及规范化播种技术的大面积推广，滨州市小麦整地、播种质量明显提高，加之土壤底墒足、播期适宜，小麦基本实现了一播全苗。②播后镇压大面积推广，十分有利于麦苗早发和苗全、苗匀，同时有利于提温、保墒，在很大程度上缓解了后期旱情对小麦的影响。③受2009年越冬期提前，造成基本苗不足的影响，2010年播量略大于2009年，加之统一供种面积大，种子质量好，基本苗较足。④气象因素。自10月以来，气温偏高，日均气温10月偏高0.4℃，11月偏高1.6℃，有效积温较常年多45.4℃，且光照充足，对麦苗的生长发育有利；但自播种

以来，降水少，较常年偏少七成以上，造成麦田墒情较差，不利于小麦根系的生长及个体的发育。

三、存在的问题及对策

1. 存在的问题

一是有机肥施用不足，造成地力下降；二是深耕面积偏少，连年旋耕造成耕层变浅，根系难以下扎；三是部分秸秆还田地块镇压不实，容易造成冻苗、死苗；四是部分麦田存在牲畜啃青现象；五是农机农艺措施结合推广经验不足，缺乏统一组织协调机制；六是农机手个体分散、缺乏统一组织、培训，操作技能良莠不齐，造成机播质量不高；七是防御自然灾害的能力还需提高；八是农田水利设施老化、薄弱。

2. 对策

一是加大宣传推广力度，千方百计挖掘肥源；二是扩大规范化播种面积，提高播种质量；三是力争上大冻之前，普浇一遍越冬水；四是加强与农机部门的沟通，提高农机农艺水平；五是要加强与气象部门联系，做好应对各种自然灾害的防御工作；六是做好宣传，加强监管，严禁牲畜啃青。

第三节　2011年春季田间管理技术措施

2011年滨州市小麦播种、出苗质量是近几年来最好的一年。冬前苗情总体较好，一、二类苗面积大，三类苗面积减少。但由于播种以来滨州市降水偏少，部分地区出现了不同程度的旱情，对小麦的安全越冬和春季的生长造成了一定影响。针对目前小麦苗情特点和存在问题，春季麦田管理总的指导思想是："抗旱保墒，浇水保苗；早抓抢管，促根壮蘖；分类管理，促弱转壮。"在具体措施上应重点抓好以下几个方面工作。

一、及早搞好旱情较重麦田的浇水保苗

对于没浇越冬水、受旱严重、分蘖节处于干土层中、次生根长不出来或很短、出现点片黄苗或死苗的麦田，要把浇好"保苗水"作为春季田间管理的首要措施抓紧抓好。

一是及早动手，浇好"保苗水"。对于因干旱而严重影响小麦正常生长的地块，当日平均气温稳定在3℃、白天浇水后能较快渗下时，就要抓紧浇水保苗，时间越早越好。浇水时应注意，要小水灌溉，避免大水漫灌，地表积水，出现夜间地面结冰现象。要按照旱情先重后轻、先沙土地后黏土地、先弱苗后壮苗的原则，因地制宜浇好"保苗水"。

二是施用适量氮素化肥。对于因旱受冻黄苗、死苗或脱肥麦田，要结合浇水每亩施用10 kg左右尿素。并适量增施磷酸二铵，促进次生根喷出，增加春季分蘖增生，提高分蘖成穗率。

三是合理灌溉，浇后锄地保墒，提高水分利用率。各地要注意先浇受旱受冻严重的麦田，推广节水灌溉技术，每亩灌水40 m^3。浇水后地表墒情适宜时要及时划锄，破除板结，疏松土壤，保墒增温，促进根系和分蘖生长。

对于没有水浇条件的旱地麦田，春季管理要以镇压提墒为重点，并趁早春土壤返浆或下小雨后，用化肥耧或开沟施入氮肥，对增加亩穗数和穗粒数、提高粒重、增加产量有突出的效果。一般亩追施尿素12 kg左右。对底肥没施磷肥的要配施磷酸二铵。

二、突出搞好水浇麦田的分类管理

2011年，小麦苗情复杂，春季肥水管理一定要因地因苗制宜，分类指导。可按照先管三类麦田，再管二类麦田，最后管一类麦田的顺序管理。

1. 各类麦田返青期都要镇压划锄

镇压可压碎坷垃，沉实土壤，弥封裂缝，减少水分蒸发和避免根系受旱；对旺长麦田，镇压可抑制地上部生长，控旺转壮。镇压要结合划锄进行，先压后锄。返青期划锄能保墒、提温、消灭杂草，锄地时要锄细、锄匀、不压麦苗。

2. 以促为主，搞好三类麦田的肥水管理

三类麦田每亩总茎数小于45万株，多属于晚播弱苗。春季肥水管理应以促为主。春季追肥应分两次进行。第一次在返青期5 cm地温稳定于5℃时开始追肥浇水，一般在2月下旬至3月初，每亩施用5 ~ 7 kg尿素和适量的磷酸二铵，促进春季分蘖，巩固冬前分蘖，以增加亩穗数。第二次在拔节中期施肥，提高穗粒数。

3. 促控结合，搞好二类麦田的肥水管理

二类麦田每亩总茎数45万 ~ 60万株。春季肥水管理的重点是巩固冬前分蘖，适当促进春季分蘖发生，提高分蘖的成穗率。地力水平一般，亩茎数45万 ~ 50万株的二类麦田，在小麦起身初期追肥浇水，结合浇水亩追尿素10 ~ 15 kg；地力水平较高，亩茎数50万 ~ 60万株的二类麦田，在小麦起身中期追肥浇水。

4. 控促结合，搞好一类麦田的肥水管理

一类麦田每亩总茎数60万 ~ 80万株，属于壮苗麦田，应控促结合，提高分蘖成穗率，促穗大粒多。一是起身期喷施“壮丰安”等调节剂，缩短基部节间，控制植株旺长，促进根系下扎，防止生育后期倒伏。二是在小麦拔节期追肥浇水，亩追尿素12 ~ 15 kg。

5. 以控为主，搞好旺苗麦田的肥水管理

旺苗麦田一般年前亩茎数达80万株以上，植株较高，叶片较长，主茎和低位分蘖的穗分化进程提前，早春易发生冻害。拔节期以后，易造成田间郁蔽、光照不良和倒伏。春季肥水管理应以控为主。一是起身期喷施调节剂，防止生育后期倒伏。二是无脱肥现象的旺苗麦田，应早春镇压蹲苗，避免过多春季分蘖发生。在拔节期前后施肥浇水，每亩施尿素10 ~ 15 kg。

三、及时做好化学除草，综合防治病虫害

春季是各种病虫草害多发的季节。各地一定要搞好测报工作，及早备好药剂、药械，实行综合防治。由于2010年旱情较重，杂草发生程度轻，冬前化学除草面积相对较小，应强化返青后化学除草工作。目前，对麦田阔叶杂草防治效果较好的药剂有使阔得、麦喜、使它隆、巨星等除草剂，特别是20%使它隆，每亩50～60 mL喷雾防治，不仅对以荠菜、播娘蒿等为主的麦田杂草防效好，而且对泽漆也有较好的防除效果。6.25%使阔得水分散颗粒剂每亩10～20 g喷雾防治对猪殃殃有特效。防治节节麦、野燕麦、雀麦、看麦娘等单子叶杂草可用3%世玛乳油（世玛对强筋小麦品种比较敏感，注意避免产生药害），每亩25～30 mL，或6.9%噁唑禾草灵（骠马）每亩60～70 mL茎叶喷雾防治。除草剂使用时，要严格按照使用浓度和技术操作规程，以免发生药害。

春季病虫害的防治要大力推广分期治理、混合施药兼治多种病虫害技术，重点做好返青拔节期和孕穗期两个关键时期病虫害的防治。

返青拔节期是纹枯病、全蚀病、根腐病等根病和丛矮病、黄矮病等病毒病的又一次侵染扩展高峰期，也是麦蜘蛛、地下害虫和草害的为害盛期，是小麦综合防治关键环节之一。防治纹枯病，可用5%井冈霉素每亩150～200 mL兑水75～100 kg喷麦茎基部防治，间隔10～15 d再喷1次，或用多菌灵胶悬剂或甲基硫菌灵防治；防治根腐病可选用立克莠、烯唑醇、粉锈宁、敌力脱等杀菌剂；防治麦蜘蛛可用0.9%阿维菌素3 000倍液喷雾防治。以上病虫混合发生的，可采用以上适宜药剂一次混合喷雾施药防治。

穗期是小麦病虫草害综合防治的最后一环，也是最关键的时期。防治条锈病、白粉病可用25%丙环唑乳油每亩8～9 g，或25%三唑醇可湿性粉剂30 g，或12.5%烯唑醇超微可湿性粉剂32～64 g喷雾防治，兼治一代棉铃虫可加入Bt乳剂或Bt可湿性粉剂；赤霉病和颖枯病以预防为主，穗期如遇连阴天气，在小麦扬花10%～20%时喷药预防，可用80%多菌灵超微粉每亩50 g，或50%多菌灵可湿性粉剂75～100 g兑水喷雾。要掌握好用药方法，喷药时重点对准小麦穗部均匀喷雾；穗蚜可用50%辟蚜雾每亩8～10 g喷雾，或10%吡虫啉药剂10～15 g喷雾防治，还可兼治灰飞虱；防治一代黏虫可用50%辛硫磷乳油每亩50～75 mL喷雾防治。

四、密切关注天气变化，预防早春冻害

防止早春冻害最有效措施是密切关注天气变化，在降温之前灌水。由于水的热容量比空气和土壤大，因此早春寒流到来之前浇水能使近地层空气中水汽增多，在发生凝结时，放出潜热，以减小地面温度的变幅。因此，有浇灌条件的地区，在寒潮来前浇水，可以调节近地面层小气候，对防御早春冻害有很好的效果。

小麦是具有分蘖特性的作物，遭受早春冻害的麦田不会冻死全部分蘖，另外还有小麦蘖芽可以长成分蘖成穗。只要加强管理，仍可获得好的收成。因此，早春一旦发生冻害，就要及时进行补救。主要补救措施：一是抓紧时间，追施肥料。对遭受冻害的麦田，根据

受害程度，抓紧时间，追施速效化肥，促苗早发，提高2～4级高位分蘖的成穗率。一般每亩追施尿素10 kg左右。二是中耕保墒，提高地温。及时中耕，蓄水提温，能有效增加分蘖数，弥补主茎损失。三是叶面喷施植物生长调节剂。小麦受冻后，及时叶面喷施天达2116植物细胞膜稳态剂、复硝酚钠、己酸二乙氨基醇酯等植物生长调节剂，可促进中、小分蘖的迅速生长和潜伏芽的快发，明显增加小麦成穗数和千粒重，显著增加小麦产量。

第四节　天气及管理措施对小麦春季苗情的影响

一、小麦长势

2011年滨州市小麦播种面积365.54万亩，比上年减少10.9万亩。小麦陆续进入抽穗扬花期后，从田间调查情况看麦苗长势好于上年，表现为个体健壮，根系发达，群体适宜，土壤墒情好，病虫草害较轻。其中，一、二类苗面积比开春增加了3个百分点。高产田165.95万亩，占45.4%；中产田140.73万亩，占38.5%；低产田58.85万亩，占16.1%。可以说丰产势头较好。但也存在着一些问题：一是部分麦田管理粗放，田间杂草较多；二是部分麦田群体偏大，又加上多年旋耕，造成耕层变浅，小麦根系下扎困难，存在倒伏的危险；三是降水偏少，温度偏高，空气干燥，后期干热风发生概率增大，滨州市1—4月降水仅为26.3 mm，较常年偏少44%，部分旱地和浇水困难的地块长势差；四是受前期干旱和气象因素影响，小麦生育期较常年略推迟，对下茬作物的播种可能造成一定影响。今后一段时期工作重点一是浇好小麦扬花灌浆水；二是搞好小麦的“一喷三防”；三是加强宣传和政策支持，扩大机收机播面积。

二、麦田墒情情况

2011年，由于各级政府重视，滨州市上下积极抗旱，麦田浇水412.7万亩次，水浇地块基本普浇1次，部分地块已浇2遍水。受旱地块面积21.5万亩（主要为旱地和浇水困难地块）。水浇地块0～20 cm土层土壤相对含水量在65%以上，20～40 cm土层土壤相对含水量68%以上；旱地0～20 cm土层土壤相对含水量在44%以上，20～40 cm土层土壤相对含水量50%以上。滨州市水源储备较为充足，有利于小麦灌浆期灌溉。

三、产量评估及预测分析

根据目前长势，后期如无大的灾害发生，预计小麦平均亩穗数36.98万株，穗粒数34.45粒，千粒重41.56 g，单产450.04 kg，总产164.51万t。比2010年单产增加13.5 kg，增幅3.09%；总产增加0.11万t，比2010年略有增加。单产、总产均创历史最高水平。分析主要原因是受2010年因低温造成基本苗不足的影响播种期间下种量大于上年，播种时土壤墒情好，播期适宜且集中，冬前光照充足，麦田基本苗充足，虽受冬春连旱影响，但春灌及时、管理措施到位，春季分蘖足，麦苗转化好。拔节期间土壤墒情较好，病虫草害较轻，光照充足，十分有利于分蘖成穗和植株健壮生长。

四、高产创建落实情况

滨州市共落实万亩高产示范片11个，整建制乡镇2个。在高产创建区从播种开始积极推广小麦高产栽培技术。重点推广小麦规范化播种技术、小麦氮肥后移技术、小麦测土配方施肥技术、增施有机肥、小麦病虫害综合防治技术，并根据小麦不同生育期出台技术意见，发放明白纸，深入田间地头指导生产。由于增加投入，实现良种良法配套，强化田间管理，高产创建区小麦长势明显好于其他麦区。

第五节　2011年小麦中后期管理技术措施

抓好中后期管理对于小麦获得丰产丰收十分关键，中后期管理要以“保根、护叶、防病虫害、增粒数、争粒重”为中心，以肥水管理、病虫害防治、叶面补充营养为重点，加强小麦管理。

一、浇好挑旗水，酌情追肥

挑旗期是小花退化较集中的时期。保花增粒并为提高粒重打好基础是这一时期麦田管理的主要任务。挑旗期也是小麦需水的“临界期”，此时灌溉有利于减少小花退花，增加穗粒数，并保证土壤深层蓄水，供后期吸收利用。因此各地应抓紧浇好挑旗水。缺肥地块和植株生长较弱的麦田，可结合浇水亩施尿素10 kg左右。

二、因地制宜，浇足浇好灌浆水

小麦扬花后10～15 d应及时浇灌浆水，以保证小麦生理用水，同时还可改善田间小气候，降低高温对小麦灌浆的不利影响，减少干热风的危害，提高籽粒饱满度，增加粒重。此期浇水应特别注意天气变化，严禁在风雨天气浇水，以防倒伏。收获前7～10 d内，忌浇麦黄水。

三、搞好后期“一喷三防”

小麦抽穗扬花后，“保根护叶”延长植株功能期，可有效地提高小麦粒重。保根护叶的关键是搞好“一喷三防”，即防病、防虫、防干热风。要突出抓好麦蚜、白粉病、叶枯病、赤霉病等病虫的防治和干热风的预防。在具体实施上，要立足早防早治，在小麦扬花后及时进行防治，提倡杀虫剂、杀菌剂和营养剂（磷酸二氢钾或水溶性复合肥）综合运用，达到“一喷综防”的目的。

四、适时收获，提倡秸秆还田

试验证明，在蜡熟末期收获，籽粒的千粒重最高，此时，籽粒的营养品质和加工品质也最优。蜡熟末期的长相为茎秆全部黄色，叶片枯黄，茎秆尚有弹性，籽粒含水率22%左右，籽粒颜色接近本品种固有光泽、籽粒较为坚硬。提倡用联合收割机收割，茎秆直接还田。

第六节 天气及管理措施对小麦产量及构成要素的影响

据调查，2011年滨州市小麦预计收获面积365.53万亩，比2010年减少10.9万亩，平均亩穗数36.77万株，穗粒数34.37粒，千粒重42.41 g，单产455.58 kg，总产166.53万t。单产比2010年增加20.03 kg，增幅4.59%；总产增加2.52万t，增幅1.53%；单产、总产均创历史最高水平。总的产量因素构成是亩穗数比2010年增加2.99万株、穗粒数减少1.09粒、千粒重减少0.36 g。分析主要原因如下。

一是2010年播种时，土壤墒情好，适期播种并采取了规范化播种，达到了苗匀、苗齐、苗壮。

二是越冬前，光照充足，积温690℃左右，比2010年多176℃，分蘖多，并且大蘖多，苗情明显好于2010年。其中，一类苗面积171.79万亩，占播种面积的47.00%，比2010年同比增加2%；二类苗面积141.34万亩，占播种面积的38.67%，比2010年同比减少1.76%；三类苗面积51.90万亩，占播种面积的14.20%，与2010年持平；旺苗面积0.51万亩，占0.14%。为增加亩穗数打下了坚实的基础。

三是虽然遇到了特殊干旱，但是由于各级政府高度重视，通过全民动员，科学抗旱，加强麦田春季管理，截至4月底，滨州市麦田已浇水412.7万亩次，加快了麦田转化升级。

四是大力开展高产创建和承担山东省财政支持农业技术推广项目，以及配方施肥，集成和熟化了一整套高产栽培技术，从而大大提高了小麦单产。

五是推广优良品种。通过良种补贴，推广了一批高产、稳产、优质、高效小麦品种，如济麦22等，小麦品种布局更趋合理，多穗型品种增多，大穗型品种减少。

六是5月上旬滨州市普降大雨，正是小麦开花灌浆期，也是产量形成的关键时期，又加上最近一段时间，光照充足，温度适宜，昼夜温差较大，有利于小麦灌浆，增加千粒重。

第二章 2011—2012年度小麦产量主要影响因素分析

第一节　2011年播种基础及秋种技术措施

2011年小麦秋种工作总的思路是：以规范化播种为突破口，进一步优化品种布局，搞好配方施肥，适期适量播种，切实提高播种质量，打好秋种基础。重点抓好以下技术措施。

一、优化品种布局，充分发挥良种的增产潜力

各地要以小麦良种推广补贴项目为平台，对当地小麦品种布局进行统一规划安排。要根据当地的生态条件、地力基础、灌溉情况等因素选择适宜品种。2011年推荐品种布局如下。

（一）水浇条件较好地区

以济麦22、良星99、潍麦8、泰农18、良星66、师栾02-1（强筋）、洲元9369（强筋）、济南17号（强筋）、山农15、良星77、临麦2等为主。

（二）水浇条件较差旱地

主要以山农16、鲁麦21号等为主。

（三）盐碱地

建议种植德抗961、山融3号、H6756等。

二、培肥地力，切实提升土壤产出能力

土壤地力是小麦高产的基础，为培肥地力，要重点抓好以下几点。

（一）搞好秸秆还田，增施有机肥

滨州市小麦主产区耕层土壤的有机质含量还不高，提高土壤有机质含量的方法一是增施有机肥，二是进行秸秆还田。在有机肥缺乏的条件下，唯一的途径就是秸秆还田。玉米秸秆还田时要根据玉米种植规格、品种、所具备的动力机械、收获要求等条件，分别选

择悬挂式、自走式和割台互换式等适宜的玉米联合收获机产品。秸秆还田机械要选用甩刀式、直刀式、铡切式等秸秆粉碎性能高的产品，确保作业质量。要尽量将玉米秸秆粉碎得细一些，一般要用玉米秸秆还田机打两遍，秸秆长度低于10 cm，最好在5 cm左右。此外，各地要在推行玉米联合收获和秸秆还田的基础上，广辟肥源、增施农家肥，努力改善土壤结构，提高土壤耕层的有机质含量。一般高产田亩施有机肥3 000 ~ 4 000 kg；中低产田亩施有机肥2 500 ~ 3 000 kg。

（二）实施测土配方施肥

各地要结合配方施肥项目，因地制宜合理确定化肥基施比例，优化氮磷钾配比。高产田一般全生育期亩施纯氮（N）14 ~ 16 kg，磷（P_2O_5）7.5 kg，钾（K_2O）7.5 kg，硫酸锌1 kg；中产田一般亩施纯氮（N）12 ~ 14 kg，磷（P_2O_5）6 ~ 7.5 kg，钾（K_2O）6 ~ 7.5 kg；低产田一般亩施纯氮（N）10 ~ 13 kg，磷（P_2O_5）8 ~ 10 kg。高产田要将全部有机肥、磷肥，氮肥、钾肥的50%作底肥，翌年春季小麦拔节期追施50%的氮肥、钾肥。中、低产田应将全部有机肥、磷肥、钾肥，氮肥的50% ~ 60%作底肥，翌年春季小麦起身拔节期追施40% ~ 50%的氮肥。要大力推广化肥深施技术，坚决杜绝地表撒施。

三、耕旋耙压相结合，切实提高整地质量

耕作整地是小麦播前准备的主要技术环节，整地质量与小麦播种质量有着密切关系。要重点注意以下几点。

（一）土壤处理

近几年，不少地区金针虫等地下害虫为害严重，因此，整地时一定要进行土壤处理。一般每亩用40%辛硫磷乳油，兑水1 ~ 2 kg，拌细土25 kg制成毒土，耕地前均匀撒施地面，随耕地翻入土中。

（二）推行深耕、深松

对土壤实行大犁深耕或深松，可疏松耕层，降低土壤容重，增加孔隙度，改善通透性，促进好气性微生物活动和养分释放；提高土壤渗水、蓄水、保肥和供肥能力。因此，对采用秸秆还田的高产田，尤其是高产创建地块，要增加耕翻深度，努力扩大机械深耕面积。土层深厚的高产田，深耕时耕深要达到25 cm左右，中产田23 cm左右，对于犁地（底）层较浅的地块，耕深要逐年增加。深耕作业前要对玉米根茬进行破除作业，耕后用旋耕机进行整平并进行压实作业。为减少开闭垄，有条件的地方应尽量选用翻转式深耕犁，深耕犁要装配合墒器，以提高耕作质量。对于连续3年以上免耕播种的地块，要对土壤进行机械深松。根据土壤条件和作业时间，深松方式可选用局部深松或全面深松，作业深度要大于犁底层，要求25 ~ 40 cm，为避免深松后土壤水分快速散失，深松后要用旋耕机及时整理地表，马上进行小麦播种作业。

但大犁深耕也存在着工序复杂，耗费能源较大，在干旱年份还会因土壤失墒较严重而影响小麦产量等缺点，优点是深耕效果可以维持多年。因此，对于一般地块，不必年年深耕，可深耕1年，旋耕2～3年。旋耕机可选择耕幅1.8 m以上、中间传动单梁旋耕机，配套60马力（1马力≈735 W）以上拖拉机。为提高动力传动效率和作业质量，旋耕机可选用框架式、高变速箱旋耕机。进行玉米秸秆还田的麦田，由于旋耕机的耕层浅，采用旋耕的方法难以完全掩埋秸秆，所以应将玉米秸秆粉碎，尽量打细，旋耕2遍，效果才好。

（三）搞好耕翻后的耙耢镇压工作

耕翻后耙耢、镇压可使土壤细碎，消灭坷垃，上松下实，底墒充足。因此，各类耕翻地块都要及时耙耢。尤其是采用秸秆还田和旋耕机旋耕地块，由于耕层土壤暄松，容易造成小麦播种过深，影响深播弱苗，影响小麦分蘖的发生，造成穗数不足，降低产量。此外，该类地块由于土壤松散，失墒较快。所以必须耕翻后尽快耙耢、镇压2～3遍，以破碎土垡，耙碎土块，疏松表土，平整地面，上松下实，减少蒸发，抗旱保墒；使耕层紧密，种子与土壤紧密接触，保证播种深度一致，出苗整齐健壮。

（四）按种植规格作畦

实行小麦畦田化栽培，以便于精细整地，保证播种深浅一致，浇水均匀，节省用水。因此，秋种时，各类麦田，尤其是有水浇条件的麦田，一定要在整地时打埂筑畦。畦的大小应因地制宜，水浇条件好的要尽量采用大畦，水浇条件差的可采用小畦。畦宽1.65～3 m，畦埂40 cm左右。在确定小麦播种行距和畦宽时，要充分考虑农业机械的作业规格要求和下茬作物直播或套种的需求。大力推广麦油、麦棉、麦菜套种技术，努力扩大有麦面积；但对于小麦玉米一年两熟的地区，若夏季积温充足，要因地制宜推广麦收后玉米夏直播技术，尽量不要预留玉米套种行。

四、提高播种质量，确保苗齐苗匀

提高播种质量是保证小麦苗全、苗匀、苗壮，群体合理发展和实现小麦丰产的基础。秋种中应重点抓好以下几个环节。

（一）认真搞好种子处理

提倡用种衣剂进行种子包衣，预防苗期病虫害。没有用种衣剂包衣的种子要用药剂拌种。根病发生较重的地块，选用2%戊唑醇（立克莠）按种子量的0.1%～0.15%拌种，或20%三唑酮（粉锈宁）按种子量的0.15%拌种；地下害虫发生较重的地块，选用40%甲基异柳磷乳油，按种子量的0.2%拌种；病、虫混发地块用以上杀菌剂+杀虫剂混合拌种。

（二）适期播种

温度是决定小麦播种期的主要因素。一般情况下，小麦从播种至越冬开始，以0℃以上积温600～650℃为宜。各地要在试验示范的基础上，因地制宜地确定适宜播期。小麦适宜播期为10月1—10日，其中最佳播期为10月3—8日；由于玉米腾茬时间可能推迟，各地一定要尽早备好玉米收获和小麦播种机械，加快机收、机播进度，确保小麦在适期内播种。对于不能在适期内播种的小麦，要注意适当加大播量，做到播期播量相结合。

（三）足墒播种

小麦出苗的适宜土壤湿度为田间持水量的70%～80%。秋种时若墒情适宜，要在秋作物收获后及时耕翻，并整地播种；墒情不足的地块，要注意造墒播种。田间有积水地块，要及时排水晾墒。在适期内，应掌握“宁可适当晚播，也要造足底墒”的原则，做到足墒下种，确保一播全苗。对于玉米秸秆还田地块，若墒情一般，最好在还田后灌水造墒，也可在小麦播种后立即浇“蒙头水”，墒情适宜时搂划破土，辅助出苗。这样，有利于小麦苗全、苗齐、苗壮。造墒时，每亩灌水40 m^3。

（四）适量播种

小麦的适宜播量因品种、播期、地力水平等条件而异。在玉米腾茬晚、小麦播期推迟的条件下，要以推广半精播技术为主，并要注意播量不能过大。在适期播种情况下，在适宜播种期内，分蘖成穗率低的大穗型品种，每亩基本苗15万～18万株；分蘖成穗率高的中穗型品种，每亩基本苗12万～16万株。在此范围内，高产田宜少，中产田宜多。晚于适宜播种期播种，每晚播2 d，每亩增加基本苗1万～2万株。晚茬麦田每亩基本苗20万～30万株。

（五）精细播种

中高肥水地块宜实行宽幅精量播种，改传统小行距（15～20 cm）密集条播为等行距（22～26 cm）宽幅播种，改传统密集条播籽粒拥挤一条线为宽播幅（8 cm）种子分散式粒播，有利于种子分布均匀，减少缺苗断垄、疙瘩苗现象，克服了传统播种机密集条播，籽粒拥挤，争肥，争水，争营养，根少、苗弱的生长状况。因此，2011年秋种，各地要大力推行小麦宽幅播种机械播种。若采用常规小麦精播机或半精播机播种的，也要注意使播种机械加装镇压装置，行距21～23 cm，播种深度3～5 cm。播种机不能行走太快，以每小时5 km为宜，以保证下种均匀、深浅一致、行距一致、不漏播、不重播。

（六）播后镇压

从近几年的生产经验看，小麦播后镇压是提高小麦苗期抗旱能力和出苗质量的有效措施。因此，2011年秋种，各地要选用带镇压装置的小麦播种机械，在小麦播种时随种随压，然后，在小麦播种后用镇压器镇压2遍，努力提高镇压效果。尤其是对于秸秆还田地块，如果土壤墒情较好不需要浇水造墒时，要将粉碎的玉米秸秆耕翻或旋耕之后，用镇压器多遍镇压，小麦播种后再镇压，才能保证小麦出苗后根系正常生长，提高抗旱能力。

五、搞好查苗补种，坚决杜绝缺苗断垄

小麦要高产，苗全苗匀是关键。因此，小麦出苗后，要及时到地里检查出苗情况，对

于有缺苗断垄地块，要尽早进行补种。补种方法：选择与该地块相同品种的种子，进行种子包衣或药剂拌种后，开沟均匀撒种，墒情差的要结合浇水补种。

第二节 天气及管理措施对小麦冬前苗情的影响

一、秋种基本情况

2011年，滨州市小麦播种面积369.24万亩，比2010年减少15.26万亩。播种时间主要集中在10月2—18日，其中10月1—15日播种的占总面积的85%。

从目前的秋种情况看，主要有以下几个特点。

1. 机耕、机播率高，秸秆还田面积大

2011年，滨州市三秋期间投入机具6.6万台套，其中玉米联合收割机6 602台套，秸秆还田机械3 356台套，耕地机械10 860台套，播种机械10 839台套。机收率达到90.2%，机耕率100%，机播率达到90%以上，基本实现了机械化，为适时收割与播种质量的提高提供了保证。秸秆还田面积295.5万亩，比2010年增加7.38万亩。

2. 播种基础好。

主要表现为：①由于前期降水偏多，播种期间土壤墒情好，足墒播种面积大；②播期适宜、集中，主要集中在10月2—18日，其中在最佳播期（10月1—15日）的播种面积占到85%，十分有利于一播全苗、苗匀、苗壮。③品种布局合理，种子包衣率高。2011年滨州市小麦统一供种实现全覆盖，品种主要以济麦22、良星99、潍麦8、泰农18等品种为主，种子包衣达到342.83万亩。④播后镇压面积大。由于宣传推广力度大，效果好，滨州市播后镇压面积逐年提高，播后镇压面积270.91万亩，比上年增加32.48万亩，占播种面积的73%。⑤氮磷钾施用日趋合理。

3. 秋种技术推广力度大，小麦秋种科技含量增加

为做好2011年的秋种工作，滨州市农业局及时印发了《滨州市二〇一一年秋种技术意见》，为全面做好秋种工作提供技术支持。各县乡镇办农技站及时制定本地秋种技术意见发放到村，指导农民科学秋种。同时农业技术人员深入到田间地头，向群众广泛宣传技术要领，引导群众抓住当前墒情有利时机，抢收抢种。

二、基本苗情

滨州市有麦面积370.08万亩，折实369.24万亩。基本苗20.3万，比2010年增加0.21万株；亩茎数62万株，比2010年增加0.27万株；单株分蘖3.1个，比2010年增加0.01个；单株主茎叶片数5.2个，比上年减少2个；三叶以上大蘖1.8个，比上年减少0.44个；单株次生根

3.6根，比上年减少0.45根。一类苗174.8万亩，比上年增加1.36万亩；亩茎数72.6万，比上年减少5.25万；单株分蘖4.1个，比上年减少0.34个；三叶以上大蘖2.8个，比上年减少0.15个；单株主茎叶片数6.1个，比上年减少2.18个；单株次生根4.5根，比上年减少0.63根。二类苗面积144.39万亩，比上年减少11.08万亩；亩茎数60万、单株分蘖2.9个、三叶以上大蘖1.6个，分别比上年增加7.93万、0.54个、0.37个；单株主茎叶片数5.3个，比上年减少1.55个；单株次生根3.1根，比上年减少0.2根。三类苗面积48.26万亩，比上年减少6.4万亩；亩茎数42万，比上年增加1.24万；单株分蘖1.3个，比上年减少0.06个；三叶以上大蘖0.6个，比上年增加0.15个；单株主茎叶片数3.6个，比上年减少1.24个；单株次生根1.7根，比上年减少0.69根。总体上看，由于播期较适宜、集中，土壤墒情好，小麦苗情表现为苗全、苗匀，缺苗断垄面积小，一类苗面积大，占总面积的47.3%，三类苗面积减少，占总面积的13%，旺苗及“一根针”麦田面积小。小麦个体发育整体较好，但是由于光照较少，有机物质积累偏少，造成了根系发育不良，次生根偏少，分蘖偏弱等问题。

原因分析：

一是播种质量明显提高。由于机械化在农业生产中的普及，以及规范化播种技术的大面积推广，滨州市小麦整地、播种质量明显提高，加之土壤底墒足、播期适宜，小麦基本实现了一播全苗。

二是播后镇压大面积推广，十分有利于麦苗早发和苗全、苗匀，同时有利于提温、保墒，在很大程度上缓解了后期旱情对小麦的影响。

三是2011年播量略大于2010年，加之统一供种面积大，种子质量好，基本苗较足。

四是气象因素。①气温。自10月以来，气温偏高，10月日均气温14.5℃，比常年偏高0.4℃，尤其是播种后的10月下旬日均气温比常年偏高0.9℃；11月前20 d日均气温10.2℃，比常年偏高2.8℃；截至11月20日有效积温653.1℃，较常年多67.8℃。②光照。小麦播种后的光照时长271.5 h，比往年偏少63.9 h。③降水。10月降水4次，其中10月中旬以后降水2次，平均降水量12.1 mm，比常年偏少19.9 mm；11月降水2次，平均降水量38.7 mm，比常年偏多26.7 mm（表2-1）。

表2-1　10月1日至11月20日气温、光照、降水情况

年份	气温（℃）	有效积温（℃）	光照（h）	降水（mm）
常年	11.42	585.3	335.4	44
2011年	12.78	653.1	271.5	50.8
增减	+1.36	+67.8	−63.9	+6.8

三、存在的问题及对策

1. 存在的问题

一是有机肥施用不足，造成地力下降；二是深耕面积偏少，连年旋耕造成耕层变浅，根系难以下扎；三是部分秸秆还田地块镇压不实，容易造成冻苗、死苗；四是部分麦田存在牲畜啃青现象；五是农机农艺措施结合推广经验不足，缺乏统一组织协调机制；六是农机手个体分散、缺乏统一组织、培训，操作技能良莠不齐，造成机播质量不高；七是防御自然灾害的能力还需提高；八是农田水利设施老化、薄弱。

2. 对策

一是加大宣传推广力度，千方百计挖掘肥源；二是扩大规范化播种面积，提高播种质量；三是力争上大冻之前，普浇一遍越冬水；四是加强与农机部门的沟通，提高农机农艺水平；五是要加强与气象部门联系，做好应对各种自然灾害的防御工作；六是做好宣传，加强监管，严禁牲畜啃青。

第三节　2012年春季田间管理技术措施

2012年滨州市小麦播种、出苗质量是近几年来最好的一年。冬前苗情总体较好，一、二类苗面积大，三类苗面积减少。但也存在以下不利因素：一是由于冬前积温偏高，光照偏少，导致分蘖偏少，根系少，个体发育不良；二是部分播种偏早或播量偏大的地块出现旺长现象，存有早春冻害和后期倒伏的隐患；三是由于冬前土壤墒情好、气温偏高，导致麦田杂草多，小麦病虫越冬基数较高；四是由于部分地块播种时湿度过大、秸秆还田镇压不实等，个别地块有缺苗断垄现象。

针对冬前苗情特点，春季麦田管理重点要突出做到因地因苗制宜、搞好分类指导、控旺促壮、防冻防倒、科学合理运筹肥水等工作。

一、抓好镇压划锄，保住地下墒，增温促早发

早春麦田镇压是一项控旺转壮、提墒节水的重要农艺措施。因此，对长势过旺麦田一定要在返青至起身期多次镇压，以抑制地上部生长，控旺转壮防倒伏。对秋种时整地粗放、坷垃多的麦田，要在早春土壤化冻后及时进行麦田镇压，以沉实土壤，弥合裂缝，减少水分蒸发和避免冷空气侵入分蘖节附近冻伤麦苗。对没有水浇条件的旱地麦田，早春土壤化冻后进行麦田镇压，可促使土壤下层水分上移，起到提墒、保墒、抗旱作用。镇压要和划锄结合进行，一般应先压后锄，达到上松下实、提墒保墒增温的作用。

划锄是一项有效的保墒增温促早发措施。虽然上年秋冬降水量大，底墒较足，但开春以后，随着温度升高，土壤蒸发量加大，且春季降水量存在着不确定因素。因此，为了预防春季干旱，千方百计保住地下墒非常关键。各地一定要及早组织发动农民群众，在早春表层土化冻2 cm时（顶凌期）对各类麦田进行划锄，以保持土壤墒情，提高地表温度，消灭越冬杂草，为后期麦田管理争得主动。尤其是对群体偏小、个体偏弱的麦田，要把划锄作为早春麦田管理的首要措施来抓。另外，春季浇水或雨后也要适时划锄，划锄时要切实

做到划细、划匀、划平、划透，不留坷垃，不压麦苗，不漏杂草，以提高划锄效果。

二、突出分类指导，搞好各类麦田的田间管理

（一）旺苗麦田

旺苗麦田的管理，应作为各地春季管理的一项重点工作抓紧抓好。旺苗麦田一般年前亩茎数达80万株以上。这类麦田由于群体较大，叶片细长，拔节期以后，容易造成田间郁蔽、光照不良，导致倒伏。因此，春季管理应采取以控为主、控促结合的措施。

1. 及早搂麦

对于小麦枯叶较多的过旺麦田，于早春土壤化冻后，要及时用耙子顺麦行搂出枯叶，以便通风透光，保证小麦正常生长。

2. 适时镇压

小麦返青期至起身期镇压，是控旺转壮的好措施。镇压时要在无霜天10时以后开始，注意有霜冻麦田不压，以免损伤麦苗。盐碱涝洼地麦田不压，以防土壤板结，影响土壤通气。

3. 喷施化控剂

对于过旺麦田，在小麦返青至起身期喷施“壮丰安”“麦巨金”等化控药剂，可抑制基部第一节间伸长，控制植株过旺生长，促进根系下扎，防止生育后期倒伏。一般亩用量30～40 mL，兑水30 kg，叶面喷雾。

4. 因苗确定春季追肥浇水时间

（1）对于年前植株生长过旺，地力消耗过大，有“脱肥”现象的麦田，如果群体不大，早春每亩总茎数在80万以下，可以看苗情在返青后、起身前期追肥浇水；如群体偏大，可在起身期追肥浇水。一般每亩追施尿素15 kg左右。

（2）对于没有出现脱肥现象的过旺麦田，应在拔节后期施肥浇水。施肥量为亩追尿素15 kg。

（3）对于没有水浇条件的旺长麦田，应在早春土壤化冻后抓紧进行镇压，以提墒、保墒。在小麦起身至拔节期间降水后，抓紧借雨追肥。一般亩追尿素12 kg左右。

（二）一类麦田

一类麦田的群体一般为每亩60万～80万株，多属于壮苗。在管理措施上，应注意促控结合，以提高分蘖成穗率，促穗大粒多。

这类麦田的肥水管理，要突出氮肥后移。对地力水平较高、适期播种、群体70万～80万株的一类麦田，要在小麦拔节中期追肥浇水，以获得更高产量。对地力水平一般、群体60万～70万株的一类麦田，要在小麦拔节初期进行肥水管理。一般结合浇水亩追尿素15 kg。

（三）二类麦田

二类麦田的群体一般为每亩45万～60万株，属于弱苗和壮苗之间的过渡类型。春季田

间管理的重点是促进春季分蘖的发生，提高分蘖成穗率。

对地力水平较高、群体55万～60万株的二类麦田，在小麦起身以后、拔节以前追肥浇水；对地力水平一般、群体45万～55万株的二类麦田，在小麦起身期进行肥水管理。一般结合浇水亩追尿素15 kg。

（四）三类麦田

三类麦田一般每亩群体小于45万株，多属于晚播弱苗。春季田间管理应以促为主。

晚茬麦只要墒情尚可，应尽量避免早春浇水，以免降低地温，影响土壤透气性，延缓麦苗生长发育。一般应在返青期追肥，使肥效作用于分蘖高峰前，以便增加春季分蘖，巩固冬前分蘖，增加亩穗数。肥水管理上应注意以下几点。

（1）群体40万株左右晚播弱苗，在墒情较好的条件下，春季追肥应分为2次：第一次，于返青中期，5 cm地温5℃左右时开始，施用追肥量50%的氮素化肥和适量的磷酸二铵，同时浇水，促进分蘖和根系生长，提高分蘖成穗率；剩余的50%化肥待拔节后期追施，促进小麦发育，提高穗粒数。

（2）对于群体接近45万株的麦田，一般在起身前期追肥浇水。一般亩追施尿素15 kg左右。

（3）对于没有水浇条件的弱苗麦田，应在早春镇压划锄、顶凌耙耱的基础上，在土壤返浆后，用化肥耧或开沟施入氮素化肥，以利增加亩穗数和穗粒数，提高粒重，增加产量。对底肥没施磷肥的要在氮肥中配施磷酸二铵。

三、搞好预测预报，推行统防统治，综合防治病虫草害

春季是各种病虫草害多发的季节。各地一定要搞好测报工作，及早备好药剂、药械，实行综合防治。当前，对麦田阔叶杂草防治效果较好的药剂有使阔得、麦喜、使它隆、巨星等除草剂，特别是20%使它隆，每亩50～60 mL喷雾防治，不仅对以荠菜、播娘蒿等为主的麦田杂草防效好，而且对泽漆也有较好防除效果。6.25%使阔得水分散颗粒剂每亩10～20 g喷雾防治对猪殃殃有特效。防治节节麦、野燕麦、雀麦、看麦娘等单子叶杂草可用3%世玛乳油每亩25～30 mL，或6.9%噁唑禾草灵（骠马）每亩60～70 mL茎叶喷雾防治。除草剂使用时，要严格按照使用浓度和技术操作规程，以免发生药害。

春季病虫害的防治要大力推广分期治理、混合施药兼治多种病虫害技术，重点做好返青拔节期和孕穗期两个关键时期病虫害的防治。

返青拔节期是纹枯病、全蚀病、根腐病等根病和丛矮病、黄矮病等病毒病的又一次侵染扩展高峰期，也是麦蜘蛛、地下害虫和草害的为害盛期，是小麦综合防治关键环节之一。防治纹枯病，可用5%井冈霉素每亩150～200 mL兑水75～100 kg喷麦茎基部防治，间隔10～15 d再喷1次。防治根腐病可选用立克莠、烯唑醇、粉锈宁、敌力脱等杀菌剂。防治麦蜘蛛可用0.9%阿维菌素3 000倍液喷雾防治。病虫害混合发生的，可采用以上适宜药剂1次混合喷雾施药防治。

四、密切关注天气变化，预防早春冻害

早春冻害（倒春寒）是滨州市早春常发灾害。防止早春冻害最有效措施是密切关注天气变化，在降温之前灌水。由于水的热容量比空气和土壤大，因此早春寒流到来之前浇水能使近地层空气中水汽增多，在发生凝结时，放出潜热，以减小地面温度的变幅。因此，有浇灌条件的地区，在寒潮来前浇水，可以调节近地面层小气候，对防御早春冻害有很好的效果。

早春一旦发生冻害，就要及时进行补救。主要补救措施：一是抓紧时间，追施肥料。一般每亩追施尿素10 kg左右。二是中耕保墒，提高地温。及时中耕，蓄水提温，能有效增加分蘖数，弥补主茎损失。三是叶面喷施植物生长调节剂。小麦受冻后，及时叶面喷施植物细胞膜稳态剂、复硝酚钠等植物生长调节剂，可促进中、小分蘖的迅速生长和潜伏芽的快发，明显增加小麦成穗数和千粒重，显著增加小麦产量。

第四节　天气及管理措施对小麦春季苗情的影响

2011年滨州市秋种土壤墒情好，小麦播期适宜、集中，机播面积大，小麦播种基础好。播后镇压面积大，基本苗充足，冬前小麦个体发育较好，总体长势好。

一、春季苗情分析

滨州市小麦361.42万亩，一类苗面积177.5万亩，占总面积的49.11%；二类苗面积145.98万亩，占总面积的40.39%；三类苗面积34.51万亩，占总面积的9.55%；旺苗面积3.43万亩，占总面积的0.95%。一、二类苗面积比冬前分别增加1.5%和1.1%，三类苗面积比冬前减少28.49%，旺苗面积增加90.5%。滨州市小麦平均亩茎数68.6万株，比冬前增加6.6万株；单株叶片数5.4个，比冬前增加0.2个；单株分蘖3.5个，比冬前增加0.4个；单株次生根4.43个，比冬前增加0.83个。小麦总体长势较好。

二、土壤墒情

滨州市土壤墒情较好。根据滨州市各监测点监测数据，小麦水浇地0 ~ 20 cm土层，重量含水量在18%左右，相对含水量在75%左右；20 ~ 40 cm土层，重量含水量在17%左右，相对含水量在70%左右。小麦旱地0 ~ 20 cm土层，重量含水量在16%左右，相对含水量在70%左右；20 ~ 40 cm土层，重量含水量在14%左右，相对含水量在65%左右。主要灌溉水源：黄河、徒骇河、小开河等。

三、存在的主要问题

2012年小麦苗情好于2011年，但是小麦生产中依然存在一些问题。一是由于冬前积温偏高，光照偏少，导致部分播种偏早或播量偏大的地块有旺长趋势，存有早春冻害和后期倒伏的隐患；二是由于冬前土壤墒情好、田间湿度大、气温偏高，导致麦田杂草多，小麦病虫越冬基数较高；三是由于部分地块播种时湿度过大、秸秆还田镇压不实等，个别地块有缺苗断垄现象；四是由于冬前降水较多，部分地块未浇越冬水，越冬期气温持续偏低，有效降水少，部分播种较浅地块出现干旱和冻害；五是部分麦田存在牲畜啃青现象。

四、病虫草害情况

麦田杂草情况为滨州市平均8.15株/m^2，主要杂草种类为麦蒿、荠菜等；小麦纹枯病平均病株率0.37%；小麦白粉病、麦蚜、麦蜘蛛还未发现。

五、春季麦田管理建议

针对苗情特点，春季麦田管理重点，要突出做到因地因苗制宜，搞好分类指导，控旺促壮，防冻防倒，科学合理运筹肥水等工作。

（一）适时划锄镇压，增温保墒促早发

划锄具有良好的保墒、增温、灭草、促苗早发等效果。各类麦田，不论弱苗、壮苗或旺苗，返青期间都应抓好划锄。早春划锄的有利时机为“顶凌期”，就是表土化冻2 cm时开始划锄。划锄要看苗情采取不同的方法：①晚茬麦田，划锄要浅，防止伤根和坷垃压苗；②旺苗麦田，应视苗情，于起身至拔节期进行深锄断根，控制地上部生长，变旺苗为壮苗；③盐碱地麦田，要在“顶凌期”和雨后及时划锄，以抑制返盐，减少死苗。另外，要特别注意，早春第一次划锄要适当浅些，以防伤根和寒流冻害。以后随气温逐渐升高，划锄逐渐加深，以利根系下扎。到拔节前划锄3遍。尤其浇水或雨后，更要及时划锄。

（二）科学施肥浇水

苗情较弱的缺肥地片要在小麦返青期或返浆期借墒追施氮肥，亩追尿素7.5 kg左右；起身期控制肥水，拔节期结合浇水亩追施尿素15 kg左右。对“土里捂”或“一根针”麦田，在早春及早划锄、保证苗齐苗全的前提下，返青期、起身期一般不进行肥水管理，应在拔节期前后结合浇水重施，拔节期亩追尿素20 kg左右。

（三）防治病虫草害

白粉病、锈病、纹枯病是春季小麦的主要病害。纹枯病在小麦返青后就发病，麦田表现点片发黄或死苗，小麦叶鞘出现梭形病斑或地图状病斑，应在起身期至拔节期用井冈霉素兑水喷根。白粉病、锈病一般在小麦挑旗后发病，可用粉锈宁在发病初期喷雾防治。小

麦虫害主要有麦蚜、麦叶蜂、红蜘蛛等，要及时防治。

（四）密切关注天气变化，预防早春冻害

早春冻害（倒春寒）是滨州市早春常发灾害。防止早春冻害最有效措施是密切关注天气变化，在降温之前灌水。早春一旦发生冻害，就要及时进行补救。主要补救措施：一是抓紧时间，追施肥料，一般每亩追施尿素10 kg左右。二是中耕保墒，提高地温。三是叶面喷施植物生长调节剂。

第五节　2012年小麦中后期管理技术措施

一、因地制宜，浇足浇好灌浆水

小麦开花至成熟期的耗水量占整个生育期耗水总量的1/4，需要通过浇水满足供应。干旱不仅会影响粒重，抽穗、开花期干旱还会影响穗粒数。所以，小麦扬花后10～15 d应及时浇灌浆水，以保证小麦生理用水，同时还可改善田间小气候，降低高温对小麦灌浆的不利影响，减少干热风的危害，提高籽粒饱满度，增加粒重。

二、搞好“一喷三防”，防病、防虫、增粒重

小麦“一喷三防”技术指的是将杀菌剂、杀虫剂、植物生长调节剂（如微肥、抗旱剂等）混配，一次喷药可以达到防病、防虫、防倒伏（防干热风、防早衰）“三防”效果。具体技术措施，一是掌握好喷施时间。喷施时间在小麦扬花以后，集中突击喷施1次叶面肥，以后每隔5～7 d喷施1次，确保在收获前喷施2～3遍叶面肥。喷施叶面肥时最好在晴天16时以后针对穗部上下10 cm处进行喷药，喷后24 h内如遇到降水应补喷1次。二是依据病虫害防治指标，落实“一喷三防”技术。锈病、白粉病、蚜虫等是小麦后期混发病虫害，应依据防治指标，科学进行防治。在小麦抽穗扬花后，当百穗蚜量达到500头，锈病病叶率3%，白粉病病叶率达到10%时，及时进行喷雾防治。赤霉病是一种典型的气候型病害，若在小麦抽穗扬花期遇有3 d以上连阴雨天气，气温在15℃以上，就会造成大流行，应立即进行小麦赤霉病预防。小麦赤霉病与吸浆虫、麦穗蚜的防治，最佳防治适期同属一个时期，即小麦抽穗至扬花盛期，可采取“一喷三防”措施。为简化操作，提高防治效果，大力推广“一喷三防”防治技术，混配模式为：“杀虫剂+杀菌剂+叶面肥”，每亩可喷施10%吡虫啉可湿性粉剂20 g或5%啶虫脒乳剂30 mL、配合1%的尿素溶液加0.2%～0.3%的磷酸二氢钾溶液或0.2%的天达2116植物细胞膜稳态剂溶液，每亩喷50～60 kg，混合喷雾，既可治虫，又可防病，还能预防干热风，促进小麦灌浆，实现“一喷三防”。

第六节　天气及管理措施对小麦产量及构成要素的影响

一、滨州市小麦生产基本情况

1. 播种基础好

主要表现为：①由于秋种前期降水多，播种期间土壤墒情好，足墒播种面积大。②播期适宜、集中，主要集中在10月2—18日，其中在最佳播期（10月1—15日）的播种面积占到85%，有利于一播全苗、苗匀、苗壮。③品种布局合理，种子包衣率高。2012年滨州市小麦统一供种全覆盖，品种主要以济麦22、潍麦8、泰农18等为主，种子包衣达到342.83万亩。④播后镇压面积大。由于宣传推广力度大，效果好，滨州市播后镇压面积逐年提高，播后镇压面积270.91万亩，比上年增加32.48万亩，占播种面积的73%。⑤氮磷钾施用日趋合理。

2. 冬前苗情好

越冬前的一段时间气温偏高，麦苗生长较好，苗全、苗匀、苗壮。表现为一、二类苗面积增加，三类苗面积减少。一、二类苗面积占总播种面积86.5%（表2-2）。

表2-2　冬前苗情情况对比

年份	一类苗		二类苗		三类苗		旺苗	
	面积（万亩）	比例（%）	面积（万亩）	比例（%）	面积（万亩）	比例（%）	面积（万亩）	比例（%）
2010	171.79	47	141.34	38.67	51.9	14.2	0.5	0.13
2011	172.20	47.7	141.17	39.11	45.8	12.69	1.8	0.50
增减	0.41	0.7	−0.17	0.13	−6.1	−1.6	1.3	0.36

3. 滨州市小麦产量情况和构成因素

2012年滨州市小麦收获面积为361.01万亩，平均单产446.99 kg，总产161.37万t。与2011年相比，面积减少4.52万亩，减幅1.2%；单产减少8.59 kg，减幅1.89%；总产减少5.16万t，减幅3.1%。从产量构成看，亩穗数比2011年略增，穗粒数、千粒重比2011年减少。平均亩穗数37.16万穗，增加0.39万，增幅为1.06%；穗粒数34.29粒，减少0.08粒，减幅0.23%；千粒重41.27 g，降低1.14 g，减幅2.69%（表2-3）。

表2-3 2012年小麦产量结构对比

年份	面积（万亩）	单产（kg）	总产（万t）	亩穗数（万穗）	穗粒数（粒）	千粒重（g）
2011	365.53	455.58	166.53	36.77	34.37	42.41
2012	361.01	446.99	161.37	37.16	34.29	41.27
增减	−4.52	−8.59	−5.16	0.39	−0.08	−1.14
增减百分比（%）	−1.2	−1.89	−3.1	1.06	−0.23	−2.69

二、小麦生产的主要特点

1. 产量三要素“两增一减”

亩穗数增加，穗粒数、千粒重减少。

2. 优势品种逐渐形成规模

2012年济麦22仍是滨州市种植面积最大的品种，且比2011年种植面积增加达116.88万亩。黄河以南以济麦22、济南17、良星99等中多穗品种为主，黄河以北以鲁麦23、潍麦8号、泰农18等大穗型品种为主。具体面积：济麦22号116.88万亩、潍麦8号52.3万亩、泰农18号45.1万亩、济南17号39.31万亩、鲁麦23号25.15万亩，其他品种如师栾02-1、山农15等种植面积相对较小。

3. 病虫害

去冬今春有些地方金针虫发生，个别地块杂草严重，后期部分地块赤霉病和白粉病发生比较严重。

4. 播期

小麦播期拉长，适期播种面积大，10月1—15日完成播种面积的85%。

5. 适期播种

2011年播种时，土壤墒情好，适期播种并采取了规范化播种，达到了苗匀、苗齐、苗壮。

6. 气象因素

越冬前，气温偏高，10月1日至11月20日比常年平均气温高1.36℃，有效积温比常年高67.8℃，降水适量，但光照时数偏少，有机物质积累少（表2-4）。

表2-4 10月1日至11月20日气温、光照、降水情况

年份	气温（℃）	有效积温（℃）	光照（h）	降水（mm）
常年	11.42	585.3	335.4	44
2011年	12.78	653.1	271.5	50.8
增减	+1.36	+67.8	−63.9	+6.8

7. 小麦返青期间土壤墒情适宜，促进了小麦的转化升级

根据滨州市各监测点监测数据，小麦返青期间，小麦水浇地0～20 cm土层，重量含水量在18%左右，相对含水量在75%左右；20～40 cm土层，重量含水量在17%左右，相对含水量在70%左右。小麦旱地0～20 cm土层，重量含水量在16%左右，相对含水量在70%左右；20～40 cm土层，重量含水量在14%左右，相对含水量在65%左右。返青期间充足的水分供应，十分有利于小麦盘根增蘖，转化升级，提高成穗率。同时据调查，一、二类苗面积比冬前分别增加1.5%和1.1%，同比增加2.4%和18.9%；三类苗面积比冬前减少28.49%，同比减少50.1%。

8. 收获集中，机收率高

2012年小麦集中收获时间在6月11—17日，收获面积占总面积的82%，收获高峰出现在6月13、14日，日收割在50万亩以上。滨州市小麦收获的另一个特点是机收率高，机收面积占总收获面积的99.5%，在高峰时期，当日上阵机具22 130台，联合收割机9 630台。

三、气候条件对小麦生产的影响

1. 有利因素

一是秋种期间气候正常，大部分麦田播期适宜，进入10月后，气温偏高，日均气温10月偏高0.1℃，11月偏高2.3℃，对麦苗的生长发育有利；二是4月24—25日，滨州市出现一次明显的降水过程，滨州市平均降水量30.3 mm，此时正值滨州市小麦挑旗期，是需水的关键时期，这次降水对小麦的生长发育起到了有力的促进作用。

2. 不利因素

一是播种后，光照偏少。小麦播种后至冬前的光照时长271.5 h，比往年偏少63.9 h，由于光照较少，有机物质积累偏少，造成了根系发育不良、次生根偏少、分蘖偏弱等问题。

二是春季2—3月持续的低温，造成返青、起身时间较常年偏晚7～10 d，进入4月以后气温偏高，小麦的生长发育进程加快，到抽穗期基本与常年一致，造成了穗分化时间不足，影响了穗粒数（表2-5）。

表2-5　2012年2、3、6月气温、降水情况

气象	2月		3月		6月（上旬）	
	常年	2012年	常年	2012年	常年	2012年
气温（℃）	0.5	−0.6	6.5	5.7	23.8	24.8
降水（mm）	7.7	0.0	11.5	5.6	13.6	56.1

三是进入6月以来，1日、7日、9日连续3次降水，加速了小麦根系的死亡，造成灌浆

期较常年缩短5 ~ 7 d，造成粒重下降。

四是风雹灾造成小麦落粒、倒伏。

3. 采取的主要措施

一是加强了关键环节管理。在小麦返青、抽穗灌浆等关键时期，组织专家搞好苗情会商，针对不同麦田研究制定翔实可行的管理措施，指导群众不失时机地做好麦田管理。二是加强技术指导。通过组织千名科技人员下乡活动、春风计划、农业科技入户工程，加强农民技术培训，组织专家和农技人员深入生产一线，有针对性地搞好技术指导，帮助农民解决麦田管理中遇到的实际困难和问题。三是加强病虫害及自然灾害监测预警。及时发布病虫害信息，指导农民进行科学防治，降低病虫为害；与气象部门密切配合及时做好自然灾害预警预防，提早做好防倒春寒、抗旱、防干热风等准备工作，及时指导农民落实各项措施，努力减少灾害损失，确保夏粮丰收。

四、新技术引进、试验、示范情况

滨州市近几年加大对新技术新产品的推广力度，通过试验对比探索出适合滨州市的新技术新品种，其中，推广面积较大的有：规范化播种技术，推广面积205.81万亩；宽幅播种技术，推广面积30.8万亩；免耕栽培技术，推广面积24.7万亩。从近几年的推广情况看，规范化播种技术、机械深松技术、“一喷三防”技术、氮肥后移技术、化控防倒技术、秸秆还田技术效果明显，且技术较为成熟，推广前景好；免耕栽培技术要因地制宜推广；随着机械化程度的提高，农机农艺的结合对小麦的增产作用越来越明显，要加大与农机部门的合作。品种方面滨州市主推品种为：济麦22、鲁麦23、潍麦8、泰农18、良星99、济南17等。

五、夺取小麦亩产700 kg左右的主要技术措施和做法、经验

1. 采取的主要技术措施和做法

（1）选用良种。依据气候条件、土壤基础、耕作制度等选择高产潜力大、抗逆性强的多穗性优良品种，如济麦22号、良星99、泰农18、临麦4号等品种进行集中攻关、展示、示范。

（2）培肥地力。采用小麦、玉米秸秆全量还田技术，同时每亩施用土杂肥3 ~ 5 m^3，提高土壤有机质含量和保蓄肥水能力，增施商品有机肥100 kg，并适当增施锌、硼等微量元素。

（3）种子处理。选用包衣种子或用敌委丹、适乐时进行拌种，促进小麦次生根生长，增加分蘖数，有效控制小麦纹枯病、金针虫等苗期病虫害。

（4）适时适量播种。小麦播种日期于10月5日左右，采用精量播种机精量播种，基本苗10万 ~ 12万株，冬前总茎数为计划穗数的1.2倍，春季最大总茎数为计划穗数的1.8 ~ 2.0倍，采用宽幅播种技术。

（5）冬前管理。一是于11月下旬浇灌冬水，保苗越冬、预防冬春连旱；二是喷施除草剂，春草冬治，提高防治效果。

（6）氮肥后移延衰技术。将氮素化肥的底肥比例减少到50%，追肥比例增加到50%，土壤肥力高的麦田底肥比例为30%～50%，追肥比例为50%～70%；春季第一次追肥时间由返青期或起身期后移至拔节期。

（7）后期肥水管理。于5月上旬浇灌40 m^3左右灌浆水，后期采用“一喷三防”，连喷3次，延长灌浆时间，防早衰、防干热风，提高粒重。

（8）病虫草害综合防控技术。前期以杂草及根部病害、红蜘蛛为主，后期以白粉病、赤霉病、蚜虫等为主，进行综合防控。

2. 主要经验

第一，要选择土壤肥力高（有机质1.2%以上）、水浇条件好的地块。培肥地力是高产攻关的基础，实现小麦高产攻关必须以较高的土壤肥力和良好的土、肥、水条件为保障，要求土壤有机质含量高，氮、磷、钾等养分含量充足，比例协调。第二，选择具有高产能力的优良品种，如济麦22号、良星99等。高产良种是攻关的内因，在较高的地力条件下，选用增产潜力大的高产良种，实行良种良法配套，就能达到高产攻关的目标。第三，深耕深松，提高整地和播种质量。有了肥沃的土壤和高产潜力大的良种，在适宜播期内，做到足墒下种，保证播种深浅一致，下种均匀，确保一播全苗，是高产攻关的基础。第四，采用宽幅播种技术。通过试验和生产实践证明，在同等条件下采用宽幅播种技术比其他播种方式产量高，因此在高产攻关和大田生产中值得大力推广。第五，狠抓小麦“三期”管理，即冬前、春季和小麦中后期管理。栽培管理是高产攻关的关键，良种良法必须配套，才能充分发挥良种的增产潜力，达到高产的目的。第六，相关配套技术运用好。集成小麦精播半精播、种子包衣、冬春控旺防冻、氮肥后移延衰、病虫草害综防、后期“一喷三防”等技术，确保各项配套技术措施落实到位。

六、小麦生产存在的主要问题

以旋代耕面积较大，许多地块只旋耕而不耕翻，犁底层变浅、变硬，影响根系下扎。

施肥不合理。部分群众底肥重施化肥，轻施有机肥，重施磷肥，不施钾肥。

玉米秸秆还田粉碎质量不过关，且只旋耕1遍，不能完全掩埋秸秆，影响小麦苗全、苗匀。

品种多乱杂的情况仍然存在。

七、2012年秋种在技术措施方面做的主要工作

大力增施有机肥，推广秸秆覆盖技术。长期坚持增施有机肥，在遇旱、涝、风、霜等自然灾害年份，抗灾、稳产作用尤为显著。大力宣传推广玉米全量秸秆还田技术，并在播量上作适当调整。

提高玉米秸秆还田质量，粉碎要细，并配以尿素等氮肥的施用提高碳氮比例，以及适度深耕技术。

在高肥水地块加大济麦22、良星99等多穗型品种的推广力度，并推广精播半精播、适期晚播技术，良种精选、种子包衣、防治地下害虫、根病。

推广深耕或深松技术疏松耕层，降低土壤容重，增加孔隙度，改善通透性，促进好气性微生物活动和养分释放；提高土壤渗水、蓄水、保肥和供肥能力。

注意增施钾肥和微量元素肥料。

推广宽幅播种技术。

第三章 2012—2013年度小麦产量主要影响因素分析

第一节 2012年播种基础及秋种技术措施

2012年小麦秋种技术推广工作总的思路是：以高产创建为抓手，以规范化播种为突破口，进一步优化品种布局，大力推广深耕深松、足墒播种、播后镇压等关键技术，切实提高播种质量，打好秋种基础。重点抓好以下技术措施。

一、优化品种布局，选用优良品种

以小麦良种推广补贴项目为平台，对当地小麦品种布局进行统一规划安排。根据当地的生态条件、地力基础、灌溉情况等因素选择适宜品种。2012年推荐品种如下。

（一）水浇条件较好的地块

以良星99、济麦22、泰农18、临麦2号、潍麦8、郯麦98、鲁麦23、山农15、济南17号（强筋）等为主。

（二）水浇条件较差的旱地

主要以鲁麦21号、青麦6号、山农16、菏麦17号等为主。

（三）部分盐碱地

建议种植德抗961、山融3号等。

二、推行深耕深松，切实提高整地质量

耕作整地是小麦播前准备的主要技术环节，整地质量与小麦播种质量有着密切关系。要重点注意以下几点。

（一）做好土壤耕翻前的准备工作

首先，要搞好秸秆还田，增施有机肥。目前，秸秆还田和增施有机肥是培肥土壤地力的最有效措施。玉米秸秆还田时要确保作业质量，尽量将玉米秸秆粉碎得细一些，一

般要用玉米秸秆还田机打2遍，秸秆长度低于10 cm，最好在5 cm左右。同时，各县区要在推行玉米联合收获和秸秆还田的基础上，广辟肥源、增施农家肥，努力改善土壤结构，提高土壤耕层的有机质含量。一般高产田亩施有机肥3 000～4 000 kg，中低产田亩施有机肥2 500～3 000 kg。其次，要配方使用化肥。各县区要结合配方施肥项目，因地制宜合理确定化肥基施比例，优化氮磷钾配比。高产田一般全生育期亩施纯氮（N）14～16 kg，磷（P_2O_5）7.5 kg，钾（K_2O）7.5 kg，硫酸锌1 kg；中产田一般亩施纯氮（N）12～14 kg，磷（P_2O_5）6～7.5 kg，钾（K_2O）6～7.5 kg；低产田一般亩施纯氮（N）10～13 kg，磷（P_2O_5）8～10 kg。高产田将全部有机肥、磷肥，氮肥、钾肥的50%作底肥，其余50%的氮肥、钾肥于翌年春季小麦拔节期追施。中、低产田应将全部有机肥、磷肥、钾肥，氮肥的50%～60%作底肥，翌年春季小麦起身拔节期追施40%～50%的氮肥。大力推广化肥深施技术，坚决杜绝地表撒施。

（二）因地制宜确定深耕、深松或旋耕

对土壤实行大犁深耕或深松，均可疏松耕层，降低土壤容重，增加孔隙度，改善通透性，促进好气性微生物活动和养分释放；提高土壤渗水、蓄水、保肥和供肥能力。但二者各有优缺点：大犁深耕，可以较好地掩埋有机肥料、秸秆残茬和杂草、有利于消灭寄生在土壤中或残茬上的病虫。但松土深度不如深松；深松作业，可以疏松土层而不翻转土层，松土深度要比耕翻深。但因为不翻转土层，不能翻埋肥料、杂草、秸秆，也不利于减少病虫害。因此，各县区要根据当地实际，因地制宜地选用深耕和深松作业。

（三）搞好耕翻后的耙耢镇压工作

耕翻后耙耢、镇压可使土壤细碎，消灭坷垃，上松下实，底墒充足。因此，各类耕翻地块要及时耙耢。尤其是采用秸秆还田和旋耕机旋耕地块，由于耕层土壤暄松，容易造成小麦播种过深，影响深播弱苗，影响小麦分蘖，造成穗数不足，降低产量。此外，该类地块由于土壤松散，失墒较快。所以必须耕翻后尽快耙耢、镇压2～3遍，以破碎土垡，耙碎土块，疏松表土，平整地面，上松下实，减少蒸发，抗旱保墒；使耕层紧密，种子与土壤紧密接触，保证播种深度一致，出苗整齐健壮。

（四）按规格作畦

实行小麦畦田化栽培，以便于精细整地，保证播种深浅一致，浇水均匀，节省用水。畦的大小应因地制宜，水浇条件好的要尽量采用大畦，水浇条件差的可采用小畦。畦宽1.65～3 m，畦埂30～40 cm。在确定小麦播种行距和畦宽时，要充分考虑农业机械的作业规格要求和下茬作物直播或套种的需求。对于小麦玉米一年两熟的地区，要因地制宜推广麦收后玉米夏直播技术，尽量不要预留玉米套种行。

三、足墒适期适量播种，切实提高播种质量

提高播种质量是保证小麦苗全、苗匀、苗壮，群体合理发展和实现小麦丰产的基础。

播种时应重点抓好以下几点。

（一）认真搞好种子处理

提倡用种衣剂进行种子包衣，预防苗期病虫害。没有用种衣剂包衣的种子要用药剂拌种。根病发生较重的地块，选用2%戊唑醇（立克莠）按种子量的0.1%～0.15%拌种，或20%三唑酮（粉锈宁）按种子量的0.15%拌种；地下害虫发生较重的地块，选用40%甲基异柳磷乳油，按种子量的0.2%拌种；病、虫混发地块用以上杀菌剂+杀虫剂混合拌种。

（二）足墒播种

小麦出苗的适宜土壤湿度为田间持水量的70%～80%。秋种时若墒情适宜，要在秋作物收获后及时耕翻，并整地播种；墒情不足的地块，要注意造墒播种。田间有积水地块，要及时排水晾墒。在适播期内，应掌握"宁可适当晚播，也要造足底墒"的原则，做到足墒下种，确保一播全苗。对于玉米秸秆还田地块，在一般墒情条件下，最好在还田后灌水造墒，也可在小麦播种后立即浇"蒙头水"，墒情适宜时搂划破土，辅助出苗。这样，有利于小麦苗全、苗齐、苗壮。

（三）适期播种

温度是决定小麦播种期的主要因素。一般情况下，小麦从播种至越冬开始，以0℃以上积温570～650℃为宜。滨州市小麦适宜播期一般为10月1—10日，其中最佳播期为10月3—8日。由于大力推广玉米适期晚收技术，预计玉米腾茬时间可能比较集中，各县区一定要尽早备好玉米收获和小麦播种机械，加快机收、机播进度，确保小麦在适期内播种。对于不能在适期内播种的小麦，要注意适当加大播量，做到播期播量相结合。

（四）适量播种

小麦的适宜播量因品种、播期、地力水平等条件而异。近几年来，由于春季低温干旱等不利气候因素的影响，有的播种量大幅增加，存在着旺长和倒伏的巨大隐患，非常不利于小麦的高产稳产。因此，2012年秋种，一定要加大精播半精播的宣传和推广力度，坚决制止大播量现象。一般地块，在适期播种情况下，分蘖成穗率低的大穗型品种，每亩适宜基本苗15万～18万株；分蘖成穗率高的中穗型品种，每亩适宜基本苗12万～15万株。在此范围内，高产田宜少，中产田宜多。晚于适宜播种期播种，每晚播2 d，每亩增加基本苗1万～2万株。

（五）精细播种

实行宽幅精量播种，改传统小行距（15～20 cm）密集条播为等行距（20～26 cm，高产田取上限、中产田取下限）宽幅播种，改传统密集条播籽粒拥挤一条线为宽播幅（8 cm）种子分散式粒播，有利于种子分布均匀，减少缺苗断垄、疙瘩苗现象，克服了传统播种机密集条播、籽粒拥挤、争肥、争水、争营养、根少、苗弱的生长状况。因此，要大力推行小麦宽幅播种机械播种。若采用常规小麦精播机或半精播机播种的，也要注意使播种机械加装镇压装置，行距20 ~ 22 cm，播种深度3 ~ 5 cm。播种机不能行走太快，以每小时5 km为宜，以保证下种均匀、深浅一致、行距一致、不漏播、不重播。

（六）播后镇压

从近几年的生产经验看，小麦播后镇压是提高小麦苗期抗旱能力和出苗质量的有效措施。因此，2012年秋种，各县区要选用带镇压装置的小麦播种机械，在小麦播种时随种随压，然后，在小麦播种后用镇压器镇压两遍，努力提高镇压效果。尤其是对于秸秆还田地块，一定要在小麦播种后用镇压器多遍镇压，才能保证小麦出苗后根系正常生长，提高抗旱能力。

四、搞好查苗补种，杜绝缺苗断垄

小麦要高产，“七分种，三分管”，苗全苗匀是关键。因此，小麦出苗后，要及时到地里检查出苗情况，对于有缺苗断垄地块，要尽早进行补种。补种方法：选择与该地块相同品种的种子，进行种子包衣或药剂拌种后，开沟均匀撒种，墒情差的要结合浇水补种。

第二节　天气及管理措施对小麦冬前苗情的影响

一、秋种基本情况

2012年，滨州市小麦播种面积361.32万亩，比2011年减少7.92万亩。播种时间主要集中在10月2—18日，其中10月1—15日播种的占总面积的85%。

从2012年的秋种情况看，主要有以下几个特点。

1. 机耕、机播率高，秸秆还田面积大

滨州市三秋期间投入机具6.2万台套，其中玉米联合收割机6 352台套，秸秆还田机械3 957台套，耕地机械11 817台套，深耕深松机械495台套，播种机械12 392台套，基本实现了机械化，为适时收割与播种质量的提高提供了保证。秸秆还田面积达到270.8万亩。

2. 播种基础好

主要表现为：①由于前期降水偏多，播种期间土壤墒情好，足墒播种面积大；②播期适宜、集中，主要集中在10月2—18日，其中在最佳播期（10月1—15日）的播种面积占到85%，十分有利于一播全苗、苗匀、苗壮。③品种布局合理，种子包衣率高。2012年滨州市小麦统一供种实现全覆盖，品种主要以济麦22、良星99、潍麦8、泰农18等品种为主，种子包衣达到319.52万亩。④播后镇压面积大。由于宣传推广力度大，效果好，滨州市播后镇压面积249.27万亩，占播种面积的68.7%。⑤氮磷钾施用日趋合理。

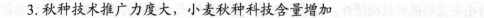

3. 秋种技术推广力度大，小麦秋种科技含量增加

为做好2012年的秋种工作，滨州市农业局及时印发了《滨州市二〇一二年秋种技术意见》，为全面做好秋种工作提供技术支持。各县乡镇办农技站及时制定本地秋种技术意见发放到村，指导农民科学秋种。同时农业技术人员深入到田间地头，向群众广泛宣传技术要领，引导群众抓住当前墒情有利时机，抢收抢种。

二、基本苗情

滨州市有麦面积361.67万亩，折实361.32万亩。基本苗20.65万，比上年增加0.35万；亩茎数64.7万，比上年增加2.7万；单株分蘖3.2个，比上年增加0.1个；单株主茎叶片数5.3个，比上年增加0.1个；三叶以上大蘖1.7个，比上年减少0.1个；单株次生根3.8根，比上年增加0.2根。一类苗183.9万亩，占总面积50.9%，比上年增加9.1万亩；亩茎数72.2万，比上年减少0.4万；单株分蘖3.9个，比上年减少0.2个；三叶以上大蘖2.3个，比上年减少0.5个；单株主茎叶片数5.9个，比上年减少0.2个；单株次生根4.4根，比上年减少0.1根。二类苗面积135万亩，占总面积37.4%，比上年减少9.39万亩；亩茎数58.4万、单株分蘖2.7个、三叶以上大蘖1.5个，分别比上年减少1.6万、0.2个、0.1个；单株主茎叶片数5.2个，比上年减少0.1个；单株次生根3.13根，比上年增加0.03根。三类苗面积41.3万亩，占总面积11.4%，比上年减少6.96万亩；亩茎数44.7万，比上年增加2.7万；单株分蘖1.6个，比上年增加0.3个；三叶以上大蘖0.8个，比上年增加0.2个；单株主茎叶片数3.9个，比上年增加0.3个；单株次生根2.3根，比上年增加0.6根。总体上看，由于播期较适宜、集中，土壤墒情好，2012年小麦苗情表现为苗全、苗匀，缺苗断垄面积小，一类苗面积大，三类苗面积减少，旺苗及“一根针”麦田面积小，仅有1.18万亩。苗情总体较好，小麦播种、出苗和个体、群体发育情况明显好于往年。

原因分析：

一是播种质量明显提高。由于机械化在农业生产中的普及，以及规范化播种技术的大面积推广，滨州市小麦整地、播种质量明显提高，加之土壤底墒足、播期适宜，小麦基本实现了一播全苗。

二是播后镇压大面积推广，十分有利于麦苗早发和苗全、苗匀，同时有利于提温、保墒。

三是2012年播量略大于2011年，加之统一供种面积大，种子质量好，基本苗较足。

四是气象因素。①气温。自10月以来，气温偏高，10月日均气温15.5℃，比常年偏高1.1℃，尤其是播种后的10月下旬日均气温比常年偏高1.6℃；截至11月30日有效积温613.9℃，较常年多17.5℃。气温偏高，对小麦正常生长发育非常有利，促使小麦早分蘖、多分蘖，个体健壮，群体适宜。②光照。小麦播种后截至目前的光照时长335 h，比2011年增加63.5 h。光照充足，小麦光合能力加强，光合产物形成较多，有利于分蘖形成，且有利于形成大蘖、壮蘖，提高了小麦抗冻能力，有利于小麦安全越冬。③降水。10月降水4次，其中10月中旬以后降水2次，平均降水量10.5 mm，比常年偏少18.8 mm；11月截至目前降水3次，平均降水量37.6 mm，比常年偏多26.4 mm。11月初的降水改善了土壤墒情，缓解了播种以后的干旱情况；土壤水分增多，有利于小麦抗寒防冻（表3-1）。

表3-1　10月1日至11月30日气温、光照、降水情况

年份	气温（℃）	有效积温（℃）	光照（h）	降水（mm）
常年	11.42	596.4	335.4	40.5
2012年	12.04	613.9	335	48.1
增减	+0.62	+17.5	−0.4	+7.6

三、土壤墒情

截至11月10日，根据滨州市各监测点监测数据，小麦水浇地0～20 cm土层，重量含水量在19.5%左右，相对含水量在80.7%左右，分别比2011年增加0.3%、3.8%；20～40 cm土层，重量含水量在19.4%左右，相对含水量在80.5%左右，分别比2011年增加0.5%、4.8%。小麦旱地0～20 cm土层，重量含水量在17.5%左右，相对含水量在76.1%左右，分别比2011年增加0.41%、4.5%；20～40 cm土层，重量含水量在17.1%左右，相对含水量在76%左右，分别比2011年增加0.1%、6%。当前土壤墒情较好，有利于小麦生长。

四、存在的问题及对策

1. 存在的问题

一是有机肥施用不足，造成地力下降；二是深耕面积偏少，连年旋耕造成耕层变浅，根系难以下扎；三是部分秸秆还田地块镇压不实，容易造成冻苗、死苗；四是部分麦田存在牲畜啃青现象；五是农机农艺措施结合推广经验不足，缺乏统一组织协调机制；六是农机手个体分散、缺乏统一组织、培训，操作技能良莠不齐，造成机播质量不高；七是防御自然灾害的能力还需提高；八是农田水利设施老化、薄弱。

2. 对策

一是加大宣传推广力度，千方百计挖掘肥源；二是扩大规范化播种面积，提高播种质量；三是力争上大冻之前，普浇一遍越冬水；四是加强与农机部门的沟通，提高农机农艺水平；五是要加强与气象部门联系，做好应对各种自然灾害的防御工作；六是做好宣传，加强监管，严禁牲畜啃青。

五、高产创建情况

2012—2013年度小麦高产创建滨州市安排万亩示范片29个以及2个整建制乡镇，安排在滨州市的六县一区，具体为滨城区5个、惠民县2个、阳信县8个、无棣县4个、沾化县3个、博兴县5个、邹平县2个，整建制乡镇安排在惠民县何坊街道办和邹平县孙镇。示范区

内播期集中在10月2—10日，品种主要为济麦22、泰农18、临麦2、师栾02-1等11个品种，良种覆盖率100%，主要推广应用了规范化播种、宽幅播种、半精量播种、播后镇压、氮肥后移等多项主推技术。目前示范区内小麦群体在70万～80万株，个体健壮，苗全苗匀，长势良好。

六、春季麦田管理建议

（一）适时划锄镇压，增温保墒促早发

划锄具有良好的保墒、增温、灭草、促苗早发等效果。各类麦田，不论弱苗、壮苗或旺苗，返青期间都应抓好划锄。早春划锄的有利时机为“顶凌期”，就是表土化冻2 cm时开始划锄。划锄要看苗情采取不同的方法：①晚茬麦田，划锄要浅，防止伤根和坷垃压苗；②旺苗麦田，应视苗情，于起身至拔节期进行深锄断根，控制地上部生长，变旺苗为壮苗；③盐碱地麦田，要在“顶凌期”和雨后及时划锄，以抑制返盐，减少死苗。另外，要特别注意，早春第一次划锄要适当浅些，以防伤根和寒流冻害。以后随气温逐渐升高，划锄逐渐加深，以利根系下扎。到拔节前划锄3遍。尤其浇水或雨后，更要及时划锄。

（二）科学施肥浇水

苗情较弱的缺肥地片要在小麦返青期或返浆期借墒追施氮肥，亩追尿素7.5 kg左右；起身期控制肥水，拔节期结合浇水亩追施尿素15 kg左右。对“土里捂”或“一根针”麦田，在早春及早划锄、保证苗齐苗全的前提下，返青期、起身期一般不进行肥水管理，应在拔节期前后结合浇水重施拔节期，亩追尿素20 kg左右。

（三）防治病虫草害

白粉病、锈病、纹枯病是春季小麦的主要病害。纹枯病在小麦返青后就发病，麦田表现点片发黄或死苗，小麦叶鞘出现梭形病斑或地图状病斑，应在起身期至拔节期用井冈霉素兑水喷根。白粉病、锈病一般在小麦挑旗后发病，可用粉锈宁在发病初期喷雾防治。小麦虫害主要有麦蚜、麦叶蜂、红蜘蛛等，要及时防治。

（四）密切关注天气变化，预防早春冻害

防止早春冻害最有效措施是密切关注天气变化，在降温之前灌水。由于水的热容量比空气和土壤大，因此早春寒流到来之前浇水能使近地层空气中水汽增多，在发生凝结时，放出潜热，以减小地面温度的变幅。因此，有浇灌条件的地区，在寒潮来前浇水，可以调节近地面层小气候，对防御早春冻害有很好的效果。

小麦是具有分蘖特性的作物，遭受早春冻害的麦田不会冻死全部分蘖，另外还有小麦蘖芽可以长成分蘖成穗。只要加强管理，仍可获得好的收成。因此，一旦早春发生冻害，就要及时进行补救。主要补救措施：一是抓紧时间，追施肥料。对遭受冻害的麦田，根据受害程度，抓紧时间，追施速效化肥，促苗早发，提高2～4级高位分蘖的成穗率。一般每

亩追施尿素10 kg左右。二是中耕保墒，提高地温。及时中耕，蓄水提温，能有效增加分蘖数，弥补主茎损失。三是叶面喷施植物生长调节剂。小麦受冻后，及时叶面喷施天达2116植物细胞膜稳态剂、复硝酚钠、己酸二乙氨基醇酯等植物生长调节剂，可促进中、小分蘖的迅速生长和潜伏芽的快发，明显增加小麦成穗数和千粒重，显著增加小麦产量。

第三节　2013年春季田间管理技术措施

滨州市冬季雨雪较多，降水量较大，目前麦田墒情普遍较好，利于小麦生长。但由于冬季积雪覆盖，田间小气候利于病虫越冬，春季病虫草为害可能加重。且土壤湿度大，不利于农事操作，对部分群体小、个体弱、基肥不足的麦田施返青肥带来不便。针对当前苗情、墒情特点，2013年春季麦田管理要因苗、因地制宜，突出分类指导，促控结合，防冻防倒，科学运筹肥水。重点要抓好以下技术措施。

一、大力推行划锄、镇压，增温保墒促早发

划锄是一项有效的增温保墒促早发措施。各地一定要及早组织广大农民在早春表层土化冻2 cm时（顶凌期）对各类麦田进行划锄，以保持土壤墒情，提高地表温度，消灭越冬杂草，为后期麦田管理争得主动。尤其是对群体偏小、个体偏弱的麦田，要将划锄作为早春麦田管理的首要措施来抓。另外，春季浇水或雨后也要适时划锄。划锄时要切实做到划细、划匀、划平、划透，不留坷垃，不压麦苗，不漏杂草，以提高划锄效果。

春季镇压可压碎土块，弥封裂缝，使经过冬季冻融疏松了的土壤表土层沉实，减少水分蒸发。镇压还可以使土壤与根系密接，有利于根系吸收利用土壤水分和养分。融雪集中麦田泥泞，镇压要因苗、因地进行。

二、突出分类指导，搞好各类麦田肥水管理

（一）一类麦田

这类麦田的肥水管理，要突出氮肥后移。对地力水平较高，适期播种、群体70万～80万株的一类麦田，要在小麦拔节中后期追肥浇水，以获得更高产量；对地力水平一般，群体60万～70万株的一类麦田，要在小麦拔节初期进行肥水管理。一般结合浇水亩追尿素15 kg。

（二）二类麦田

二类麦田的群体，属于弱苗和壮苗之间的过渡类型。田间管理的重点是促进春季分蘖的发生，提高分蘖成穗率。一般在小麦起身期进行肥水管理，结合浇水亩追尿素15 kg左右。

（三）三类麦田

三类麦田一般每亩群体小于45万株，多属于晚播弱苗。春季田间管理应以促为主。

晚茬麦只要墒情尚可，应尽量避免早春浇水，以免降低地温，影响土壤透气性，延缓麦苗生长发育。一般应在返青期追肥，使肥效作用于分蘖高峰前，以便增加春季分蘖，巩固冬前分蘖，增加亩穗数。一般情况下，春季追肥应分为2次：第一次，于返青中期，5 cm地温5℃左右时开始，施用追肥量50%的氮素化肥和适量的磷酸二铵，促进分蘖和根系生长，提高分蘖成穗率；剩余的50%化肥待拔节期追施，促进小麦发育，提高穗粒数。

（四）旺苗麦田

这类麦田由于群体较大，叶片细长，拔节期以后，容易造成田间郁蔽、光照不良，从而招致倒伏。因此，春季管理应采取以控为主、控促结合的措施。

1. 及早搂麦

对于小麦枯叶较多的过旺麦田，于早春土壤化冻后，要及时用耙子顺麦行搂出枯叶，以便通风透光，保证小麦正常生长。

2. 适时镇压

小麦返青期至起身期镇压，是控旺转壮的好措施。镇压时要在无霜天10时以后开始，注意有霜冻麦田不压，以免损伤麦苗；盐碱涝洼地麦田不压，以防土壤板结，影响土壤通气；已拔节麦田不压，以免折断节间，造成穗数不足。

3. 喷施化控剂

对于过旺麦田，在小麦返青至起身期喷施“壮丰安”“麦巨金”等化控药剂，可抑制基部第一节间伸长，控制植株过旺生长，促进根系下扎，防止生育后期倒伏。一般亩用量30～40 mL，兑水30 kg，叶面喷雾。

4. 因苗确定春季追肥浇水时间

（1）对于年前植株营养体生长过旺，地力消耗过大，有“脱肥”现象的麦田，如果群体不大，早春每亩总茎数在80万以下，可以看苗情在返青后、起身前期追肥浇水。如群体偏大，可在起身期追肥浇水。一般每亩追施尿素15 kg左右，防止过旺苗转弱苗。

（2）对于没有出现脱肥现象的过旺麦田，早春不要急于施肥浇水，应注重镇压、划锄和喷施化控剂等措施适当蹲苗控制，避免过多春季分蘖发生。一般应在拔节后期施肥浇水。施肥量为亩追尿素15 kg。

（3）对于遭受冻害的旺长麦田，应在早春及早划锄搂麦的基础上，于小麦返青期每亩追施尿素7 kg左右，然后再在拔节期结合浇水亩追尿素10 kg左右。

（五）旱地麦田

旱地麦田由于没有水浇条件，应在早春土壤化冻后抓紧进行镇压划锄、顶凌耙耱等，以提墒、保墒。弱苗麦田，要在土壤返浆后，用化肥耧或开沟施入氮素化肥，以利增加亩穗数和穗粒数，提高粒重，增加产量；一般麦田，应在小麦起身至拔节期间降水后，抓紧借雨开沟追肥。一般亩追12 kg左右尿素。对底肥没施磷肥的要在氮肥中配施磷酸二铵。

三、切实搞好预测预报，综合防治病虫草害

各地一定要搞好测报工作，及早备好药剂、药械，实行综合防治。

各地应强化返青后化学除草工作。要抓住春季3月上中旬防治适期，及时开展化学除草。对以双子叶杂草为主的麦田可亩用75%苯磺隆水分散粒剂1 g或15%噻吩磺隆可湿性粉剂10 g加水喷雾防治，对抗性双子叶杂草为主的麦田，可亩用20%氯氟吡氧乙酸乳油（使它隆）50 ~ 60 mL或5.8%双氟·唑嘧胺乳油（麦喜）10 mL防治。对单子叶禾本科杂草重的可亩用3%甲基二磺隆乳油（世玛）25 ~ 30 mL或6.9%精噁唑禾草灵水乳剂（骠马）每亩60~70 mL，茎叶喷雾防治。双子叶和单子叶杂草混合发生的麦田可用以上药剂混合使用。春季麦田化学除草对后茬作物易产生药害，禁止使用长残效除草剂氯磺隆、甲磺隆等药剂；2, 4-D丁酯对棉花等双子叶作物易产生药害，甚至用药后具有残留的药械再喷棉花等作物也有药害发生，小麦与棉花和小麦与花生间作套种的麦田化学除草避免使用2,4-D丁酯。

返青拔节期是纹枯病、全蚀病、根腐病等根病和丛矮病、黄矮病等病毒病的侵染扩展高峰期，也是麦蜘蛛、地下害虫和草害的为害盛期，是小麦综合防治关键环节之一。针对2013年的实际情况，要加强预测预报。具体的防治措施：防治纹枯病，可用5%井冈霉素每亩150 ~ 200 mL兑水75 ~ 100 kg喷麦茎基部防治，间隔10 ~ 15 d再喷1次，或用多菌灵胶悬剂或甲基硫菌灵防治；防治根腐病可选用立克莠、烯唑醇、粉锈宁、敌力脱等杀菌剂；防治麦蜘蛛可用1.8%阿维菌素3 000倍液喷雾防治。病虫害混合发生的，可采用以上适宜药剂一次混合喷雾施药防治。

第四节　天气及管理措施对小麦春季苗情的影响

一、基本苗情

滨州市小麦播种面积328.93万亩；基本苗20.65万株，比上年增加0.35万株；亩茎数64.7万株，比上年增加2.7万株；单株分蘖3.2个，比上年增加0.1个；单株主茎叶片数5.3个，比上年增加0.1个；三叶以上大蘖1.7个，比上年减少0.1个；单株次生根3.8条，比上年增加0.2条。一类苗面积167.75万亩，占总播种面积的51%，较上年提高3.6个百分点；二类苗面积123.02万亩，占总播种面积的37.4%，较上年下降1.7个百分点；三类苗面积36.98万亩，占总播种面积的11.24%，较上年下降1.73个百分点；旺苗面积1.18万亩，较上年减少0.62万亩。总体上看，由于秋种期间底墒足，播期适宜，播种质量高，出苗后土壤墒情好，光照充足，冬前小麦苗情整体较好，群体适宜，个体健壮，入冬以来，滨州市降雪充

足，自2012年10月至今累计降水量90.7 mm，较常年偏多39.9 mm，整个越冬期间基本无麦苗冻死现象，滨州市麦田积雪已基本融化，土壤墒情足，松软适中，田间杂草及病虫为害轻。

二、当前小麦生长的有利因素和不利因素

（一）有利因素

（1）良种覆盖率高。借助小麦良种补贴这一平台，滨州市加大高产优质小麦品种的宣传推广力度，重点推广了济麦22、泰农18、维麦8、师栾02-1等10个优良品种，良种覆盖率达到了99%以上。2012年滨州市小麦统一供种面积307.7万亩，占播种面积的94%，种子包衣面积319.5万亩，占播种面积的97%。

（2）冬前苗情总体好于往年。由于机械化在农业生产中的普及，以及宽幅播种、规范化播种技术的大面积推广，滨州市小麦播种质量明显提高，加之秋种期间土壤底墒足、播期适宜，后期气候适宜，冬前小麦苗情整体好。表现为群体足，个体健壮，一、二类苗面积大，为小麦丰收打下了良好基础。

（3）冬季降雪充足。降雪减轻了冬季低温对小麦的危害，为春季生长积蓄了充足的水分，同时踏实了土壤。

（4）病虫草害发生轻。据植保部门2月20日的田间调查，麦田杂草平均5.9株/m^2，主要杂草种类为麦蒿、荠菜等；小麦纹枯病平均病株率0.33%；小麦白粉病目前还未发现；小麦红蜘蛛平均1.62头/m单行，平均虫田率20%；小麦蚜虫平均0.15头/百株，平均虫田率5%。

（5）科技服务到位。滨州市各级农业部门及早部署，利用冬闲时间开展了冬春技术培训活动。通过电视、信息平台、印发明白纸、召开农业实用技术培训班、赶科技大集、面对面指导等形式广泛开展新品种、新技术培训推广和技术指导工作。与滨州电视台合作举办了“农业一线”节目每周五固定播出，邀请农业专家讲解当前的先进实用技术、新政策及农业信息；举办各类针对农民的培训班20多期，培训农民1万多人次；举办基层农技人员培训6期，培训农技人员600多人次；印发明白纸30余万份。

（二）不利因素

一是部分播量偏大或者播期偏早地块，待气温回升后，容易旺长；二是部分三类麦田由于苗量不足，长势偏弱，易受杂草为害；三是由于冬季降水多，春季病、草为害可能加重；四是田间土壤湿度大，不利于农事操作，特别是对三类麦田的返青肥的追施带来不便；五是部分地块存在田间积水，有形成渍害的隐患；六是气象因素不稳定，有冻害隐患。

三、高产创建情况

2012—2013年度小麦高产创建滨州市安排万亩示范片29个以及2个整建制乡镇，安排

在滨州市的六县一区，具体为滨城区5个、惠民县2个、阳信县8个、无棣县4个、沾化县3个、博兴县5个、邹平县2个，整建制乡镇安排在惠民县何坊街道办和邹平县孙镇。示范区内播期集中在10月2—10日，品种主要为济麦22、泰农18、临麦2、师栾02-1等11个品种，良种覆盖率100%，主要推广应用了规范化播种、宽幅播种、半精量播种、播后镇压、氮肥后移等多项主推技术。目前示范区内小麦群体在70万～80万株，个体健壮，苗全苗匀，长势良好。

四、春季麦田管理建议

滨州市农业局召集4个督导组专家及邹平、博兴、无棣3个县区的小麦专家就当前滨州市小麦生产情况进行了会商。针对当前苗情、墒情特点，制定了以“因苗、因地制宜，突出分类指导，促控结合，科学运筹肥水，防治病虫草害”为重点的管理技术措施。

（一）大力推行划锄，增温保墒促早发

在表层土化冻2 cm时（顶凌期）对各类麦田进行划锄。尤其是对群体偏小、个体偏弱的麦田，要将划锄作为早春麦田管理的首要措施来抓。划锄时要切实做到划细、划匀、划平、划透，不留坷垃，不压苗、不伤苗，不漏杂草，以提高划锄效果。

（二）突出分类指导，搞好各类麦田肥水管理

1. 一、二类麦田

一类苗麦田可在小麦拔节期结合浇水亩追尿素15 kg；二类苗麦田可在小麦起身期趁墒亩追尿素15 kg左右。

2. 三类麦田

三类麦田追肥应分为2次：第一次，待田间墒情适宜时及早施用，可施用总追肥量50%的氮素化肥（尿素5～7 kg）和适量的磷酸二铵，促进分蘖和根系生长，提高分蘖成穗率；剩余的50%化肥待拔节期追施，促进小麦发育，提高穗粒数。

3. 旺苗麦田

（1）有“脱肥”现象的麦田，视苗情可在起身期前后亩追施尿素15 kg左右，防止旺苗转弱苗。

（2）对于没有出现“脱肥”现象的麦田，应在拔节后期施肥浇水。施肥量为亩追尿素15 kg。

4. 旱地麦田

及早借墒施肥，施肥量为亩追尿素15 kg。

（三）实施化控

一、二类苗及旺苗麦田在小麦返青至起身期喷施“壮丰安”“麦巨金”“多效唑”“烯效唑”等化控药剂，进行叶面喷雾。

（四）切实搞好预测预报，综合防治病虫草害

1. 大力推行化学除草技术

冬前未开展除草的要抓住防治适期（小麦返青期）及时开展化学除草。

2. 大力推广混合施药兼治多种病虫技术

对麦蜘蛛和地下害虫以及纹枯病、全蚀病、根腐病等病害加强预测预报，开展综合防治，采取杀虫剂与杀菌剂混合一次施药，可起到一喷多防的目的。

（五）密切关注天气变化，预防早春冻害

防止早春冻害最有效措施是密切关注天气变化，在降温之前灌水。一旦发生冻害，就要及时进行补救。主要补救措施：一是抓紧时间，追肥浇水，一般结合浇水每亩追施尿素10 kg左右；二是中耕保墒；三是叶面喷施植物生长调节剂，小麦受冻后，及时叶面喷施植物细胞膜稳态剂、复硝酚钠等植物生长调节剂。

第五节　2013年小麦中后期管理技术措施

小麦拔节后即进入中后期生长阶段，植株生长发育由营养生长和生殖生长阶段并进，逐步转化为以生殖生长为主阶段。2013年小麦中后期田间管理的指导思想是“促控结合、肥水调控、防病治虫、防止早衰、增粒增重”，各地要因地因苗制宜，突出分类指导，切实抓好以下管理措施的落实。

一、施好拔节肥，浇好拔节水

对前期没有进行春季肥水管理的一、二类麦田，或者早春进行过返青期追肥但追肥量不够的麦田，均应在拔节期追肥浇水。但拔节期肥水管理要做到因地因苗制宜。对地力水平一般、群体偏弱的麦田，可肥水早攻，在拔节初期进行肥水管理，以促弱转壮；对地力水平较高、群体适宜的麦田，要在拔节中期追肥浇水；对地力水平较高、群体偏大的旺长麦田，要尽量肥水后移，在拔节后期追肥浇水，以控旺促壮。一般亩追尿素15～20 kg。高产创建地块，要在追施氮肥的同时，亩追钾肥6～12 kg，以防倒增产。追肥时要注意将化肥开沟深施，杜绝撒施，以提高肥效。

二、因地制宜，浇足浇好灌浆水

小麦开花至成熟期的耗水量占整个生育期耗水总量的1/4，需要通过浇水满足供应。干旱不仅会影响粒重、抽穗、开花期，还会影响穗粒数。所以，小麦扬花后10 d左右应及时浇灌浆水，以保证小麦生理用水，同时还可改善田间小气候，降低高温对小麦灌浆的不利影响，抵御干热风的危害，提高籽粒饱满度，增加粒重。此期浇水应特别注意天气变化，严禁在风雨天气浇水，以防倒伏。成熟前土壤水分过多会影响根系活力，降低粒重，

所以，小麦成熟前10 d要停止浇水。

三、密切关注天气变化，防止“倒春寒”冻害

近些年来，滨州市小麦在拔节期常会发生倒春寒冻害。有浇灌条件的地方，在寒潮来前浇水，可以调节近地面层小气候，对防御早春冻害有很好的效果。因此，各地要密切关注天气变化，在降温之前及时浇水。一旦发生冻害，要抓紧时间，追施速效化肥，促苗早发，提高高位分蘖的成穗率，一般每亩追施尿素10 kg左右；并及早喷施植物细胞膜稳态剂、复硝酚钠等植物生长调节剂，促进受冻小麦尽快恢复生长。

四、高度重视赤霉病防控，切实搞好后期“一喷三防”

小麦赤霉病防控。由于2012年滨州市部分地区发病略重，病原菌基数相对较多，要高度重视，以预防为主，注意用药时机，防治在关键阶段。赤霉病的发生，在小麦抽穗前后如遇连阴大雾天气，空气湿度和温度适宜时，极易发生。要在小麦抽穗达到70%、小穗护颖未张开前，进行首次喷药预防，也可在小麦扬花期再次进行喷药。可用80%多菌灵超微粉每亩50 g，或50%多菌灵可湿性粉剂75 ~ 100 g兑水喷雾。也可用25%氰烯菌酯悬乳剂亩用100 mL兑水喷雾，安全间隔期为21 d。喷药时重点对准小麦穗部均匀喷雾。

实践证明，在小麦生长后期实施“一喷三防”，是防病、防虫、防干热风，增加粒重、提高单产的关键技术，是小麦后期防灾、减灾、增产最直接、最简便、最有效的措施，也是改善田间小气候，减少干热风的危害，弥补小麦后期根系吸收作用的不足，满足小麦生长发育所需的养分，增强叶片功能，延缓衰老，提高灌浆速率，增加粒重，提高小麦产量的重要手段。各地要根据当地病虫害和干热风的发生特点及趋势，选择适宜防病、防虫的农药、杀菌剂和叶面肥，采取科学配方，进行适时均匀喷雾。

小麦中后期易发生麦叶蜂、麦蜘蛛、麦蚜、吸浆虫、白粉病、锈病等病虫害。防治麦蜘蛛、麦叶蜂，可用1.8%阿维菌素3 000倍液喷雾防治；防治小麦吸浆虫，可在小麦抽穗至扬花初期的成虫发生盛期，亩用5%高效氯氰菊酯乳油20 ~ 30 mL兑水喷雾，兼治一代棉铃虫；防治麦蚜，可用10%吡虫啉药剂10 ~ 15 g喷雾，还可兼治灰飞虱。防治白粉病、锈病，可用20%粉锈宁乳油每亩50 ~ 75 mL喷雾；防治赤霉病、叶枯病和颖枯病，可用50%多菌灵可湿性粉剂每亩75 ~ 100 g喷雾。

小麦“一喷三防”可在小麦灌浆期喷0.2% ~ 0.3%的磷酸二氢钾溶液，或0.2%的植物细胞膜稳态剂溶液，每亩喷50 ~ 60 kg。“一喷三防”喷洒时间最好在晴天无风9—11时，16时以后喷洒，每亩喷水量不得少于30 kg，要注意喷洒均匀，尤其是要注意喷到下部叶片。小麦扬花期喷药时，应避开授粉时间，一般在10时以后进行喷洒。在喷施前应留意气象预报，避免在喷施后24 h内下雨，导致小麦“一喷三防”效果降低。高产麦田要力争喷施2 ~ 3遍，间隔时间7 ~ 10 d。要严格遵守农药使用安全操作规程，做好人员防护工作，防止农药中毒，并做好施药器械的清洁工作。

第六节　天气及管理措施对小麦产量及构成要素的影响

一、滨州市小麦生产情况和主要特点

（一）生产情况

2013年，滨州市小麦生产总体情况：滨州市小麦收获面积328.93万亩，单产462.74 kg，总产152.21万t。与上年相比，面积减少8.97万亩，减幅2.65%；单产增加15.24 kg，增幅3.41%；总产增加1万t，增幅0.66%。

从小麦产量构成看，表现为“两增一减”，即亩穗数、穗粒数比2012年略增，千粒重比2012年减少。平均亩穗数39.53万穗，增加0.63万穗，增幅为1.62%；穗粒数34.91粒，增加0.99粒，增幅2.92%；千粒重39.45 g，降低0.45 g，减幅1.13%（表3–2）。

表3–2　2013年小麦产量结构对比

年份	面积（万亩）	单产（kg）	总产（万t）	亩穗数（万穗）	穗粒数（粒）	千粒重（g）
2012	337.90	447.50	151.21	38.90	33.92	39.90
2013	328.93	462.74	152.21	39.53	34.91	39.45
增减	−8.97	15.24	1	0.63	0.99	−0.45
增减百分比（%）	−2.65	3.41	0.66	1.62	2.92	−1.13

（二）主要特点

1. 播种基础好

主要表现为：①2012年9月降水偏多，滨州市平均降水量达73 mm，小麦播种期间土壤墒情好，足墒播种面积大。②播期适宜、集中，主要集中在10月2—18日，其中在最佳播期（10月3—12日）的播种面积占到86.7%，适期播种并采取了规范化播种、宽幅精播及深松等技术，十分有利于一播全苗、苗匀、苗壮。③品种布局合理，种子包衣率高。滨州市小麦统一供种实现全覆盖，品种主要以济麦22、潍麦8、泰农18、师栾02-1和济南17等品种为主，种子包衣达到319.52万亩。④播后镇压面积大。由于宣传推广力度大，效果好，播后镇压面积249.27万亩，占播种面积的75.7%。⑤氮磷钾施用日趋合理。

2. 冬前苗情好

越冬前的一段时间气温偏高，光照时间长，降水量偏多，麦苗生长较好，苗全、苗匀、苗壮。表现为一类苗面积比例增加，三类苗面积减少，旺苗及“一根针”麦田面积小。一、二类苗面积占总播种面积88.3%（表3–3）。

表3-3 冬前苗情情况对比

年份	一类苗		二类苗		三类苗		旺苗	
	面积（万亩）	比例（%）	面积（万亩）	比例（%）	面积（万亩）	比例（%）	面积（万亩）	比例（%）
2011	161.18	47.7	131.11	38.8	43.96	13.0	1.65	0.50
2012	167.42	50.9	123.01	37.4	37.32	11.34	1.18	0.36
增减	6.24	3.87	−8.1	−6.18	−6.64	−15.1	−0.47	−28.5

3. 小麦返青期间土壤墒情适宜，促进了小麦的转化升级

根据滨州市各监测点监测数据，小麦返青期间，小麦水浇地0～20 cm土层，重量含水量在20.13%左右，相对含水量在85.09%左右；20～40 cm土层，重量含水量在20.07%左右，相对含水量在85.23%左右。小麦旱地0～20 cm土层，重量含水量在15.95%左右，相对含水量在67.91%左右；20～40 cm土层，重量含水量在69.93%左右，相对含水量在65%左右。返青期间充足的水分供应，十分有利于小麦盘根增蘖，转化升级，提高成穗率。春季苗情，一、二类苗面积由冬前的占总播种面积的88.3%提高到90.4%（表3-4）。

表3-4 春季苗情情况对比

生长期	一类苗		二类苗		三类苗		旺苗	
	面积（万亩）	比例（%）	面积（万亩）	比例（%）	面积（万亩）	比例（%）	面积（万亩）	比例（%）
春季	170.7	51.9	126.7	38.5	30.6	9.3	0.93	0.3
冬前	167.42	50.9	123.01	37.4	37.32	11.34	1.18	0.36
增减	3.28	1.9	3.69	2.9	−6.72	−18	−0.25	−21.2

4. 病虫害

麦叶蜂比上年发生提前10 d以上，3月初成虫密度高的10头/m^2以上，由于监测防治到位，4月下旬幼虫并未造成为害。纹枯病、白粉病与常年持平。蚜虫、赤霉病发生较重，影响了粒重和品质。

5. 优势品种逐渐形成规模

济麦22仍是滨州市种植面积最大的品种，达112.57万亩。黄河以南以济麦22、济南17、良星99等中多穗品种为主，黄河以北以潍麦8号、泰农18等大穗型品种为主。具体面积：济麦22号112.57万亩、潍麦8号56.3万亩、泰农18号39.2万亩、济南17号25.8万亩、师栾02-1 27.14万亩，其他品种如鲁麦23、山农15等种植面积相对较小。

6. 滨州市小麦“一喷三防”技术全覆盖，有效地抑制了病虫的后期为害

小麦“一喷三防”技术是小麦生长后期防病、防虫、防干热风的关键技术，是经实践证明的小麦后期管理的一项最直接、最有效的关键增产措施。滨州市大力推广小麦“一喷三防”技术，实现了全覆盖，小麦病虫害得到了有效控制，未发生干热风危害，为小麦丰产打下了坚实基础。

7. 收获集中，机收率高

小麦集中收获时间在6月13—20日，收获面积占总面积的93%，收获高峰出现在6月15日，日收割52.19万亩。滨州市小麦夏收的另一个特点是机收率高，机收面积占总收获面积的99.8%，在高峰时期，当日投入机具26 430台，联合收割机9 380台。

二、气象条件对小麦生长发育影响分析

（一）有利因素

1. 底墒充足，气温偏高，冬前基础好

2012年9月滨州市平均降水量73 mm，较常年同期偏多，有利于小麦播种。10月以后，气温偏高，10月日均气温15.5℃，比常年偏高，尤其是播种后的10月下旬日均气温比常年偏高1.6℃；截至11月30日有效积温626.2℃，较常年多29.8℃。气温偏高，对小麦正常生长发育非常有利，促使小麦早分蘖、多分蘖，个体健壮，群体适宜。冬前光照时间长，达387.4 h，比常年增加52 h。光照充足，小麦光合能力加强，光合产物形成较多，有利于分蘖形成，且有利于形成大蘖、壮蘖，提高了小麦抗冻能力，有利于小麦安全越冬。总体来说，冬前苗情基础是近年来最好的，为增加穗数奠定了基础（表3-5）。

表3-5　10月1日至11月30日气温、光照、降水情况

年份	气温（℃）	有效积温（℃）	光照（h）	降水（mm）
常年	11.42	596.4	335.4	43.4
2012年	12.04	626.2	387.4	37.6
增减	+0.62	+29.8	+52	−5.8

2. 冬季雨雪较多

入冬以后，滨州市降雪充足，自2012年10月至2013年2月底累计降水量100.7 mm，较常年偏多四成。降雪减轻了冬季低温对小麦的危害，为春季生长积蓄了充足的水分，同时踏实了土壤。

3. 返青期间气候适宜

2013年3月平均气温7.3℃，比常年偏高0.8℃，光照时长226.8 h，雨量合适。有利于小麦春季分蘖的发育，成穗率高。

4. 拔节期延迟，穗分化时间延长，有利于增加穗粒数

4月气温比常年偏低2.3℃，造成拔节期延迟10 d左右，穗分化时间充足。

5. “倒春寒”发生，但影响不大

4月19日虽然遭遇一次降温降雪过程，但一般情况下，低温出现前几天若气温较高突然降温，小麦受冻较重，气温一直较低则受冻较轻。由于本次雨雪天气之前气温持续较低，加之本次雨雪天气空气湿度大（水热容量大，降温时能释放出潜能）缓冲了降温，减轻了冻害。并且春季降雪融化及4月下旬及5月的有效降水，保证了小麦各关键生育期的水分供应，有力地促进了小麦的生长发育。

6. 灌浆期间气温偏高，昼夜温差大，降水多，有利于小麦灌浆

2013年5月至2013年6月中旬，平均气温22.6℃，比常年偏高0.65℃，气温适宜且昼夜温差大，光合作用强，呼吸作用弱，非常有利于小麦灌浆；雨水充足，有两次比较明显的降水过程。5月17—19日，平均降水量30 mm；5月26—28日，平均降水量28.4 mm。灌浆期间雨水充足，提高了土壤墒情，也降低了发生干热风的概率，有利于延长叶片功能期，对籽粒灌浆十分有利。

（二）不利因素

2013年春季气温回升较慢，气温持续偏低，造成小麦生育期推迟，小麦前期发育偏晚，小麦返青比往年偏晚十余天。

4月19日的降温降雪过程影响了小麦正常生长发育，加剧了小麦生理活动的延迟，抽穗、开花均比往年偏晚7 d左右。降雪降温，造成小麦植株基部弯曲，虽然后来恢复直立，但仍消耗了营养，对小麦正常生长带来一定影响；小麦穗下节间弯曲或扭曲，除消耗营养外，有可能影响灌浆的强度和速度，影响有机物质输送，粒重降低。降雪还对个别旗叶或倒二叶造成的影响，使叶片变形或损伤，光合强度降低，光合产物减少，致粒小、秕瘦。

风雹灾造成个别地块小麦落粒、倒伏。5月19日滨州市普降冰雹，造成邹平、惠民部分小麦受损，严重的造成麦粒损失3%。5月26日滨州市大风降水，造成滨州市16.35万亩小麦不同程度发生倒伏，因在灌浆早期，倒伏麦田严重影响了粒重和产量。

在灌浆期的6月10—11日一次明显的降水过程，平均降水量16 mm，加速了小麦根系的死亡和植株干枯，造成小麦早衰、逼熟，使小麦灌浆期缩短5～7 d，小麦粒重下降，这是影响2013年小麦产量不能进一步提高的主因（表3-6）。

表3-6　小麦生育期气象因素

气象因素	2012年10月			2012年11月			2012年12月		
	常年	上年	今年	常年	上年	今年	常年	上年	今年
气温（℃）	14.4	14.5	15.5	6.1	8.4	5.6	−0.5	−0.7	−2.4
降水（mm）	29.3	12.1	10.7	14.1	62.1	26.9	5.0	9.0	27.4
光照（hs）	209.0	182.7	210.0	177.9	131.6	177.4	169.1	154.9	125.2
气象因素	2013年1月			2013年2月			2013年3月		
	常年	上年	今年	常年	上年	今年	常年	上年	今年
气温（℃）	−2.7	−2.6	−3.8	0.5	−0.6	−0.3	6.5	5.7	7.3
降水（mm）	4.5	0.6	10.3	7.7	0.0	18.6	11.5	5.6	8.3
光照（hs）	177.8	117.4	49.8	175.1	187.3	107.3	215.8	186.4	226.8
气象因素	2013年4月			2013年5月			2013年6月上中旬		
	常年	上年	今年	常年	上年	今年	常年	上年	今年
气温（℃）	14.4	15.9	12.1	20.1	22.7	20.7	23.8	24.8	24.5
降水（mm）	24.9	42.0	24.1	50.0	6.6	64.9	13.6	56.1	21.7
光照（hs）	246.2	245.7	250.8	269.1	274.3	206.5	85.3	60.0	157.4

三、小麦增产采取的主要措施

一是通过安排29个小麦高产创建万亩示范片及2个整建制乡镇，大力开展高产创建活动，积极推广秸秆还田、规范化播种、配方施肥、氮肥后移等先进实用新技术，熟化集成了一整套高产稳产技术，辐射带动了大面积平衡增产。

二是通过全面实施良种补贴项目，推广了一批增产潜力大、抗逆性强的高产优质小麦品种，为小麦增产打下了良好基础。

三是加强了关键环节管理。在小麦返青、抽穗、灌浆等关键时期，组织专家搞好苗情会商，针对不同麦田研究制定翔实可行的管理措施，指导群众不失时机地做好麦田管理。

四是加强技术指导。通过组织千名科技人员下乡活动、春风计划、农业科技入户工程，加强农民技术培训，组织专家和农技人员深入生产一线，结合利用现代媒体手段，积极应对突发灾害性天气，有针对性地搞好技术指导，帮助农民解决麦田管理中遇到的实际困难和问题。

五是加强病虫害及自然灾害监测预警。及时发布病虫害信息，指导农民进行科学防治，降低病虫为害；与气象部门密切配合及时做好自然灾害预警预防，提早做好防“倒春寒”、防倒、防干热风等准备工作。

四、应对“倒春寒”采取的主要措施和经验

1. 降温降雪基本情况

4月19日，滨州市普降大雪同时伴随降温。滨州市平均降水量20.4 mm，地面积雪厚度5～9 cm，最低温度0℃，持续时间18 h。降雪时间偏晚，为几十年不遇。

2. 降温降雪对小麦生长的影响

降温降雪时，滨州市小麦正处于拔节后期至孕穗期（穗分化药隔形成期），抗寒能力明显下降，降温对滨州市328.9万亩小麦均造成不同程度的冷害。4月21日前小麦受积雪覆盖压迫发生茎倾斜面积较大，占小麦播种总面积的82.8%，叶片无明显受冻症状。4月22日开始小麦叶片冻害症状有所表现。具体表现为叶片变黄、变薄、透明，中间下折，叶片扭曲、皱缩，集中表现为叶片中部正面2～4 cm叶片呈现水烫状，逐渐灰白，发黄，叶鞘有部分面积发生紫褐色、叶片边缘等部位有皱缩或凹凸不平，叶脉基本正常。4月27日，倾斜的小麦基本恢复直立，从穗部表面及剥查看一直未发现明显症状。5月3日（小麦挑旗期）、5月12日（小麦抽穗期）观察，由于积雪太厚、积压麦苗时间较长，部分植株茎基部发生了不同程度的弯曲，重点检查和观察小麦穗部，未发现异常现象；5月15日（小麦开花期）调查发现，植株茎基部发生了不同程度的弯曲，穗下节间发生弯曲，严重者发生扭曲，个别植株旗叶发生皱缩或凹凸不平，检查和观察小麦穗部，未发现异常现象；6月7日（灌浆期）观察，零星麦穗出现个别小穗不结实现象；6月16日（收获期）观察，发现个别籽粒秕瘦、不饱满。

3. 采取的应对措施

（1）及时印发了《关于切实加强小麦冻害管理工作的紧急通知》，要求切实加强小麦冻害管理工作。

（2）各级领导高度重视，亲临现场指导救灾。灾情发生后，滨州市委书记亲自调度灾情；市长、分管副市长陪同山东省农业厅王金宝厅长一行，深入阳信等县的受灾麦田察看灾情，指导救灾，并按厅领导和专家意见，连续9 d每天调度阳信县金阳办西刘村厅长检查点的最低气温和地面最低温度及小麦受灾情况。

（3）采取多种形式，指导农民救灾，搞好麦田管理。组织滨州市农业系统技术人员利用电视技术讲座、报纸、手机短信等方式向农民发布救灾技术意见，并深入一线开展技术指导，帮助农民群众抗灾自救，搞好麦田管理。指导农民主要采取以下补救措施：一是及早适量追施速效氮肥或叶面喷肥。二是叶面调控。及早喷施芸苔素内酯等植物生长调节剂，提高小麦抗逆能力，修复低温对小麦造成的损伤，促进受冻小麦尽快恢复生长。三是加强病虫害防治。及时防治白粉病、纹枯病、锈病及麦叶蜂等小麦病虫害发生。

（4）召开专门会议，要求做好小麦受灾情况跟踪调查工作。要求：一是从面上分品种、播期、播量、低温冷害发生时小麦所处生育期以及之前15 d是否浇水等，分情况调查这次低温冷害对小麦生长发育及后期产量的影响。二是切实搞好小麦受灾情况跟踪调查工作，每县区根据小麦面积和区域布局合理选择5个固定观察点，滨州市共设50个固定观察点，自4月21日起，连续7 d每天上午对各固定观察点就小麦茎、叶及幼穗受害情况进行跟踪调查，每天下午将调查情况报市主要领导。7 d以后，在小麦孕穗、抽穗、扬花、灌浆、成熟等各关键生育期对固定观察点小麦进行跟踪调查并及时报告，切实做到全面而准确地掌握这次降温对小麦的影响。

（5）发挥政策作用，切实推行有效补救措施。借助"一喷三防"项目，为赢得时间，经请示市领导同意和经市政府采购办批准，从滨州市"一喷三防"补助资金中拿出部分资金，由市统一组织采购植物生长调节剂芸苔素内酯，做到了在最短的时间内将所需药品采购到位并及时发放，确保了在有效的时间内对麦田喷施植物生长调节剂，有效地促进了小麦恢复生长，减少受灾损失。

（6）积极做好农业保险赔付有关事宜，减少群众损失。滨州市小麦参保面积215.3万亩，占65%。滨州市各级农业部门积极与保险部门协调，在做好小麦受灾情况跟踪调查的同时，组织农业专家到受灾麦田搞好取证工作，为一旦减产及时赔付奠定基础，赢得主动，尽量减少受灾群众因灾损失。

五、新技术引进、试验、示范情况

借助小麦高产创建和农技推广项目为载体，滨州市近几年加大对新技术新产品的示范推广力度，通过试验对比探索出适合滨州市的新技术新品种，其中，推广面积较大的有：玉米秸秆还田270.8万亩，规范化播种技术145.53万亩；宽幅播种技术67.2万亩；免耕栽培技术33.50万亩，深松技术56.2万亩，氮肥后移技术192.3万亩，“一喷三防”技术328.93万亩，实现了全覆盖。从近几年的推广情况看，规范化播种技术、机械深松技术、“一喷三防”技术、氮肥后移技术、化控防倒技术、秸秆还田技术效果明显，且技术较为成熟，推广前景好；免耕栽培技术要因地制宜推广；随着机械化程度的提高农机农艺的结合对小麦的增产作用越来越明显，要加大和农机部门的合作。品种方面滨州市主推品种为：济麦22、潍麦8、师栾02-1、泰农18、良星99、济南17等。

六、小面积高产攻关主要技术措施和做法、经验

（一）采取的主要技术措施和做法

1. 选用良种

依据气候条件、土壤基础、耕作制度等选择高产潜力大、抗逆性强的多穗性优良品种，如济麦22号、良星99、泰农18、临麦4号等品种进行集中攻关、展示、示范。

2. 培肥地力

采用小麦、玉米秸秆全量还田技术，同时每亩施用土杂肥3～5 m^3，提高土壤有机质含量和保蓄肥水能力，增施商品有机肥100 kg，并适当增施锌、硼等微量元素。

3. 种子处理

选用包衣种子或用敌委丹、适乐时进行拌种，促进小麦次生根生长，增加分蘖数，有效控制小麦纹枯病、金针虫等苗期病虫害。

4. 适时适量播种

小麦播种日期于10月5日左右，采用精量播种机精量播种，基本苗10万～12万株，冬前总茎数为计划穗数的1.2倍，春季最大总茎数为计划穗数的1.8～2.0倍，采用宽幅播种技术。

5. 冬前管理

一是于11月下旬浇灌冬水，保苗越冬、预防冬春连旱；二是喷施除草剂，春草冬治，提高防治效果。

6. 氮肥后移延衰技术

将氮素化肥的底肥比例减少到50%，追肥比例增加到50%，土壤肥力高的麦田底肥比例为30%～50%，追肥比例为50%～70%；春季第一次追肥时间由返青期或起身期后移至拔节期。

7. 后期肥水管理

于5月上旬浇灌40 m^3左右灌浆水，后期采用“一喷三防”，连喷3次，延长灌浆时间，防早衰、防干热风，提高粒重。

8. 病虫草害综合防控技术

前期以杂草及根部病害、红蜘蛛为主，后期以白粉病、赤霉病、蚜虫等为主，进行综合防控。

（二）主要经验

第一，要选择土壤肥力高（有机质1.2%以上）、水浇条件好的地块。培肥地力是高产攻关的基础，实现小麦高产攻关必须以较高的土壤肥力和良好的土、肥、水条件为保障，要求土壤有机质含量高，氮、磷、钾等养分含量充足，比例协调。第二，选择具有高产能力的优良品种，如济麦22号、良星99等。高产良种是攻关的内因，在较高的地力条件下，选用增产潜力大的高产良种，实行良种良法配套，就能达到高产攻关的目标。第三，深耕深松，提高整地和播种质量。有了肥沃的土壤和高产潜力大的良种，在适宜播期内，做到足墒下种，保证播种深浅一致，下种均匀，确保一播全苗，是高产攻关的基础。第四，采用宽幅播种技术。通过试验和生产实践证明，在同等条件下采用宽幅播种技术比其他播种方式产量高，因此在高产攻关和大田生产中值得大力推广。第五，狠抓小麦“三期”管理，即冬前、春季和小麦中后期管理。栽培管理是高产攻关的关键，良种良法必须配套，才能充分发挥良种的增产潜力，达到高产的目的。第六，相关配套技术要运用好。集成小麦精播半精播、种子包衣、冬春控旺防冻、氮肥后移延衰、病虫草害综防、后期“一喷三防”等技术，确保各项配套技术措施落实到位。

七、小麦生产存在的主要问题

以旋代耕面积较大，许多地块只旋耕而不耕翻，犁底层变浅、变硬，影响根系下扎。

施肥不合理。部分群众底肥重施化肥，轻施有机肥，重施磷肥，不施钾肥。

玉米秸秆还田粉碎质量不过关，且只旋耕一遍，不能完全掩埋秸秆，影响小麦苗全、苗匀。

品种多乱杂的情况仍然存在。

八、2013年秋种在技术措施方面应做的主要工作

大力增施有机肥，推广秸秆覆盖技术。长期坚持增施有机肥，在遇旱、涝、风、霜等自然灾害年份，抗灾、稳产作用尤为显著。大力宣传推广玉米全量秸秆还田技术，并在播量上作适当调整。

提高玉米秸秆还田质量，粉碎要细，并配以尿素等氮肥的施用，提高碳氮比例及适度深耕技术。

在高肥水地块加大济麦22、良星99等多穗型品种的推广力度，并推广精播半精播、适期晚播技术，良种精选、种子包衣、防治地下害虫、根病。

推广深耕或深松技术疏松耕层，降低土壤容重，增加孔隙度，改善通透性，促进好气性微生物活动和养分释放；提高土壤渗水、蓄水、保肥和供肥能力。

注意增施钾肥和微量元素肥料。

推广宽幅播种技术。

第四章 2013—2014年度小麦产量主要影响因素分析

第一节 2013年播种基础及秋种技术措施

由于滨州市雨涝和棉花种植效益降低影响的种植结构调整使2013年的秋种基础十分复杂：一是绝收地块已腾茬；玉米收获期推迟7～10 d；棉麦麦地块腾茬较晚；使小麦播期拉长。二是前期雨量大、集中，土壤养分流失较多；绝产地块养分消耗较少，造成土壤肥力不均。三是部分水淹时间过长的地块，土壤水垡、板结严重。因此，2013年小麦秋种工作总的思路是：以高产创建为抓手，以规范化播种为突破口，进一步优化品种布局，大力推广测土配方施肥、深耕深松、足墒宽幅播种、播后镇压等关键技术，切实提高播种质量，打好秋种基础。重点抓好以下技术措施。

一、培肥地力，切实提升土壤产出能力

（一）搞好秸秆还田，增施有机肥

玉米秸秆还田时要尽量将玉米秸秆粉碎得细一些，一般要用玉米秸秆还田机打2遍，秸秆长度最好在5 cm左右。对因灾绝产、过早收获地块内的作物残株、杂草也应视情况进行秸秆还田或灭荒。要在秸秆还田的基础上，广辟肥源、增施农家肥。一般高产田亩施农家肥3 000～4 000 kg；中低产田亩施农家肥2 500～3 000 kg。

（二）测土配方施肥

结合配方施肥项目，因地制宜合理确定化肥基施比例，优化氮磷钾配比。高产田一般全生育期亩施纯氮（N）14～16 kg，磷（P_2O_5）7.5 kg，钾（K_2O）7.5～10 kg，硫酸锌1 kg；中产田一般亩施纯氮（N）12～14 kg，磷（P_2O_5）6～7.5 kg，钾（K_2O）6～7.5 kg；低产田一般亩施纯氮（N）10～13 kg，磷（P_2O_5）8～10 kg。对秸秆还田的地块要适当多施氮肥；对前茬作物绝收、少收而土壤养分丰富的地块可适当少施肥料；对前茬作物丰产（如高粱等）而土壤养分消耗较大的地块，要适当多施肥料。高产田要将全部有机肥、磷肥，氮肥、钾肥的50%作底肥，翌年春季小麦拔节期追施50%的氮肥、钾肥。中、低产田应将全部有机肥、磷肥、钾肥，氮肥的50%～60%作底肥，翌年春季小麦起身拔节期追施40%～50%的氮肥。要大力推广化肥深施技术，坚决杜绝地表撒施。

二、搞好品种布局，充分发挥良种的增产潜力

根据当地的生态条件、耕作制度、地力基础、灌溉情况等因素选择适宜品种。要注意慎用抵抗倒春寒和抗倒伏能力较差的品种。2013年建议品种布局如下。

（一）水浇条件较好地区

以济麦22、鲁原502、临麦2号、潍麦8号、鲁麦23、济南17号（强筋）、山农15、泰农18号等为主。

（二）水浇条件较差旱地

主要以青麦6号、山农16、青麦7号等为主。

（三）盐碱地

建议种植德抗961、山融3号、H6756、青麦6号等。

三、耕松旋耙压相结合，切实提高整地质量，因地制宜确定深耕、深松或旋耕

（一）根据当地实际，因地制宜地选用深耕和深松作业

对秸秆还田量较大的高产地块，尤其是高产创建地块，要尽量扩大机械深耕面积。土层深厚的高产田，深耕时耕深要达到25 cm左右，中产田23 cm左右，对于犁地（底）层较浅的地块，耕深要逐年增加。深耕作业前要对玉米根茬进行破除作业，耕后用旋耕机进行整平并进行压实作业。为减少开闭垄，有条件的地方应尽量选用翻转式深耕犁，深耕犁要装配合墒器，以提高耕作质量。对于秸秆还田量比较少的地块，尤其是连续3年以上免耕播种的地块，可以采用机械深松作业。根据土壤条件和作业时间，深松方式可选用局部深松或全面深松，作业深度要大于犁底层，要求25～40 cm，为避免深松后土壤水分快速散失，深松后要用旋耕机及时整理地表，或者用镇压器多次镇压沉实土壤，然后及时进行小麦播种作业。要大力示范推广集深松、旋耕、施肥、镇压于一体的深松整地联合作业机，或者集深松、旋耕、施肥、播种、镇压于一体的深松整地播种一体机，以便减少耕作次数，节本增效。

对于一般地块，不必年年深耕或深松，可深耕（松）1年，旋耕2～3年。旋耕机可选择耕幅1.8 m以上、中间传动单梁旋耕机，配套60马力以上拖拉机。进行玉米秸秆还田的麦田，应将玉米秸秆粉碎，尽量打细，旋耕2遍，效果才好。对于水浇条件较差，或者播种时墒情较差的地块，建议采用小麦免耕播种（保护性耕作）技术。

（二）搞好耕翻后的耙耢镇压工作

各类耕翻地块都要及时耙耢。尤其是采用秸秆还田和旋耕机旋耕地块，由于耕层土壤暄松，容易造成小麦播种过深，形成深播弱苗，影响小麦分蘖的发生，造成穗数不足，降

低产量。此外，该类地块由于土壤松散，失墒较快。所以必须耕翻后尽快耙耢、镇压2～3遍，以破碎土垡，耙碎土块，疏松表土，平整地面，上松下实，减少蒸发，抗旱保墒；使耕层紧密，种子与土壤紧密接触，保证播种深度一致，出苗整齐健壮。

（三）按规格作畦

秋种时，各类麦田，尤其是有水浇条件的麦田，一定要在整地时打埂筑畦。畦的大小应因地制宜，水浇条件好的要尽量采用大畦，水浇条件差的可采用小畦。畦宽1.65～3 m，畦埂40 cm左右。在确定小麦播种行距和畦宽时，要充分考虑农业机械的作业规格要求和下茬作物直播或套种的需求。对于棉花、蔬菜主产区，秋种时要留足留好套种行，大力推广麦棉、麦菜套种技术，努力扩大有麦面积；要因地制宜推广麦收后玉米夏直播技术，尽量不要预留玉米套种行。

四、足墒适期适量播种，切实提高播种质量

（一）认真搞好种子处理

提倡用种衣剂进行种子包衣，预防苗期病虫害。没有用种衣剂包衣的种子要用药剂拌种。根病发生较重的地块，选用2%戊唑醇（立克莠）按种子量的0.1%～0.15%拌种，或20%三唑酮（粉锈宁）按种子量的0.15%拌种；地下害虫发生较重的地块，选用40%甲基异柳磷乳油，按种子量的0.2%拌种；病、虫混发地块用以上杀菌剂+杀虫剂混合拌种。

（二）足墒播种

小麦出苗的适宜土壤湿度为田间持水量的70%～80%。秋种时若墒情适宜，要在秋作物收获后及时耕翻，并整地播种；墒情不足的地块，要注意造墒播种。在适期内，应掌握“宁可适当晚播，也要造足底墒”的原则，做到足墒下种，确保一播全苗。

由于2013年8、9月降水偏少，小麦播种时土壤偏旱的可能性较大，要立足抗旱抢墒播种。对于玉米秸秆还田地块，在一般墒情或较差的条件下，最好在还田后灌水造墒，也可在小麦播种后立即浇“蒙头水”，墒情适宜时搂划破土，辅助出苗。这样，有利于小麦苗全、苗齐、苗壮。造墒时，每亩灌水40 m^3。

（三）适期播种

温度是决定小麦播种期的主要因素。一般情况下，小麦从播种至越冬开始，0℃以上积温以570～650℃为宜。滨州市小麦适宜播期一般为10月1—12日，其中最佳播期为10月3—8日。由于雨涝影响部分地块绝产已腾茬，可能播种时间提前；而大部分玉米收获期预计会推迟7～10 d，且由于植棉效益下降，预估会有部分棉田改种小麦，这两部分的麦田可能腾茬较晚，造成播期拉长。因此一定要尽早备好玉米收获和小麦播种机械，加快机收、机播进度，确保小麦在适期内播种。对于播期较早的小麦，要注意适当降低播量，播期推迟的麦田要适当加大播量，做到播期播量相结合。

（四）适量播种

小麦的适宜播量因品种、播期、地力水平等条件而异。对于高产攻关地块，在适期范围内，仍然要以精量播种为主，亩基本苗以10万～13万株为宜。一般地块，在目前玉米晚收、小麦适期晚播的条件下，要以推广半精播技术为主，但要注意播量不能过大。在适期播种情况下，分蘖成穗率低的大穗型品种，每亩适宜基本苗15万～18万株；分蘖成穗率高的中穗型品种，每亩适宜基本苗12万～16万株。在此范围内，高产田宜少，中产田宜多。晚于适宜播种期播种，每晚播2 d，每亩增加基本苗1万～2万株。旱作麦田每亩基本苗12万～16万株，晚茬麦田每亩基本苗20万～30万株。

（五）宽幅精量播种

实行宽幅精量播种，改传统小行距（15～20 cm）密集条播为等行距（22～26 cm）宽幅播种，改传统密集条播籽粒拥挤一条线为宽播幅（8 cm）种子分散式粒播，有利于种子分布均匀，减少缺苗断垄、疙瘩苗现象，克服了传统播种机密集条播、籽粒拥挤、争肥、争水、争营养、根少、苗弱的生长状况。要大力推行小麦宽幅播种机械播种。若采用常规小麦精播机或半精播机播种的，也要注意使播种机械加装镇压装置，行距21～23 cm，播种深度3～5 cm。播种机不能行走太快，以每小时5 km为宜，以保证下种均匀、深浅一致、行距一致、不漏播、不重播。

（六）播后镇压

选用带镇压装置的小麦播种机械，在小麦播种时随种随压，然后，在小麦播种后用镇压器镇压2遍，努力提高镇压效果。尤其是对于秸秆还田地块，一定要在小麦播种后用镇压器多遍镇压，才能保证小麦出苗后根系正常生长，提高抗旱能力。

五、搞好查苗补种，确保苗全、齐、匀、壮

小麦出苗后，要及早进行查苗补种和疏苗移栽。对于有缺苗断垄地块，要尽早进行补种。补种方法：选择与该地块相同品种的种子，进行种子包衣或药剂拌种后，开沟均匀撒种，墒情差的要结合浇水补种。对于未进行补种的缺苗断垄地块，可在小麦三叶以后至越冬前进行疏苗移栽，以确保苗全、齐、匀、壮，为夺取来年夏粮丰收打下坚实的基础。

第二节 天气及管理措施对小麦冬前苗情的影响

一、秋种基本情况

2013年，滨州市小麦播种面积359.15万亩，比2012年增加30.22万亩。播种时间主要集中在10月4—9日。从目前的秋种情况看，主要有以下几个特点。

1. 机耕、机播率高，秸秆还田面积大

2013年，滨州市三秋期间投入机具6.51万台套，其中玉米联合收割机6 850台套，秸秆还田机械4 566台套，耕地机械9 805台套，深耕深松机械504台套，播种机械14 070台套，基本实现了机械化，为适时收割与播种质量的提高提供了保证。秸秆还田面积达到299.74万亩。

2. 播种基础好

主要表现为：①播种期间土壤墒情好，足墒播种面积大。②播期适宜、集中。主要集中在10月4—9日，在适宜播期内小麦播种面积301.37万亩，占计划播种面积的83.8%，其中在最佳播期内播种面积187.07万亩，占计划播种面积的52.03%。十分有利于一播全苗、苗匀、苗壮。③品种布局合理，种子包衣率高。借助小麦良种补贴这一平台，滨州市加大高产优质小麦品种的宣传推广力度，重点推广了济麦22、临麦2、潍麦8、良星99等12个优良品种，良种覆盖率达到了91.14%。2013年滨州市小麦统一供种面积299.79万亩，占播种面积的83.47%，种子包衣面积335.32万亩，占播种面积的93%。④播后镇压面积大。由于宣传推广力度大，效果好，滨州市播后镇压面积280.17万亩，占播种面积的78%。⑤氮磷钾施用合理。

3. 秋种技术推广力度大，小麦秋种科技含量增加

为做好2013年的秋种工作，滨州市农业局及时印发了《滨州市二〇一三年秋种技术意见》，为全面做好秋种工作提供技术支持。各县乡镇办农技站及时制定本地秋种技术意见发放到村，指导农民科学秋种。同时农业技术人员深入到田间地头，向群众广泛宣传技术要领，引导群众抓住当前墒情有利时机，抢收抢种。

二、基本苗情

滨州市有麦面积360.14万亩，折实面积359.15万亩。大田平均基本苗20.99万，比上年增加0.34万；亩茎数65.11万，比上年增加0.41万；单株分蘖3.23个，比上年增加0.03个；单株主茎叶片数5.55个，比上年增加0.25个；三叶以上大蘖1.78个，比上年增加0.08个；单株次生根3.44条，比上年减少0.36条。一类苗面积165.51万亩，占总播种面积的46.08%，较上年下降4.82个百分点；二类苗面积147.98万亩，占总播种面积的41.2%，较上年上升3.8个百分点；三类苗面积44.69万亩，占总播种面积的12.44%，较上年上升1.04个百分点；旺苗面积0.97万亩，较上年增加0.2万亩。总体上看，由于播种期间底墒足，播期适宜，播种质量高，出苗后土壤墒情好，光照充足，2013年小麦整体较好，群体适宜，个体健壮，一类苗面积大，占到总播种面积的近五成，旺苗及“一根针”麦田面积小，缺苗断垄面积小。

三、因素分析

（一）有利因素

1. 播种质量好

由于机械化在农业生产中的普及，特别是宽幅播种、规范化播种技术的大面积推广，滨州市小麦播种质量明显提高，加之土壤底墒足、播期适宜，小麦基本实现了一播全苗。

2. 播后镇压大面积推广

十分有利于麦苗早发和苗全、苗匀，同时有利于提温、保墒。

3. 科技服务到位，带动作用明显

通过开展“千名农业科技人员下乡”活动和“科技特派员农村科技创业行动”“新型农民科技培训工程”等方式，组织大批专家和科技人员开展技术培训和指导服务。一是重点抓了农机农艺结合，扩大先进实用技术面积。以农机化为依托，大力推广小麦宽幅精播高产栽培技术、秸秆还田技术、小麦深松镇压节水栽培技术。二是以测土配方施肥补贴项目的实施为依托，大力推广测土配方施肥和化肥深施技术，广辟肥源，增加有机肥的施用量，培肥地力。三是充分发挥高产创建的示范带动作用。通过十亩高产攻关田、百亩高产攻关示范方及新品种和新技术试验展示田，将成熟的小麦高产配套栽培技术以样本的形式展示给农民，提高了新技术的推广速度和应用面积。

4. 温度适中，土壤墒情较好

（1）气温。自10月以来，气温偏高，10月日均气温14.6℃，较常年偏高0.2℃，11月（截至11月20日），日均气温8.5℃，较2012年偏高1.8℃。10月至11月20日有效积温624.9℃，较上年多11.2℃，较常年多28.5℃，对小麦正常生长发育非常有利，促使小麦早分蘖、多分蘖，个体健壮（表4-1）。

（2）光照。小麦播种后截至目前的光照时长358.6 h，比2012年增加23.6 h。光照充足，小麦光合能力加强，光合产物形成较多，有利于分蘖形成，且有利于形成壮蘖，提高了小麦抗冻能力，利于小麦安全越冬。

（3）降水。10月平均降水量13.2 mm，较上年偏多2.7 mm，保证了小麦出苗后的水分供应；11月中上旬降水偏少，对小麦生长发育有一定影响；11月24日凌晨到傍晚滨州市出现了一次降水过程，滨州市平均降水量14.9 mm，最大降水量23.2 mm，改善了土壤墒情，同时有利于小麦抗寒防冻，安全越冬。

（4）土壤墒情。截至11月23日，根据滨州市各监测点监测数据，小麦水浇地0～20 cm土层，重量含水量在19.5%左右，相对含水量在73.23%左右，分别比2012年减少1.5%、7.47%；20～40 cm土层，重量含水量在17%左右，相对含水量在74.35%左右，分别比2012年减少2.4%、6.15%；小麦旱地0～20 cm土层，重量含水量在16.5%左右，相对含水量在72%左右，分别比2012年减少1%、4.1%；20～40 cm土层，重量含水量在15%左右，相对含水量在68%左右，分别比2012年减少2.1%、8%。当前土壤墒情较好，有利于小麦生长。

表4-1　10月1日至11月20日气温、光照、降水情况

月份	气温（℃）		有效积温（℃）		光照（h）		降水（mm）	
	2013年	较上年（±）	2013年	较上年（±）	2013年	较上年（±）	2013年	较上年（±）
10月	14.6	-0.9	453.9	-25.6	228.8	20.4	13.2	2.7
11月	8.5	1.8	171.0	36.8	129.8	3.2	6.4	-23.1

（二）不利因素

一是有机肥施用不足，造成地力下降；二是深耕面积相对偏少，连年旋耕造成耕层变浅，根系难以下扎；三是部分秸秆还田地块镇压不实，容易造成冻苗、死苗；四是部分麦田存在牲畜啃青现象；五是农机农艺措施结合推广经验不足，缺乏统一组织协调机制；农机手个体分散、缺乏统一组织、培训，操作技能良莠不齐，造成机播质量不高；六是农田水利设施老化、薄弱，防御自然灾害的能力还需提高。

四、小麦项目实施情况

1. 高产创建情况

2013—2014年度，滨州市六县一区共安排小麦高产创建万亩示范片20个、整建制乡镇2个。具体为滨城区3个、惠民县2个、阳信县5个、无棣县3个、沾化县2个、博兴县3个、邹平县2个，整建制乡镇安排在惠民县何坊街道办和邹平县孙镇。示范区内播期集中在10月2—10日，品种主要为济麦22、泰农18、临麦2、师栾02-1等11个品种，良种覆盖率100%，主要推广应用了玉米秸秆还田、深松少免耕镇压、规范化播种、宽幅播种、半精量播种、播后镇压、氮肥后移等多项主推技术。目前示范区内小麦群体在70万～80万株，个体健壮，苗全苗匀，长势良好。

2. 省财政支持小麦推广项目

2013—2014年度小麦宽幅精播项目滨州市安排在惠民县和博兴县。惠民示范区在石庙镇，博兴示范区在伏田街道办事处。目前示范区内小麦长势良好，群体强壮。“粮丰工程”小麦项目安排在邹平县。

五、冬前与越冬期麦田管理措施

1. 及时防除麦田杂草

冬前，选择日平均气温6℃以上晴天中午前后（喷药时温度10℃左右）进行喷施除草剂，防除麦田杂草。为防止药害发生，要严格按照说明书推荐剂量使用。喷施除草剂用药量要准、加水量要足，应选用扇形喷头，做到不重喷、不漏喷，以提高防效，避免药害。

2. 适时浇好越冬水

适时浇好越冬水是保证麦苗安全越冬和春季肥水后移的一项重要措施。时间掌握在日平均气温下降到3～5℃，在麦田地表土壤夜冻昼消时浇越冬水较为适宜。

3. 控旺促弱促进麦苗转化升级

对于各类旺长麦田，通常采取喷施“壮丰安”“麦巨金”等生长抑制剂控叶蘖过量生长；适当控制肥水，以控水控旺长；运用麦田镇压，抑上促下，促根生长，以达到促苗转壮、培育冬前壮苗的目标。对于晚播弱苗，要抓紧镇压2～3次，防麦田跑墒落干，使麦根和土壤紧实结合，促进根系发育，使麦苗适墒加快生长，由弱转壮。但盐碱地不宜反复镇压。

4. 严禁放牧啃青

要进一步提高对放牧啃青危害性的认识，整个越冬期都要禁止放牧啃青。

六、春季麦田管理意见

（一）适时划锄镇压，增温保墒促早发

划锄具有良好的保墒、增温、灭草、促苗早发等效果。各类麦田，不论弱苗、壮苗或旺苗，返青期间都应抓好划锄。早春划锄的有利时机为“顶凌期”，就是表土化冻2 cm时开始划锄。划锄要看苗情采取不同的方法：①晚茬麦田，划锄要浅，防止伤根和坷垃压苗；②旺苗麦田，应视苗情，于起身至拔节期进行深锄断根，控制地上部生长，变旺苗为壮苗；③盐碱地麦田，要在“顶凌期”和雨后及时划锄，以抑制返盐，减少死苗。另外，要特别注意，早春第一次划锄要适当浅些，以防伤根和寒流冻害。以后随气温逐渐升高，划锄逐渐加深，以利根系下扎。到拔节前划锄3遍。尤其浇水或雨后，更要及时划锄。

（二）科学施肥浇水

三类麦田春季肥水管理应以促为主。三类麦田春季追肥应分两次进行，第一次在返青期5 cm地温稳定于5℃时开始追肥浇水，一般在2月下旬至3月初，每亩施用5～7 kg尿素和适量的磷酸二铵，促进春季分蘖，巩固冬前分蘖，以增加亩穗数。第二次在拔节中期施肥，提高穗粒数。二类麦田春季肥水管理的重点是巩固冬前分蘖，适当促进春季分蘖发生，提高分蘖的成穗率。地力水平一般，亩茎数45万～50万株的二类麦田，在小麦起身初期追肥浇水，结合浇水亩追尿素10～15 kg；地力水平较高，亩茎数50万～60万株的二类麦田，在小麦起身中期追肥浇水。一类麦田属于壮苗麦田，应控促结合，提高分蘖成穗率，促穗大粒多。一是起身期喷施“壮丰安”等调节剂，缩短基部节间，控制植株旺长，促进根系下扎，防止生育后期倒伏。二是在小麦拔节期追肥浇水，亩追尿素12～15 kg。旺苗麦田植株较高，叶片较长，主茎和低位分蘖的穗分化进程提前，早春易发生冻害。拔节期以后，易造成田间郁蔽，光照不良和倒伏。春季肥水管理应以控为主。一是起身期喷施调节剂，防止生育后期倒伏。二是无脱肥现象的旺苗麦田，应早春镇压蹲苗，避免过多春季分蘖发生。在拔节期前后施肥浇水，每亩施尿素10～15 kg。

（三）防治病虫草害

白粉病、锈病、纹枯病是春季小麦的主要病害。纹枯病在小麦返青后就发病，麦田表现点片发黄或死苗，小麦叶鞘出现梭形病斑或地图状病斑，应在起身期至拔节期用井冈霉素兑水喷根。白粉病、锈病一般在小麦挑旗后发病，可用三唑酮在发病初期喷雾防治。小麦虫害主要有麦蚜、麦叶蜂、红蜘蛛等，要及时防治。

（四）密切关注天气变化，预防早春冻害

防止早春冻害最有效措施是密切关注天气变化，在降温之前灌水。由于水的热容量比

空气和土壤大，因此早春寒流到来之前浇水能使近地层空气中水汽增多，在发生凝结时，放出潜热，以减小地面温度的变幅。因此，有浇灌条件的地区，在寒潮来前浇水，可以调节近地面层小气候，对防御早春冻害有很好的效果。

小麦是具有分蘖特性的作物，遭受早春冻害的麦田不会冻死全部分蘖，另外还有小麦蘖芽可以长成分蘖成穗。只要加强管理，仍可获得好的收成。因此，早春一旦发生冻害，就要及时进行补救。主要补救措施：一是抓紧时间，追施肥料。对遭受冻害的麦田，根据受害程度，抓紧时间，追施速效化肥，促苗早发，提高2～4级高位分蘖的成穗率。一般每亩追施尿素10 kg左右。二是中耕保墒，提高地温。及时中耕，蓄水提温，能有效增加分蘖数，弥补主茎损失。三是叶面喷施植物生长调节剂。小麦受冻后，及时叶面喷施天达2116植物细胞膜稳态剂、复硝酚钠、己酸二乙氨基醇酯等植物生长调节剂，可促进中、小分蘖的迅速生长和潜伏芽的快发，明显增加小麦成穗数和千粒重，显著增加小麦产量。

第三节　2014年春季田间管理技术措施

2013年秋种，滨州市大力推广小麦规范化播种技术，狠抓深耕深松、足墒播种、宽幅精播、播后镇压等关键技术措施落实，滨州市小麦适期播种面积扩大，播种质量较高，苗情总体较好.但也存在一些不利因素：一是入冬以来降水偏少，气温偏高，导致部分没浇越冬水麦田出现干旱现象。据滨州市气象局资料显示，自2013年10月小麦播种到2014年1月22日，滨州市冬小麦种植区有效降水仅为35.3 mm，比常年少16.4 mm，气温平均5.9℃，比常年高0.9℃，土壤水分蒸发量相对偏大，麦田表层失墒较多。部分未浇冬水的麦田出现不同程度旱情。若后期没有有效降水，旱情有进一步加重的趋势。二是部分秸秆还田旋耕地块，土壤松暄，镇压不实，存在着早春低温冻害和干旱灾害的隐患。三是部分播量偏大或者播期偏早地块，出现旺长。四是一些晚播麦田小麦个体发育较弱。五是有些地块病虫害越冬基数较大，杂草较多。

针对苗情特点，春季田间管理的技术路线是：立足抗旱，控旺保稳，促弱转壮，因地因苗制宜，加强分类指导，科学运筹肥水，促苗早发稳长，加快苗情转化升级，构建合理群体，奠定丰收基础。重点要抓好以下技术措施。

一、划锄镇压，保墒提温促早发

划锄是一项有效的保墒增温促早发措施。虽然目前滨州市大部分麦田墒情尚好，但个别麦田已出现不同程度旱情，且开春以后，随着温度升高，土壤蒸发量加大，在春季降水量偏少的时候，很容易引起大面积干旱发生。因此，为了预防春季干旱，千方百计保住地下墒非常关键。各地一定要及早组织广大农民在早春表层土化冻2 cm时（顶凌期）对各类麦田进行划锄，以保持土壤墒情，提高地表温度，消灭越冬杂草，为后期麦田管理争取主动。尤其是对群体偏小、个体偏弱的麦田，要将划锄作为早春麦田管理的首要措施来抓。另外，在春季浇水或雨后也要适时划锄。划锄时要切实做到划细、划匀、划平、划透，不留坷垃，不压麦苗，不漏杂草，以提高划锄效果。

春季镇压可压碎土块，弥封裂缝，使经过冬季冻融疏松了的土壤表土层沉实，促进土壤与根系密接，加强根系的吸收利用，减少水分蒸发。因此，对于吊根苗、旺长苗和耕种粗放、坷垃较多、秸秆还田土壤暄松的地块，一定要在早春土壤化冻后进行镇压，以沉实土壤、弥合裂缝、减少水分蒸发和避免冷空气侵入分蘖节附近冻伤麦苗；对没有水浇条件的旱地麦田，在土壤化冻后及时镇压，可促使土壤下层水分向上移动，起到提墒、保墒、抗旱作用；对长势过旺麦田，在起身期前后镇压，可抑制地上部生长，起到控旺转壮作用。另外，镇压要和划锄结合起来，一般是先压后锄，以达到上松下实、提墒保墒增温的作用。

二、密切关注旱情发展，抢浇返青水抗旱保苗

对于没浇越冬水，墒情较差、已出现干旱症状的各类麦田，要及早动手，浇好"保苗水"。当日平均气温稳定在3℃、白天浇水后能较快下渗时，要抓紧浇水保苗，时间越早越好。浇水时应注意，要小水灌溉，避免大水漫灌，地表积水，出现夜间地面结冰现象。要按照旱情先重后轻、先沙土地后黏土地、先弱苗后壮苗的原则，因地制宜浇水。个别因旱受冻黄苗、死苗或脱肥麦田，要结合浇水每亩施用10 kg左右尿素。并适量增施磷酸二铵，促进次生根喷出，增加春季分蘖增生，提高分蘖成穗率。

对于没有水浇条件的旱地麦田，春季管理要以镇压提墒为重点，并趁早春土壤返浆或下小雨后，以化肥耧或开沟方式施入氮肥，对增加亩穗数和穗粒数、提高粒重、增加产量有突出的效果。一般亩追施尿素12 kg左右。对底肥没施磷肥的要配施磷酸二铵。

三、因地因苗制宜分类指导，搞好肥水精细管理

对于浇过越冬水的地块，或者是前期降水较多、目前墒情较好的地块，肥水管理要因地制宜，分类指导。

（一）一类麦田

一类麦田的群体一般为每亩60万～80万株，多属于壮苗。在管理措施上，应注意促控结合，以提高分蘖成穗率，促穗大粒多。

这类麦田的肥水管理，要突出氮肥后移。对地力水平较高，适期播种、群体70万～80万株的一类麦田，要在小麦拔节中后期追肥浇水，以获得更高产量；对地力水平一般，群体60万～70万株的一类麦田，要在小麦拔节初期进行肥水管理。一般结合浇水亩追尿素15 kg。

（二）二类麦田

二类麦田的群体一般为每亩45万～60万株，属于弱苗和壮苗之间的过渡类型。春季田间管理的重点是促进春季分蘖的生长，提高分蘖成穗率。一般在小麦起身期进行肥水管理，结合浇水亩追尿素15 kg左右。

（三）三类麦田

三类麦田一般每亩群体小于45万株，多属于晚播弱苗。春季田间管理应以促为主。

晚茬麦只要墒情尚可，应尽量避免早春浇水，以免降低地温，影响土壤透气性延缓麦苗生长发育。一般情况下，春季追肥应分为2次：第一次于返青中期，5 cm地温5℃左右时开始，施用追肥量50%的氮素化肥和适量的磷酸二铵，促进分蘖和根系生长，提高分蘖成穗率；剩余的50%化肥待拔节期追施，促进小麦发育，提高穗粒数。

（四）旺苗麦田

旺苗麦田一般年前亩茎数达80万株以上。这类麦田由于群体较大，叶片细长，拔节期以后，容易造成田间郁蔽、光照不良，最终导致倒伏。因此，春季管理应采取以控为主、控促结合的措施。

1. 适时镇压

小麦返青期至起身期镇压，是控旺转壮的好措施。镇压时要在无霜天10时以后开始，注意有霜冻麦田不压，以免损伤麦苗；盐碱涝洼地麦田不压，以防土壤板结，影响土壤透气；已拔节麦田不压，以免折断节间，造成穗数不足。

2. 喷施化控剂

对于过旺麦田，在小麦起身期前后喷施“壮丰安”“麦巨金”等化控药剂，可抑制基部第一节间伸长，控制植株过旺生长，促进根系下扎，防止生育后期倒伏。一般亩用量30～40 mL，兑水30 kg，叶面喷雾。

3. 因苗确定春季追肥浇水时间

对于年前植株营养体生长过旺、地力消耗过大、有“脱肥”现象的麦田，可在起身期追肥浇水。一般每亩追施尿素15 kg左右，防止过旺苗转弱苗；对于没有出现脱肥现象的过旺麦田，早春不要急于施肥浇水，应注重镇压、划锄和喷施化控剂等措施适当蹲苗控制，避免春季分蘖过多。一般应在拔节后期施肥浇水。施肥量为亩追尿素15 kg。

四、密切关注天气变化，预防早春冻害

早春冻害（倒春寒）是滨州市早春常发灾害。防止早春冻害最有效措施是密切关注天气变化，在降温之前灌水。由于水的热容量比空气和土壤大，因此早春寒流到来之前浇水能使近地层空气中水汽增多，在发生凝结时，放出潜热，以减小地面温度的变幅。因此，有浇灌条件的地区，在寒潮来前浇水，可以调节近地面层小气候，对防御早春冻害有很好的效果。

小麦是具有分蘖特性的作物，遭受早春冻害的麦田不会冻死全部分蘖，另外还有小麦蘖芽可以长成分蘖成穗。只要加强管理，仍可获得好的收成。因此，早春一旦发生冻害，就要及时进行补救。主要补救措施：一是抓紧时间，追施肥料。对遭受冻害的麦田，根据受害程度，抓紧时间，追施速效化肥，促苗早发，提高2 ~ 4级高位分蘖的成穗率。一般每亩追施尿素10 kg左右。二是中耕保墒，提高地温。及时中耕，蓄水提温，能有效增加分蘖数，弥补主茎损失。三是叶面喷施植物生长调节剂。小麦受冻后，及时叶面喷施植物细胞膜稳态剂、复硝酚钠等植物生长调节剂，可促进中、小分蘖的迅速生长和潜伏芽的快发，明显增加小麦成穗数和千粒重，显著增加小麦产量。

五、加强治理，严禁牲畜放牧啃青

春季牲畜啃青，严重影响小麦光合作用，还容易加重小麦冻害，重者将麦苗连根拔出，造成死苗，减产非常显著。因此，各地一定要加强对牲畜啃青危害性的宣传，采取得力措施，坚决杜绝麦田啃青。

六、搞好预测测报，综合防控病虫草害

春季是各种病虫草害多发的季节。各地一定要搞好测报工作，及早备好药剂、药械，实行综合防治。实行化学除草，具有节本增效的作用。因此，对于冬前没有进行化学除草的地块，应强化返青后化学除草工作。要抓住春季3月上中旬防治适期，及时开展化学除草。对以双子叶杂草为主的麦田可亩用75%苯磺隆水分散粒剂1 g或15%噻吩磺隆可湿性粉剂10 g加水喷雾防治，对抗性双子叶杂草为主的麦田，可亩用20%氯氟吡氧乙酸乳油（使它隆）50 ~ 60 mL或5.8%双氟·唑嘧胺乳油（麦喜）10 mL防治。对单子叶禾本科杂草重的可亩用3%甲基二磺隆乳油（世玛）25 ~ 30 mL或6.9%精噁唑禾草灵水乳剂（骠马）每亩60~70 mL，茎叶喷雾防治。双子叶和单子叶杂草混合发生的麦田可用以上药剂混合使用。春季麦田化学除草对后茬作物易产生药害，禁止使用长残效除草剂氯磺隆、甲磺隆等药剂；2,4-D丁酯对棉花等双子叶作物易产生药害，甚至用药后具有残留的药械再喷棉花等作物也有药害发生，小麦与棉花和小麦与花生间作套种的麦田化学除草避免使用2,4-D丁酯。

春季病虫害的防治要大力推广分期治理、混合施药兼治多种病虫害技术。返青拔节期是麦蜘蛛、地下害虫和草害的为害盛期，也是纹枯病、全蚀病、根腐病等根病的侵染扩展高峰期，要抓住这一多种病虫害混合集中发生的关键时期，根据当地病虫害发生情况，以主要病虫害为目标，选用适宜杀虫剂与杀菌剂混合，一次施药兼治多种病虫害。防治麦蜘蛛可用0.9%阿维菌素乳油3 000倍液喷雾防治；防治小麦吸浆虫可在4月上中旬亩用5%甲基异柳磷颗粒剂1 ~ 1.5 kg或40%甲基异柳磷乳油150 ~ 200 mL兑细砂或细沙土30 ~ 40 kg撒施地面并划锄，施后浇水防治效果更佳；防治地下害虫可用40%甲基异柳磷乳油或50%辛硫磷乳油每亩40 ~ 50 mL喷麦茎基部；防治纹枯病可用5%井冈霉素水剂每亩150 ~ 200 mL

兑水75～100 kg喷麦茎基部防治，间隔10～15 d再喷1次。以上病虫害混合发生可采用适宜药剂一次混合施药防治。

第四节　天气及管理措施对小麦春季苗情的影响

一、基本苗情

滨州市小麦播种面积347.02万亩，比上年增加18.09万亩。大田平均基本苗20.92万株，与冬前持平；亩茎数67万株，比冬前增加1.89万株；单株分蘖3.34个，比冬前增加0.11个；单株主茎叶片数5.65个，比冬前增加0.10个；三叶以上大蘖1.85个，比冬前增加0.07个；单株次生根3.91条，比冬前增加0.47条。一类苗面积169.36万亩，占总播种面积的48.80%，较冬前增加2.7个百分点；二类苗面积142.42万亩，占总播种面积的41.04%，较冬前减少0.16个百分点；三类苗面积34.61万亩，占总播种面积的9.97%，较冬前减少2.47个百分点；旺苗面积0.43万亩，较冬前减少0.54万亩。滨州市北部沾化、无棣、滨城等地因棉改麦、等墒播种等因素播期较晚未出苗或"一根针"麦田1.5万亩左右（未计入播种面积）。总体上看，目前苗情整体较好，群体适宜，个体健壮，一类苗面积大，占到总播种面积的近五成，旺苗及小弱苗麦田面积小，缺苗断垄面积小。

二、土壤墒情和病虫草害情况

1. 气象情况

12月1日至翌年1月31日平均气温0.4℃，较常年偏高2℃；其中12月0.2℃，偏高0.7℃，1月0.6℃，偏高3.3℃。降水量3.9 mm，较常年偏少5.6 mm，其中12月0.8 mm，偏少4.2 mm，1月3.1 mm，偏少1.4 mm。日照342.2 h，较常年偏少4.7 h，其中12月192.6 h，偏多23.5 h，1月149.6 h，偏少28.2 h。2月上旬平均气温-1.6℃，较常年偏低0.4℃。降水量4.0 mm，较常年偏多2.7 mm。日照时数37.2 h，较常年偏少26.3 h。

2. 土壤墒情

自2013年入冬以来，受降水持续偏少、气温偏高影响，截至2月5日，滨州市轻旱面积52万亩，重旱面积3万亩，其中无棣、阳信两个县区旱情较重。从2月5日夜间开始，滨州市普降瑞雪，降水量4 mm左右，达中雪水平。此次降雪非常及时，可以破碎坷垃，沉实土壤，提墒保温，在一定程度上缓解土壤旱情。

3. 病虫草害情况

麦田杂草：滨州市平均4.34株/m²；主要杂草种类：麦蒿、荠菜等。

纹枯病：滨州市平均病株率1.275%，小麦白粉病、麦蚜、麦蜘蛛目前还未查到。预计小麦病虫草害总的发生程度为3级，发生面积1 300万亩左右。

三、小麦项目实施情况

1. 高产创建情况

2013—2014年度，滨州市六县一区共安排小麦高产创建万亩示范片20个、整建制乡镇2个。具体为滨城区3个、惠民县2个、阳信县5个、无棣县3个、沾化县2个、博兴县3个、邹平县2个，整建制乡镇安排在惠民县何坊街道办和邹平县孙镇。示范区内播期集中在10月2—10日，品种主要为济麦22、泰农18、临麦2、师栾02-1等11个品种，良种覆盖率100%，主要推广应用了玉米秸秆还田、深松少免耕镇压、规范化播种、宽幅播种、半精量播种、播后镇压、氮肥后移等多项主推技术。目前示范区内小麦群体在70万～80万株，个体健壮，苗全苗匀，长势良好。

2. 省财政支持小麦推广项目

2013—2014年度小麦宽幅精播项目滨州市安排在惠民县和博兴县。惠民示范区在石庙镇，博兴示范区在伏田街道办事处。目前示范区内小麦长势良好，群体强壮。“粮丰工程”小麦项目安排在邹平县。

四、春季麦田管理意见

（一）适时划锄镇压，增温保墒促早发

划锄具有良好的保墒、增温、灭草、促苗早发等效果。各类麦田，不论弱苗、壮苗或旺苗，返青期间都应抓好划锄。早春划锄的有利时机为“顶凌期”，就是表土化冻2 cm时开始划锄。划锄要看苗情采取不同的方法：①晚茬麦田，划锄要浅，防止伤根和坷垃压苗；②旺苗麦田，应视苗情，于起身至拔节期进行深锄断根，控制地上部生长，变旺苗为壮苗；③盐碱地麦田，要在“顶凌期”和雨后及时划锄，以抑制返盐，减少死苗。另外要特别注意，早春第一次划锄要适当浅些，以防伤根和寒流冻害。以后随气温逐渐升高，划锄逐渐加深，以利根系下扎。到拔节前划锄3遍。尤其浇水或雨后，更要及时划锄。

（二）科学施肥浇水

三类麦田春季肥水管理应以促为主。三类麦田春季追肥应分两次进行，第一次在返青期5 cm地温稳定于5℃时开始追肥浇水，一般在2月下旬至3月初，每亩施用5～7 kg尿素和适量的磷酸二铵，促进春季分蘖，巩固冬前分蘖，以增加亩穗数。第二次在拔节中期施肥，提高穗粒数。二类麦田春季肥水管理的重点是巩固冬前分蘖，适当促进春季分蘖发生，提高分蘖的成穗率。地力水平一般，亩茎数45万～50万株的二类麦田，在小麦起身初期追肥浇水，结合浇水亩追尿素10～15 kg；地力水平较高，亩茎数50万～60万株的二类麦田，在小麦起身中期追肥浇水。一类麦田属于壮苗麦田，应控促结合，提高分蘖成穗率，促穗大粒多。一是起身期喷施“壮丰安”、多效唑等调节剂，缩短基部节间，控制植株旺长，促进根系下扎，防止生育后期倒伏。二是在小麦拔节期追肥浇水，亩追尿素12～15 kg。旺苗麦田植株较高，叶片较长，主茎和低位分蘖的穗分化进程提前，早春易

发生冻害。拔节期以后，易造成田间郁蔽，光照不良和倒伏。春季肥水管理应以控为主。一是起身期喷施调节剂，防止生育后期倒伏。二是无脱肥现象的旺苗麦田，应早春镇压蹲苗，避免过多春季分蘖发生。在拔节期前后施肥浇水，每亩施尿素10～15 kg。

（三）防治病虫草害

白粉病、锈病、纹枯病是春季小麦的主要病害。纹枯病在小麦返青后就发病，麦田表现点片发黄或死苗，小麦叶鞘出现梭形病斑或地图状病斑，应在起身期至拔节期用井冈霉素兑水喷根。白粉病、锈病一般在小麦挑旗后发病，可用粉锈宁在发病初期喷雾防治。小麦虫害主要有麦蚜、麦叶蜂、红蜘蛛等，及时防治。

（四）密切关注天气变化，预防早春冻害

防止早春冻害最有效措施是密切关注天气变化，在降温之前灌水。由于水的热容量比空气和土壤大，因此早春寒流到来之前浇水能使近地层空气中水汽增多，在发生凝结时，放出潜热，以减小地面温度的变幅。因此，有浇灌条件的地区，在寒潮来前浇水，可以调节近地面层小气候，对防御早春冻害有很好的效果。

小麦是具有分蘖特性的作物，遭受早春冻害的麦田不会冻死全部分蘖，另外还有小麦蘖芽可以长成分蘖成穗。只要加强管理，仍可获得好的收成。因此，早春一旦发生冻害，就要及时进行补救。主要补救措施：一是抓紧时间，追施肥料。对遭受冻害的麦田，根据受害程度，抓紧时间，追施速效化肥，促苗早发，提高2～4级高位分蘖的成穗率。一般每亩追施尿素10 kg左右。二是中耕保墒，提高地温。及时中耕，蓄水提温，能有效增加分蘖数，弥补主茎损失。三是叶面喷施植物生长调节剂。小麦受冻后，及时叶面喷施天达2116植物细胞膜稳态剂、复硝酚钠、己酸二乙氨基醇酯等植物生长调节剂，可促进中、小分蘖的迅速生长和潜伏芽的快发，明显增加小麦成穗数和千粒重，显著增加小麦产量。

第五节　2014年小麦中后期管理技术措施

由于滨州市小麦冬前苗情基础较好，越冬期间气温偏高，光照充足，小麦越冬期冻害较轻，带绿越冬地块较多，目前苗情转化良好，明显好于冬前，也好于上年同期。据考察，滨州市一、二类苗面积达89.84%，比冬前增加2.54个百分点。滨州市平均亩茎数67万株，单株分蘖3.34个，单株次生根3.91条，分别比2013年同期增加2.51万株、0.14个、0.14条，也明显好于常年，总体苗情是近几年较好的一年，为小麦丰产丰收打下了坚实基础。但也不能盲目乐观，也要看到一些问题和隐患：一是部分麦田旱情有加重的趋势。入冬以来，滨州市平均降水持续偏少。尽管滨州市从2月5日就提闸放水，大部分麦田都浇了返青水，但部分水浇条件较差的麦田，已开始出现不同程度的旱情，若近期没有有效降水，旱情将进一步加重。二是病虫害有重发生的可能。由于前期温度偏高等原因，有些地方部分

地块纹枯病、红蜘蛛、杂草等发生程度较重，病虫草害的为害不可小觑。三是存在后期倒伏和遭受倒春寒的隐患。由于部分麦田播种偏早或播量偏大，目前群体过大，个体较弱，后期可能出现倒伏现象或遭受倒春寒的危害。

针对当前苗情，下一步田间管理的指导思想是：促控结合、水肥调控、防灾防衰、增粒增重。各地要因地因苗制宜，突出分类指导，切实抓好以下管理措施的落实。

一、抓好拔节期肥水管理

目前滨州市小麦由南往北，已陆续进入拔节期，是肥水运筹管理的关键时期。因此，对前期没有进行春季肥水管理的一、二类麦田，或者早春进行过返青期追肥但追肥量不够的麦田，均应在拔节期追肥浇水。各地要统筹安排春季汛前等不同时段的农业用水需求，完善水量调配方案，最大限度地发挥现有水源效益。沿黄地区要充分利用各类工程设施，加大引黄力度，尽可能地多引、多蓄黄河水。干旱地区要抓紧组织打井、挖塘开源等工作，努力扩大抗旱浇水面积。拔节期肥水管理要做到因地因苗制宜。对地力水平一般、群体偏弱的麦田，可肥水早攻，在拔节初期进行肥水管理，以促弱转壮；对地力水平较高、群体适宜的麦田，要在拔节中期追肥浇水；对地力水平较高、群体偏大的旺长麦田，要尽量肥水后移，在拔节后期追肥浇水，以控旺促壮。一般亩追尿素15 ~ 20 kg。实践证明，在小麦拔节期追肥时增施钾肥具有明显的防倒增产效果，所以，高产地块要在拔节期结合追施氮肥亩追钾肥6 ~ 12 kg。追肥时要注意将化肥开沟深施，杜绝撒施，以提高肥效。

二、确保浇好扬花灌浆水

小麦开花至成熟期的耗水量占整个生育期耗水总量的1/4，需要通过浇水满足供应。干旱不仅会影响粒重、抽穗、花期，还会影响穗粒数。所以，小麦扬花后10 d左右若前期无有效降水，应适时浇好开花水或灌浆水，以保证小麦生理用水，同时还可改善田间小气候，降低高温对小麦灌浆的不利影响，抵御干热风的危害，提高籽粒饱满度，增加粒重。此期浇水应特别注意天气变化，不要在风雨天气浇水，以防倒伏。成熟前土壤水分过多会影响根系活力，降低粒重，所以，小麦成熟前10 d要停止浇水。

三、关注“倒春寒”，并做好防控预案

近些年来，滨州市小麦在拔节期常会发生倒春寒冻害，对小麦生产造成不利影响。各地要密切关注天气变化，并做好防控“倒春寒”预案。在寒潮到来前浇水，可以调节近地面层小气候，对防御早春冻害有很好的效果。在降温之前及时浇水。一旦发生冻害，尽量不要轻易放弃。小麦是具有分蘖特性的作物，遭受早春冻害的麦田不会冻死全部分蘖，另外还有小麦蘖芽可以长成分蘖成穗。只要加强管理，仍可获得好的收成。因此，早春一旦发生冻害，就要及时进行补救。主要补救措施：一是抓紧时间，追施肥料。对遭受冻害的麦田，根据受害程度，抓紧时间追施速效化肥，促苗早发，提高2 ~ 4级高位分蘖的成穗

率。一般每亩追施尿素10 kg左右。二是中耕保墒，提高地温。及时中耕，蓄水提温，能有效增加分蘖数，弥补主茎损失。三是叶面喷施植物生长调节剂。小麦受冻后，及时叶面喷施植物细胞膜稳态剂、复硝酚钠等植物生长调节剂，可促进中、小分蘖的迅速生和潜伏芽的快发，明显增加小麦成穗数和千粒重，显著增加小麦产量。

四、搞好“一喷三防”预防病虫害干热风

小麦中后期是病虫集中为害盛期，也是干热风频发时期，若控制不力，将对小麦产量造成不可挽回的损失，因此，各地要遵循“预防为主，综合防治”的原则，做到适时早防早控。实践证明，在小麦生长后期实施“一喷三防”，是防病、防虫、防干热风，增加粒重、提高单产的关键技术，是小麦后期防灾、减灾、增产最直接、最简便、最有效的措施。也是改善田间小气候，减少干热风的危害，弥补小麦后期根系吸收作用的不足，满足小麦生长发育所需的养分，增强叶片功能，延缓衰老，提高灌浆速率，增加粒重，提高小麦产量的重要手段。各地要根据当地病虫害和干热风的发生特点和趋势，选择适宜防病、防虫的农药和叶面肥，采取科学配方，适时进行均匀喷雾。

由于上两年滨州市小麦赤霉病发病较重，2014年要高度重视对该病的防控工作。小麦赤霉病是一种暴发性、毁灭性病害，一旦发病，对产量影响较大。据植保部门近期预报，由于滨州市小麦、玉米常年连作，秸秆还田面积大，上两年发病重等原因，目前田间积累了大量菌源。加之部分地块群体过大，田间郁闭，利于病菌侵染。而且山东省赤霉病主要发病区主栽小麦品种多数不抗病，若小麦齐穗至扬花期遇连阴雨、大雾天气或田间小气候适宜，2014年仍有偏重流行可能，防控任务十分艰巨。因此，各地要高度重视，注意用药时机，在关键阶段搞好防治。一般来说，要在小麦抽穗达到70%以上、小穗护颖未张开前，进行首次喷药预防，然后在小麦扬花期再次进行喷药。可用80%多菌灵超微粉每亩50 g，或50%多菌灵可湿性粉剂75～100 g兑水喷雾。也可用25%氰烯菌酯悬乳剂亩用100 mL兑水喷雾。喷药时重点对准小麦穗部均匀喷雾。

小麦中后期病虫害还有麦蚜、麦蜘蛛、吸浆虫、白粉病、锈病等。防治麦蜘蛛，可用1.8%阿维菌素3 000倍液喷雾防治；防治小麦吸浆虫，可在小麦抽穗至扬花初期的成虫发生盛期，亩用5%高效氯氰菊酯乳油20～30 mL兑水喷雾，兼治一代棉铃虫；穗蚜可用50%辟蚜雾每亩8～10 g喷雾，或10%吡虫啉药剂10～15 g喷雾，还可兼治灰飞虱。白粉病、锈病可用20%粉锈宁乳油每亩50～75 mL喷雾防治；叶枯病和颖枯病可用50%多菌灵可湿性粉剂每亩75～100 g喷雾防治。喷施叶面肥可在小麦灌浆期喷0.2%～0.3%磷酸二氢钾溶液，或0.2%植物细胞膜稳态剂溶液，每亩喷50～60 kg。“一喷三防”喷洒时间最好在晴天无风9—11时，16时以后喷洒，每亩喷水量不得少于30 kg，要注意喷洒均匀，尤其是要注意喷到下部叶片。小麦扬花期喷药时，应避开授粉时间，一般在10时以后进行喷洒。在喷施前应留意气象预报，避免在喷施后24 h内下雨，导致小麦“一喷三防”效果降低。高产麦田要力争喷施2～3遍，间隔时间7～10 d。要严格遵守农药使用安全操作规程，做好人员防护工作，防止农药中毒，并做好施药器械的清洁工作。

第六节 天气及管理措施对小麦产量及构成要素的影响

一、滨州市小麦生产情况和主要特点

（一）生产情况

2014年，滨州市小麦生产总体情况：滨州市小麦收获面积347.02万亩，单产484.64 kg，总产168.18万t。与上年相比，面积增加18.09万亩，增幅5.5%；单产增加21.9 kg，增幅4.73%；总产增加15.97万t，增幅10.49%。

从小麦产量构成看，表现为"两增一减"，即亩穗数、千粒重比2013年略增，穗粒数比2013年减少。平均亩穗数39.65万穗，增加0.12万穗，增幅为0.3%；穗粒数34.17粒，减少0.74粒，减幅2.12%；千粒重42.08 g，增加2.63 g，增幅6.67%（表4-2）。

表4-2 2014年小麦产量结构对比

年份	面积（万亩）	单产（kg）	总产（万t）	亩穗数（万穗）	穗粒数（粒）	千粒重（g）
2013	328.93	462.74	152.21	39.53	34.91	39.45
2014	347.02	484.64	168.18	39.65	34.17	42.08
增减	18.09	21.9	15.97	0.12	−0.74	2.63
增减百分比（%）	5.5	4.73	10.49	0.3	−2.12	6.67

（二）主要特点

1. 播种质量好

由于机械化在农业生产中的普及，特别是秸秆还田、深耕深松面积的扩大，以及宽幅播种、规范化播种技术的大面积推广，滨州市小麦播种质量明显提高，加之土壤底墒足、播期适宜，小麦基本实现了一播全苗。

2. 良种覆盖率高

借助小麦良种补贴这一平台，滨州市加大高产优质小麦品种的宣传推广力度，重点推广了济麦22、临麦2、潍麦8、良星99等12个优良品种，良种覆盖率达到了91.14%。2013年滨州市小麦统一供种面积299.79万亩，占播种面积的83.47%，种子包衣面积335.32万亩，占播种面积的93%。

3. 冬前苗情好

越冬前气温偏高，光照充足，麦苗生长较好，苗全、苗匀、苗壮。一、二类苗面积增加，三类苗面积减少。一、二类苗面积占总播种面积87.28%（表4-3）。

表4-3 冬前苗情情况对比

年份	一类苗		二类苗		三类苗		旺苗	
	面积（万亩）	比例（%）	面积（万亩）	比例（%）	面积（万亩）	比例（%）	面积（万亩）	比例（%）
2012	167.42	50.9	123.01	37.4	37.32	11.34	1.18	0.36
2013	165.51	46.08	147.98	41.2	44.69	12.44	0.97	0.27
增减	−1.91	−4.82	24.97	3.8	7.37	1.1	−0.21	−0.09

4. 小麦返青期间有效积温足，土壤墒情适宜

去冬今春虽然降水偏少，但2月5日夜间开始的普遍降雪，降水量4 mm左右，沉实了土壤，提墒保温；同时滨州市提闸引黄灌溉，缓解了旱情，确保墒情适宜，有利于小麦的返青和转化升级。另外，返青期气温偏高，有效积温足，小麦分蘖充足，成穗率高，有利于亩穗数增加。一、二类苗面积由冬前的占总播种面积的87.28%提高到89.84%（表4-4）。

表4-4 春季苗情情况对比

时间	一类苗		二类苗		三类苗		旺苗	
	面积（万亩）	比例（%）	面积（万亩）	比例（%）	面积（万亩）	比例（%）	面积（万亩）	比例（%）
春季	169.36	48.83	142.42	41.06	34.61	9.98	0.43	0.13
冬前	165.51	46.08	147.98	41.2	44.69	12.44	0.97	0.27
增减	3.85	2.75	−5.56	−0.14	−10.08	−2.46	−0.54	−0.14

5. 病虫害

小麦纹枯病：滨州市平均病株率为33.9%，较上年同期偏重45%；小麦白粉病：滨州市平均病叶率为20%；麦蚜：滨州市平均29.6头/百穗。由于监测防治到位，均未造成严重为害。其他病虫害与常年持平。

6. 优势品种逐渐形成规模

具体面积：济麦22号141.8万亩，是滨州市种植面积最大的品种；泰农18号49.25万亩；师栾02-1 29.44万亩；潍麦8号28万亩；济南17号23万亩；其他品种如临麦2号、鲁麦23等种植面积相对较小。

7. 滨州市小麦“一喷三防”技术全覆盖，有效抑制了病虫的后期为害

小麦“一喷三防”技术是小麦生长后期防病、防虫、防干热风的关键技术，是经实践证明的小麦后期管理的一项最直接、最有效的关键增产措施。2014年滨州市大力推广小麦“一喷三防”技术，实现了全覆盖，小麦病虫害得到了有效控制，未发生严重干热风危害，为小麦丰产打下了坚实基础。

8. 收获集中，机收率高

2014年小麦集中收获时间在6月8—13日，收获面积占总面积的93%，收获高峰出现在

13日，日收割60.17万亩。滨州市小麦夏收的另一个特点是机收率高，机收面积占总收获面积的99.7%，累计投入机具1.056万台。

二、气象条件对小麦生长发育影响分析

（一）有利因素

1. 气温偏高，冬前基础好

（1）气温。自10月开始，气温偏高，10月日均气温14.8℃，较常年偏高0.4℃；11月日均气温8.5℃，较常年偏高1.8℃；12月日均气温0.23℃，较常年偏高2.13℃。小麦越冬前有效积温681.9℃，较上年多55.7℃，较常年多84.2℃，对小麦正常生长发育非常有利，促使小麦早分蘖、多分蘖，个体健壮。

（2）光照。小麦播种后到越冬前的光照时长达536.9 h，比2013年增加77 h。光照充足，小麦光合能力加强，光合产物形成较多，有利于分蘖形成，且有利于形成壮蘖，提高了小麦抗冻能力，利于小麦安全越冬。

（3）降水。10月平均降水量13.2 mm，较上年偏多2.7 mm，保证了小麦出苗后的水分供应；11月中上旬降水偏少，对小麦生长发育有一定影响；11月24日凌晨到傍晚滨州市出现了一次降水过程，滨州市平均降水量14.9 mm，最大降水量23.2 mm，改善了土壤墒情，同时有利于小麦抗寒防冻，安全越冬（表4-5）。

表4-5　10月1日至12月15日气温、光照、降水情况

年份	气温（℃）	有效积温（℃）	光照（h）	降水（mm）
2013	8.4	681.9	536.9	35.4
2012	7.5	626.2	459.9	37.6
增减	0.9	55.7	77	−2.2

2. 春季气温高，光照充足

2—4月平均气温9.41℃，比2013年同期偏高3.14℃，光照时长528.6 h。有利于小麦春季分蘖的发育，成穗率高，亩穗数增加。春季气温偏高，小麦早发，生育进程加快，延长了灌浆期，有利于增加千粒重。

3. 灌浆期间气温偏高，昼夜温差大，降水量充足，有利于小麦灌浆

2014年5月至6月中旬，平均气温22.9℃，比常年偏高0.95℃，气温适宜且昼夜温差大，光合作用强，呼吸作用弱，非常有利于小麦灌浆；雨水充足，有4次比较明显的降水过程。尤其是5月10—11日，平均降水量53 mm，相当于给滨州市小麦普浇一遍灌浆水。灌浆期间雨水充足，提高了土壤墒情，也降低了发生干热风的概率，有利于延长叶片功能期，对籽粒灌浆十分有利。根据对滨州市3个高产创建点济麦22实际千粒重测量，比理论千粒重增加10%左右。

（二）不利因素

1. 2014年春季气温高于往年，生长期提前11～12 d

2—4月平均气温9.41℃，比2013年同期偏高3.14℃。由于小麦小穗分化期气温较高，分化时间缩短，致使小麦穗粒数减少。

2. 春季持续干旱影响小麦穗粒数

小麦返青、拔节关键期的2—4月，滨州市累计降水量仅为26.3 mm，月均8.76 mm，较常年减少6 mm。对小麦生长造成一定影响，主要表现为穗粒数减少。

3. 扬花期低温冷害造成部分麦田不结实

4月28—29日，5月5—6日，两次低于10℃的低温天气，均在小麦扬花期前后。低温导致授粉幼胚停止发育死亡，导致部分小麦败育，造成空壳不结实现象。

4. 5月底干热风天气对小麦单产造成一定影响

5月25日至6月1日，滨州市平均气温达27.7℃，较常年偏高5.4℃，大部分麦田发生干热风，不利于小麦产量提高。

5. 6月初降水过程，平均降水量34.5 mm，加速了小麦根系的死亡和植株干枯

这次降水过程造成小麦早衰、逼熟，影响2014年小麦产量的进一步提高。

三、小麦增产采取的主要措施

通过安排20个小麦高产创建万亩示范片及2个整建制乡镇，大力开展高产创建活动，积极推广秸秆还田、规范化播种、宽幅精播、配方施肥、氮肥后移等先进实用新技术，熟化集成了一整套高产稳产技术，辐射带动了大面积平衡增产。

通过全面实施良种补贴项目，推广了一批增产潜力大、抗逆性强的高产优质小麦品种，为小麦增产打下了良好基础。

加强了关键环节管理。在小麦返青、抽穗、灌浆等关键时期，组织专家搞好苗情会商，针对不同麦田研究制定翔实可行的管理措施，指导群众不失时机地做好麦田管理。

加强技术指导。通过组织千名科技人员下乡活动、春风计划、农业科技入户工程，加强农民技术培训，组织专家和农技人员深入生产一线，结合利用现代媒体手段，积极应对突发灾害性天气，有针对性地搞好技术指导，帮助农民解决麦田管理中遇到的实际困难和问题。

加强病虫害及自然灾害监测预警。及时发布病虫害信息，指导农民进行科学防治，降低病虫为害；与气象部门密切配合及时做好自然灾害预警预防，提早做好防“倒春寒”、防倒、防干热风等准备工作。

四、新技术引进、试验、示范情况

借助小麦高产创建和农技推广项目为载体，滨州市近几年加大对新技术新产品的示范推广力度，通过试验对比探索出适合滨州市的新技术新品种，其中，推广面积较大的有：玉米秸秆还田299.74万亩，规范化播种技术212.4万亩；宽幅播种技术33.8万亩；深松技术

57.9万亩，免耕栽培技术41万亩，“一喷三防”技术347.02万亩，实现了全覆盖。从近几年的推广情况看，规范化播种技术、宽幅精播技术、机械深松技术、“一喷三防”技术、化控防倒技术、秸秆还田技术效果明显，且技术较为成熟，推广前景好；免耕栽培技术要因地制宜推广；随着机械化程度的提高农机农艺的结合对小麦的增产作用越来越明显，要加大和农机部门的合作。品种方面滨州市主推品种为：济麦22、潍麦8、师栾02-1、泰农18、济南17、临麦4号等。

五、小面积高产攻关主要技术措施和做法、经验

（一）采取的主要技术措施和做法

1. 选用良种

依据气候条件、土壤基础、耕作制度等选择高产潜力大、抗逆性强的多穗性优良品种，如济麦22号、师栾02-1、泰农18、临麦4号等品种，进行集中攻关、展示、示范。

2. 培肥地力

采用小麦、玉米秸秆全量还田技术，同时每亩施用土杂肥3～5 m^3，提高土壤有机质含量和保蓄肥水能力，增施商品有机肥100 kg，并适当增施锌、硼等微量元素。

3. 种子处理

选用包衣种子或用敌委丹、适乐时进行拌种，促进小麦次生根生长，增加分蘖数，有效控制小麦纹枯病、金针虫等苗期病虫害。

4. 适时适量播种

小麦播种日期于10月5日左右，采用精量播种机精量播种，基本苗10万～12万株，冬前总茎数为计划穗数的1.2倍，春季最大总茎数为计划穗数的1.8～2.0倍，采用宽幅播种技术。

5. 冬前管理

一是于11月下旬浇灌冬水，保苗越冬、预防冬春连旱；二是喷施除草剂，春草冬治，提高防治效果。

6. 氮肥后移延衰技术

将氮素化肥的底肥比例减少到50%，追肥比例增加到50%，土壤肥力高的麦田底肥比例为30%～50%，追肥比例为50%～70%；春季第一次追肥时间由返青期或起身期后移至拔节期。

7. 后期肥水管理

于5月上旬浇灌40 m^3左右灌浆水，后期采用“一喷三防”，连喷3次，延长灌浆时间，防早衰、防干热风，提高粒重。

8. 病虫草害综合防控技术

前期以杂草及根部病害、红蜘蛛为主，后期以白粉病、赤霉病、蚜虫等为主，进行综合防控。

（二）主要经验

第一，要选择土壤肥力高（有机质1.2%以上）、水浇条件好的地块。培肥地力是高产攻关的基础，实现小麦高产攻关必须以较高的土壤肥力和良好的土、肥、水条件为保障，要求土壤有机质含量高，氮、磷、钾等养分含量充足，比例协调。第二，选择具有高产能力的优良品种，如济麦22号、泰农18等。高产良种是攻关的内因，在较高的地力条件下，选用增产潜力大的高产良种，实行良种良法配套，就能达到高产攻关的目标。第三，深耕深松，提高整地和播种质量。有了肥沃的土壤和高产潜力大的良种，在适宜播期内，做到足墒下种，保证播种深浅一致，下种均匀，确保一播全苗，是高产攻关的基础。第四，采用宽幅播种技术。通过试验和生产实践证明，在同等条件下采用宽幅播种技术比其他播种方式产量高，因此在高产攻关和大田生产中值得大力推广。第五，狠抓小麦“三期”管理，即冬前、春季和小麦中后期管理。栽培管理是高产攻关的关键，良种良法必须配套，才能充分发挥良种的增产潜力，达到高产的目的。第六，相关配套技术要运用好。集成小麦精播半精播、种子包衣、冬春控旺防冻、氮肥后移延衰、病虫草害综防、后期“一喷三防”等技术，确保各项配套技术措施落实到位。

六、小麦生产存在的主要问题

以旋代耕面积较大，许多地块只旋耕而不耕翻，犁底层变浅、变硬，影响根系下扎。

施肥不合理。部分群众底肥重施化肥，轻施有机肥，重施磷肥，不施钾肥。

玉米秸秆还田粉碎质量不过关，且只旋耕一遍，不能完全掩埋秸秆，影响小麦苗全、苗匀。

品种多乱杂的情况仍然存在。

七、2014年秋种在技术措施方面做的主要工作

大力增施有机肥，推广秸秆覆盖技术。长期坚持增施有机肥，在遇旱、涝、风、霜等自然灾害年份，抗灾、稳产作用尤为显著。大力宣传推广玉米全量秸秆还田技术，并在播量上作适当调整。

提高玉米秸秆还田质量，粉碎要细，并配以尿素等氮肥的施用提高碳氮比例，以及适度深耕技术。

在高肥水地块加大济麦22、泰农18等多穗型品种的推广力度，并推广精播半精播、适期晚播技术，良种精选、种子包衣、防治地下害虫、根病。

推广深耕或深松技术疏松耕层，降低土壤容重，增加孔隙度，改善通透性，促进好气性微生物活动和养分释放；提高土壤渗水、蓄水、保肥和供肥能力。

注意增施钾肥和微量元素肥料。

推广宽幅播种技术。

第五章 2014—2015年度小麦产量主要影响因素分析

第一节 2014年播种基础及秋种技术措施

2014年小麦秋种工作总的思路是：以高产创建为抓手，以规范化播种为突破口，进一步优化品种布局，大力推广深耕深松、足墒播种、播后镇压等关键技术，切实提高播种质量，打好秋种基础。重点抓好以下5个关键环节。

一、合理品种布局，充分挖掘良种潜力

根据当地的生态条件、耕作制度、地力基础、灌溉情况等因素选择适宜品种。要注意慎用抵抗倒春寒和抗倒伏能力较差的品种。2014年建议品种布局如下。

（一）水浇条件较好地区

以济麦22、鲁原502、临麦2号、潍麦8号、鲁麦23、济南17号（强筋）、山农15、泰农18号等为主。

（二）水浇条件较差旱地

主要以青麦6号、山农16、青麦7号等为主。

（三）盐碱地

建议种植德抗961、山融3号、H6756、青麦6号等。

二、科学施肥，培肥地力，重点推广测土配方肥

土壤地力是小麦高产的基础，为培肥地力，重点抓好以下措施。

（一）搞好秸秆还田，增施有机肥

目前，滨州市小麦主产区耕层土壤的有机质含量还不高，提高土壤有机质含量的方法一是增施有机肥，二是进行秸秆还田。在当前有机肥缺乏的条件下，唯一有效的途径就是秸秆还田。通过秸秆还田，能够逐步改善土壤的理化性状，增强保肥保水能力和供

肥性能。玉米秸秆还田时要根据玉米种植规格、品种、所具备的动力机械、收获要求等条件，分别选择悬挂式、自走式和割台互换式等适宜的玉米联合收获机产品。秸秆还田机械要选用甩刀式、直刀式、铡切式等秸秆粉碎性能高的产品，确保作业质量。要尽量将玉米秸秆粉碎得细一些，一般要用玉米秸秆还田机打2遍，秸秆长度最好在5 cm左右。此外，各地要在推行玉米联合收获和秸秆还田的基础上，广辟肥源、增施氮肥和农家肥，加速秸秆腐解，改善土壤结构，提高土壤耕层的有机质含量。一般高产田亩施有机肥3 000～4 000 kg；中低产田亩施有机肥2 500～3 000 kg。

（二）测土配方施肥

各地要结合配方施肥项目，大力推广测土配方施肥技术。根据当地土壤养分状况和生产管理水平，确定适宜的目标产量，因地制宜合理确定施肥数量以及化肥基施比例，优化氮磷钾配比。根据生产经验，不同地力水平的适宜施肥量参考值为：产量水平在每亩200～300 kg的低产田，每亩施用纯氮（N）6～10 kg，磷（P_2O_5）3～5 kg，钾（K_2O）2～4 kg，肥料可以全部底施，或氮肥80%底施，20%起身期追肥；产量水平在每亩300～400 kg的中产田，每亩施用纯氮（N）10～12 kg，磷（P_2O_5）4～6 kg，钾（K_2O）4～6 kg，磷肥、钾肥底施，氮肥60%底施，40%起身期追肥；产量水平在每亩400～500 kg的高产田，每亩施用纯氮（N）12～14 kg，磷（P_2O_5）6～7 kg，钾（K_2O）5～6 kg，磷肥、钾肥底施，氮肥50%底施，50%起身期或拔节期追肥；产量水平在每亩500～600 kg的超高产田，每亩施用纯氮（N）14～16 kg，磷（P_2O_5）7～8 kg，钾（K_2O）6～8 kg，磷肥、钾肥底施，氮肥40%～50%底施，50%～60%拔节期追肥。缺少微量元素的地块，要注意补施锌肥、硼肥等。要大力推广化肥深施技术，坚决杜绝地表撒施。

三、抓好深耕深松，提高整地质量

目前，滨州市部分地区以旋代耕现象比较普遍，导致土壤耕作层较浅，严重影响了小麦产量潜力的发挥。因此，各地要大力推广深耕深松整地技术。

（一）因地制宜确定深耕、深松或旋耕

对土壤实行大犁深耕或深松，均可疏松耕层，降低土壤容重，增加孔隙度，改善通透性，促进好气性微生物活动和养分释放；提高土壤渗水、蓄水、保肥和供肥能力。但二者各有优缺点：大犁深耕，可以掩埋有机肥料，清除秸秆残茬和杂草、有利于消灭寄生在土壤中或残茬上的害虫。但松土深度不如深松；深松作业，可以疏松土层而不翻转土层，松土深度要比耕翻深。但因为不翻转土层，不能翻埋肥料、杂草、秸秆，也不利于减少病虫害。因此，各地要根据当地实际，因地制宜地选用深耕和深松作业。

一般来说，对秸秆还田量较大的高产地块，尤其是高产创建地块，要尽量扩大机械深耕面积。土层深厚的高产田，深耕时耕深要达到25 cm左右，中产田23 cm左右，对于犁地（底）层较浅的地块，耕深要逐年增加。深耕作业前要对玉米根茬进行破除作业，耕后

用旋耕机进行整平并进行压实作业。为减少开闭垄，有条件的地方应尽量选用翻转式深耕犁，深耕犁要装配合墒器，以提高耕作质量。对于秸秆还田量比较少的地块，尤其是连续3年以上免耕播种的地块，可以采用机械深松作业。根据土壤条件和作业时间，深松方式可选用局部深松或全面深松，作业深度要大于犁底层，要求25 ~ 40 cm，为避免深松后土壤水分快速散失，深松后要用旋耕机及时整理地表，或者用镇压器多次镇压沉实土壤，然后及时进行小麦播种作业。有条件的地区，要大力示范推广集深松、旋耕、施肥、镇压于一体的深松整地联合作业机，或者集深松、旋耕、施肥、播种、镇压于一体的深松整地播种一体机，以便减少耕作次数，节本增效。

但大犁深耕和深松也存在着工序复杂，耗费能源较大，在干旱年份还会因土壤失墒较严重而影响小麦产量等缺点，优点是深耕、深松效果可以维持多年。因此，对于一般地块，不必年年深耕或深松，可深耕（松）1年，旋耕2 ~ 3年。旋耕机可选择耕幅1.8 m以上、中间传动单梁旋耕机，配套60马力以上拖拉机。为提高动力传动效率和作业质量，旋耕机可选用框架式、高变速箱旋耕机。进行玉米秸秆还田的麦田，由于旋耕机的耕层浅，采用旋耕的方法难以完全掩埋秸秆，所以应将玉米秸秆粉碎，尽量打细，旋耕2遍，效果才好。对于水浇条件较差，或者播种时墒情较差的地块，建议采用小麦免耕播种（保护性耕作）技术。

（二）搞好耕翻后的耙耢镇压工作

耕翻后耙耢、镇压可使土壤细碎，消灭坷垃，上松下实，底墒充足。因此，各类耕翻地块都要及时耙耢。尤其是采用秸秆还田和旋耕机旋耕地块，由于耕层土壤暄松，容易造成小麦播种过深，形成深播弱苗，影响小麦分蘖的发生，造成穗数不足，降低产量；此外，该类地块由于土壤松散，失墒较快。所以必须耕翻后尽快耙耢、镇压2 ~ 3遍，以破碎土垡，耙碎土块，疏松表土，平整地面，上松下实，减少蒸发，抗旱保墒；使耕层紧密，种子与土壤紧密接触，保证播种深度一致，出苗整齐健壮。

（三）按规格作畦

实行小麦畦田化栽培，有利于精细整地，能够保证播种深浅一致，浇水均匀，节省用水。因此，秋种时，各类麦田，尤其是有水浇条件的麦田，一定要在整地时打埂筑畦。畦的大小应因地制宜，要充分考虑农机农艺结合的要求，重点要考虑下茬玉米种植的要求。一般来说，水浇条件好的要尽量采用大畦，水浇条件差的可采用小畦。畦宽1.65 ~ 3 m，畦埂40 cm左右。在确定小麦播种行距时，也要充分考虑农业机械的作业规格要求和下茬作物直播或套种的需求。对于棉花、蔬菜主产区，秋种时要留足留好套种行，大力推广麦棉、麦菜套种技术，努力扩大有麦面积；要因地制宜推广麦收后玉米夏直播技术，尽量不要预留玉米套种行。

四、抓好播后镇压，提高播种质量

目前，在小麦生产中常遇到秋冬春季气象干旱和低温，导致小麦旱死或冻死部分分蘖。而播后镇压是解决上述问题的有效措施，因此，在小麦播种环节中，要特别重视播后镇压工作。

（一）认真搞好种子处理

提倡用种衣剂进行种子包衣，预防苗期病虫害。没有用种衣剂包衣的种子要用药剂拌种。根病发生较重的地块，选用2%戊唑醇（立克莠）按种子量的0.1%～0.15%拌种，或20%三唑酮（粉锈宁）按种子量的0.15%拌种；地下害虫发生较重的地块，选用40%甲基异柳磷乳油，按种子量的0.2%拌种；病、虫混发地块用以上杀菌剂+杀虫剂混合拌种。

（二）足墒播种

小麦出苗的适宜土壤湿度为田间持水量的70%～80%。秋种时若墒情适宜，要在秋作物收获后及时耕翻，并整地播种；墒情不足的地块，要注意造墒播种。在适期内，应掌握“宁可适当晚播，也要造足底墒”的原则，做到足墒下种，确保一播全苗。造墒时要注意因地制宜，水浇条件较好的地区，可在前茬作物收获前10～14 d浇水，既有利于秋作物正常成熟，又为秋播创造良好的墒情。秋收前来不及浇水的，可在收后开沟造墒，然后再耕耙整地；也可以先耕耙整畦后灌水，待墒情适宜时耘锄耙地，然后播种。无水浇条件的旱地麦田，要在前茬收获后，及时进行耕翻，并随耕随耙，保住地下墒。

（三）适期播种

温度是决定小麦播种期的主要因素。一般情况下，小麦从播种至越冬开始，以0℃以上积温570～650℃为宜。各地要在试验示范的基础上，因地制宜地确定适宜播期。一般情况下滨州市的小麦适宜播期为10月1—10日，其中最佳播期为10月3—8日；由于2014年玉米播种时间比2013年早了5～7 d，预计玉米收获腾茬时间可能比较集中，各地一定要尽早备好玉米收获和小麦播种机械，加快机收、机播进度，确保小麦在适期内播种。对于播期较早的小麦，要注意适当降低播量，播期推迟的麦田要适当加大播量，做到播期播量相结合。

（四）适量播种

小麦的适宜播量因品种、播期、地力水平等条件而异。对于一般地块，在目前玉米晚收、小麦适期晚播的条件下，要以推广半精播技术为主，但要注意播量不能过大。在适期播种情况下，分蘖成穗率低的大穗型品种，每亩适宜基本苗15万～18万株；分蘖成穗率高的中穗型品种，每亩适宜基本苗12万～16万株。在此范围内，高产田宜少，中产田宜多。晚于适宜播种期播种，每晚播2 d，每亩增加基本苗1万～2万株。早作麦田每亩基本苗12万～16万株，晚茬麦田每亩基本苗20万～30万株。

（五）宽幅精量播种

实行宽幅精量播种，改传统小行距（15～20 cm）密集条播为等行距（22～26 cm）

宽幅播种，改传统密集条播籽粒拥挤一条线为宽播幅（8 cm）种子分散式粒播，有利于种子分布均匀，减少缺苗断垄、疙瘩苗现象，克服了传统播种机密集条播、籽粒拥挤、争肥、争水、争营养、根少、苗弱的生长状况。因此，各地要大力推行小麦宽幅播种机械播种。若采用常规小麦精播机或半精播机播种的，也要注意使播种机械加装镇压装置，行距21 ~ 23 cm，播种深度3 ~ 5 cm。播种机不能行走太快，以每小时5 km为宜，以保证下种均匀、深浅一致、行距一致、不漏播、不重播。

（六）播后镇压

从近几年的生产经验看，小麦播后镇压是提高小麦苗期抗旱能力和出苗质量的有效措施。因此，2014年秋种，各地要选用带镇压装置的小麦播种机械，在小麦播种时随种随压，然后，在小麦播种后用镇压器镇压两遍，努力提高镇压效果。尤其是对于秸秆还田地块，一定要在小麦播种后用镇压器多遍镇压，才能保证小麦出苗后根系正常生长，提高抗旱能力。

五、搞好查苗补种，确保苗全、齐、匀、壮

小麦要高产，苗全苗匀是关键。因此，小麦播种后，要及时到地里查看墒情和出苗情况，对于玉米秸秆还田地块，在一般墒情或较差的条件下，最好在小麦播种后立即浇“蒙头水”，墒情适宜时搂划破土，辅助出苗，这样有利于小麦苗全、苗齐、苗壮。小麦出苗后，对于有缺苗断垄地块，要尽早进行补种。补种方法：选择与该地块相同品种的种子，进行种子包衣或药剂拌种后，开沟均匀撒种，墒情差的要结合浇水补种，以确保苗全、齐、匀、壮，为夺取下年夏粮丰收打下坚实的基础。

第二节　天气及管理措施对小麦冬前苗情的影响

一、基本苗情

滨州市小麦播种面积366.55万亩，比上年增加19.53万亩；大田平均基本苗21.31万株，比上年增加0.32万株；亩茎数63.05万株，比上年减少2.06万株；单株分蘖3.08个，比上年减少0.15个；单株主茎叶片数5.02个，比上年减少0.53个；三叶以上大蘖1.70个，比上年减少0.08个；单株次生根3.92条，比上年增加0.48条。一类苗面积174.66万亩，占总播种面积的47.65%，较上年上升1.57个百分点；二类苗面积159.38万亩，占总播种面积的43.48%，较上年上升1.28个百分点；三类苗面积32.08万亩，占总播种面积的8.75%，较上年下降3.69个百分点；旺苗面积0.43万亩，较上年减少0.54万亩。总体上看，由于播种期间底墒足，播期适宜，播种质量高，出苗后土壤墒情好，光照充足，2014年小麦整体较

好，群体适宜，个体健壮，一类苗面积大，占到总播种面积的近五成，旺苗及“一根针”麦田面积小，缺苗断垄面积小。

二、因素分析

（一）有利因素

1. 播种质量好

由于机械化在农业生产中的普及，特别是秸秆还田、深耕深松面积的扩大，以及宽幅播种、规范化播种技术的大面积推广，滨州市小麦播种质量明显提高，加之土壤底墒足、播期适宜，小麦基本实现了一播全苗。

2. 良种覆盖率高

借助小麦良种补贴这一平台，滨州市加大高产优质小麦品种的宣传推广力度，重点推广了济麦22、临麦2号、鲁元502、潍麦8、济南17等优良品种，良种覆盖率达到了90%以上。2014年滨州市小麦统一供种面积322.14万亩，占播种面积的87.88%，种子包衣面积333.51万亩，占播种面积的91%。

3. 科技服务到位，带动作用明显

通过开展“千名农业科技人员下乡”活动和“科技特派员农村科技创业行动”“新型农民科技培训工程”等方式，组织大批专家和科技人员开展技术培训和指导服务。一是重点抓了农机农艺结合，扩大先进实用技术面积。以农机化为依托，大力推广小麦宽幅精播高产栽培技术、秸秆还田技术、小麦深松镇压节水栽培技术。二是以测土配方施肥补贴项目的实施为依托，大力推广测土配方施肥和化肥深施技术，广辟肥源，增加有机肥的施用量，培肥地力。三是充分发挥高产创建的示范带动作用。通过十亩高产攻关田、百亩高产攻关示范方及新品种和新技术试验展示田，将成熟的小麦高产配套栽培技术以样本的形式展示给种粮农民，提高了新技术的推广速度和应用面积。

4. 温度适中，土壤墒情较好

（1）10月平均气温15.6℃，较常年偏高1.2℃。11月上中旬平均气温8℃，较常年偏高0.6℃。滨州市小麦冬前影响壮苗所需积温为500～700℃，10月1日至11月23日大于0℃积温为664.9℃，较常年偏多54.6℃；10月10日至11月23日大于0℃积温519.3℃，较常年偏多62.3℃。总体看，气温变化平稳，小麦正常生长发育非常有利，促使小麦早分蘖、多分蘖，个体健壮。

（2）光照条件，除10月下旬明显偏少外，各旬基本正常，能够满足麦苗光合作用需求。光照充足，小麦光合能力加强，光合产物形成较多，有利于分蘖形成，且有利于形成壮蘖，提高了小麦抗冻能力，有利于小麦安全越冬。

（3）降水。小麦播种以来，降水持续偏少，但从10月上旬末和11月中旬末的各县区土壤水分观测情况看（表5-1至表5-3），各地墒情均较好，没有出现明显缺水现象，适宜小麦冬前生长。

表5-1　10月10日各自动水分站墒情

项目	测点						
	滨城	惠民	阳信	无棣	沾化	博兴	邹平
10 cm	87	86	86	76	78	77	56
20 cm	92	91	94	74	76	87	58
30 cm	91	88	99	80	62	85	77
40 cm	96	91	99	77	67	74	99
50 cm	95	80	99	80	75	81	99

表5-2　11月20日各自动水分站墒情

项目	测点						
	滨城	惠民	阳信	无棣	沾化	博兴	邹平
10 cm	88	81	65	79	71	83	49
20 cm	92	85	94	96	71	90	54
30 cm	91	81	98	89	60	88	74
40 cm	95	87	96	88	64	84	99
50 cm	94	78	96	92	75	99	99

表5-3　10—11月气象资料

月份		平均气温（℃）		降水量（mm）		日照（h）	
		2014年	常年	2014年	常年	2014年	常年
10月	上旬	16.4	17.2	7.3	8.4	68.4	70.5
	中旬	15.7	14.6	3.8	14.5	63.5	63.8
	下旬	14.7	11.9	1.5	6.4	60.8	74.8
11月	上旬	9.6	9.3	0.0	5.8	59.0	63.9
	中旬	6.5	5.7	1.0	5.4	52.6	59.4

（二）不利因素

一是有机肥施用不足，造成地力下降；二是深耕面积相对偏少，连年旋耕造成耕层变浅，根系难以下扎；三是部分秸秆还田地块镇压不实，容易造成冻苗、死苗；四是部分麦田存在牲畜啃青现象；五是农机农艺措施结合推广经验不足，缺乏统一组织协调机制；农机手个体分散、缺乏统一组织、培训，操作技能良莠不齐，造成机播质量不高；六是农田水利设施老化、薄弱，防御自然灾害的能力还需提高。

三、小麦项目实施情况

2014—2015年度，滨州市六县一区共安排小麦高产创建万亩示范片20个、整建制乡镇2个。具体为滨城区3个、惠民县2个、阳信县5个、无棣县3个、沾化县2个、博兴县3个、邹平县2个，整建制乡镇安排在惠民县何坊街道办和邹平县孙镇。示范区内播期集中在10月2—10日，品种主要为济麦22、泰农18、临麦2、师栾02-1等11个品种，良种覆盖率100%，主要推广应用了玉米秸秆还田、深松少免耕镇压、规范化播种、宽幅播种、半精量播种、播后镇压、氮肥后移等多项主推技术。目前示范区内小麦群体在70万～80万株，个体健壮，苗全苗匀，长势良好。

四、冬前与越冬期麦田管理措施

1. 及时防除麦田杂草

冬前，选择日平均气温6℃以上晴天中午前后（喷药时温度10℃左右）进行喷施除草剂，防除麦田杂草。为防止药害发生，要严格按照说明书推荐剂量使用。喷施除草剂用药量要准、加水量要足，应选用扇形喷头，做到不重喷、不漏喷，以提高防效，避免药害。

2. 适时浇好越冬水

适时浇好越冬水是保证麦苗安全越冬和春季肥水后移的一项重要措施。小麦播种后降水偏少，目前部分麦田已出现不同程度的旱情，根据长期天气预报，预计12月滨州市平均降水量2～5 mm，较常年（5.0 mm）偏少二至三成，因此，各县区要抓紧时间利用现有水利条件浇好越冬水，时间掌握在日平均气温下降到3～5℃，在麦田地表土壤夜冻昼消时浇越冬水较为适宜。

3. 控旺促弱促进麦苗转化升级

对于各类旺长麦田，通常采取喷施“壮丰安”“麦巨金”等生长抑制剂控叶蘖过量生长；适当控制肥水，以控水控旺长；运用麦田镇压，抑上促下，促根生长，以达到促苗转壮、培育冬前壮苗的目标。对于晚播弱苗，要抓紧镇压2～3次，防麦田跑墒落干，使麦根和土壤紧实结合，促进根系发育，使麦苗适墒加快生长，由弱转壮。但盐碱地不宜反复镇压。

4. 严禁放牧啃青

要进一步提高对放牧啃青危害性的认识，整个越冬期都要禁止放牧啃青。

五、春季麦田管理意见

（一）适时划锄镇压，增温保墒促早发

划锄具有良好的保墒、增温、灭草、促苗早发等效果。各类麦田，不论弱苗、壮苗或旺苗，返青期间都应抓好划锄。早春划锄的有利时机为“顶凌期”，即表土化冻2 cm时开始划锄。划锄要看苗情采取不同的方法：①晚茬麦田，划锄要浅，防止伤根和坷垃压苗；②旺苗麦田，应视苗情，于起身至拔节期进行深锄断根，控制地上部生长，变旺苗为壮苗；③盐碱地麦田，要在“顶凌期”和雨后及时划锄，以抑制返盐，减少死苗。另外要特

别注意，早春第一次划锄要适当浅些，以防伤根和寒流冻害。以后随气温逐渐升高，划锄逐渐加深，以利根系下扎。到拔节前划锄3遍。尤其浇水或雨后，更要及时划锄。

（二）科学施肥浇水

三类麦田春季肥水管理应以促为主。三类麦田春季追肥应分两次进行，第一次在返青期5 cm地温稳定于5℃时开始追肥浇水，一般在2月下旬至3月初，每亩施用5～7 kg尿素和适量的磷酸二铵，促进春季分蘖，巩固冬前分蘖，以增加亩穗数。第二次在拔节中期施肥，提高穗粒数。二类麦田春季肥水管理的重点是巩固冬前分蘖，适当促进春季分蘖发生，提高分蘖的成穗率。地力水平一般，亩茎数45万～50万株的二类麦田，在小麦起身初期追肥浇水，结合浇水亩追尿素10～15 kg；地力水平较高，亩茎数50万～60万株的二类麦田，在小麦起身中期追肥浇水。一类麦田属于壮苗麦田，应控促结合，提高分蘖成穗率，促穗大粒多。一是起身期喷施“壮丰安”等调节剂，缩短基部节间，控制植株旺长，促进根系下扎，防止生育后期倒伏。二是在小麦拔节期追肥浇水，亩追尿素12～15 kg。旺苗麦田植株较高，叶片较长，主茎和低位分蘖的穗分化进程提前，早春易发生冻害。拔节期以后，易造成田间郁蔽，光照不良和倒伏。春季肥水管理应以控为主。一是起身期喷施调节剂，防止生育后期倒伏。二是无脱肥现象的旺苗麦田，应早春镇压蹲苗，避免过多春季分蘖发生。在拔节期前后施肥浇水，每亩施尿素10～15 kg。

（三）防治病虫草害

白粉病、锈病、纹枯病是春季小麦的主要病害。纹枯病在小麦返青后就发病，麦田表现点片发黄或死苗，小麦叶鞘出现梭形病斑或地图状病斑，应在起身期至拔节期用井冈霉素兑水喷根。白粉病、锈病一般在小麦挑旗后发病，可用粉锈宁在发病初期喷雾防治。小麦虫害主要有麦蚜、麦叶蜂、红蜘蛛等，要及时防治。

（四）密切关注天气变化，预防早春冻害

防止早春冻害最有效措施是密切关注天气变化，在降温之前灌水。由于水的热容量比空气和土壤大，因此早春寒流到来之前浇水能使近地层空气中水汽增多，在发生凝结时，放出潜热，以减小地面温度的变幅。因此，有浇灌条件的地区，在寒潮来前浇水，可以调节近地面层小气候，对防御早春冻害有很好的效果。

小麦是具有分蘖特性的作物，遭受早春冻害的麦田不会冻死全部分蘖，另外还有小麦蘖芽可以长成分蘖成穗。只要加强管理，仍可获得好的收成。因此，早春一旦发生冻害，就要及时进行补救。主要补救措施：一是抓紧时间，追施肥料。对遭受冻害的麦田，根据受害程度，抓紧时间，追施速效化肥，促苗早发，提高2～4级高位分蘖的成穗率。一般每亩追施尿素10 kg左右。二是中耕保墒，提高地温。及时中耕，蓄水提温，能有效增加分蘖数，弥补主茎损失。三是叶面喷施植物生长调节剂。小麦受冻后，及时叶面喷施天达2116植物细胞膜稳态剂、复硝酚钠、己酸二乙氨基醇酯等植物生长调节剂，可促进中、小分蘖的迅速生长和潜伏芽的快发，明显增加小麦成穗数和千粒重，显著增加小麦产量。

第三节 2015年春季田间管理技术措施

2014年秋种小麦，滨州市大部分地区墒情较好，各地抓住土壤墒情适宜的有利时机，通过大力推广小麦规范化播种技术，狠抓深耕深松、足墒播种、播后镇压等关键技术措施落实，滨州市小麦适期播种面积扩大，播种质量提高，基本实现了一播全苗，冬前苗情是近几年来较好的一年。

目前存在的不利因素主要有：一是部分地区麦田墒情不足。从2014年10月到现在，4个多月滨州市降水仅38.2 mm，比常年减少33.12%，再加上气温持续偏高，部分地区麦田旱象已经显现，若今后持续没有有效降水，旱情有进一步加重的趋势。二是部分秸秆还田旋耕地块，镇压不实，土壤松暄，存在着早春低温冻害和干旱灾害的隐患。三是部分播量偏大或者播期偏早地块，出现旺长。四是有些地块病虫害越冬基数较大，杂草较多。

针对2014年苗情特点，春季田间管理的技术路线是：立足抗旱，强化分类指导，控旺促弱保稳转壮，科学运筹肥水，构建合理群体，奠定丰收基础。重点要抓好以下技术措施。

一、密切关注旱情发展，积极开拓水源，抢浇返青水，抗旱保苗

对于没浇越冬水，墒情较差、已出现干旱症状的各类麦田，要及早动手，浇好“保苗水”。当日平均气温稳定在3℃、白天浇水后能较快下渗时，要抓紧浇水保苗，时间越早越好。浇水时应注意，要小水灌溉，避免大水漫灌，地表积水，出现夜间地面结冰现象。要按照旱情先重后轻，先沙土地后黏土地，先弱苗后壮苗的原则，因地制宜浇水。个别因旱受冻黄苗、死苗或脱肥麦田，要结合浇水每亩施用10 kg左右尿素。并适量增施磷酸二铵，促进次生根喷出，增加春季分蘖增生，提高分蘖成穗率。

对于没有水浇条件的旱地麦田，春季管理要以镇压提墒为重点，并趁早春土壤返浆或下小雨后，以化肥耧或开沟方式施入氮肥，对增加亩穗数和穗粒数、提高粒重、增加产量有突出的效果。一般亩追施尿素12 kg左右。对底肥没施磷肥的要配施磷酸二铵。

二、镇压划锄，增温保墒促早发

划锄是一项有效的保墒增温促早发措施。个别麦田已出现不同程度旱情，且开春以后，随着温度升高，土壤蒸发量加大，在春季降水量偏少的时候，很容易引起大面积干旱发生。因此，为了预防春季干旱，千方百计保住地下墒非常关键。各地一定要及早组织广大农民在早春表层土化冻2 cm时（顶凌期）对各类麦田进行划锄，以保持土壤墒情，提高地表温度，消灭越冬杂草，为后期麦田管理争取主动。尤其是对群体偏小、个体偏弱的麦田，要将划锄作为早春麦田管理的首要措施来抓。另外，在春季浇水或雨后也要适时划

锄。划锄时要切实做到划细、划匀、划平、划透，不留坷垃，不压麦苗，不漏杂草，以提高划锄效果。

春季镇压可压碎土块，弥封裂缝，使经过冬季冻融疏松了的土壤表土层沉实，促进土壤与根系密接，提高根系吸收能力，减少水分蒸发。因此，对于吊根苗、旺长苗和耕种粗放、坷垃较多、秸秆还田土壤暄松的地块，一定要在早春土壤化冻后进行镇压，以沉实土壤、弥合裂缝、减少水分蒸发和避免冷空气侵入分蘖节附近冻伤麦苗；对没有水浇条件的旱地麦田，在土壤化冻后及时镇压，可促使土壤下层水分向上移动，起到提墒、保墒、抗旱作用；对长势过旺麦田，在起身期前后镇压，可抑制地上部生长，起到控旺转壮作用。另外，镇压要和划锄结合起来，一般是先压后锄，以达到上松下实、提墒保墒增温的作用。

三、分类指导，运筹好小麦春季肥水管理

对于浇过越冬水、目前墒情较好的地块，肥水管理要因地制宜，分类指导。

1. 一类麦田

一类麦田的群体一般为每亩60万～80万株，属于壮苗。在管理措施上，应注意促控结合，以提高分蘖成穗率，促穗大粒多。

这类麦田的肥水管理，要突出氮肥后移。对地力水平较高，适期播种、群体70万～80万株的一类麦田，要在小麦拔节中后期追肥浇水，以获得更高产量；对地力水平一般，群体60万～70万株的一类麦田，要在小麦拔节初期进行肥水管理。一般结合浇水亩追尿素13～15 kg。

2. 二类麦田

二类麦田的群体一般为每亩45万～60万株，属于弱苗和壮苗之间的过渡类型。春季田间管理的重点是促进春季分蘖的生长，提高分蘖成穗率。一般在小麦起身期进行肥水管理，结合浇水亩追尿素10～15 kg。

3. 三类麦田

三类麦田一般每亩群体小于45万株，多属于晚播弱苗。春季田间管理应以促为主。

晚茬麦只要墒情尚可，应尽量避免早春浇水，以免降低地温，影响土壤透气性延缓麦苗生长发育。一般情况下，春季追肥应分为2次：第一次于返青中期，5 cm地温5℃左右时开始，亩施尿素8～10 kg和适量的磷酸二铵，促进分蘖和根系生长，提高分蘖成穗率；第二次于拔节期进行，亩施尿素5～7 kg，提高成穗率，促进小花发育，增加穗粒数。

4. 旺苗麦田

旺苗麦田一般年前亩茎数达80万株以上。这类麦田由于群体较大，叶片细长，拔节期以后，容易造成田间郁蔽、光照不良，从而造成倒伏。因此，春季管理应采取以控为主，控促结合的措施。

（1）适时镇压。小麦返青期至起身期镇压，是控旺转壮的好措施。镇压时要在无霜天10时以后开始，注意有霜冻麦田不压，以免损伤麦苗；盐碱涝洼地麦田不压，以防土壤板结，影响土壤通气；已拔节麦田不压，以免折断节间，造成穗数不足。

（2）喷施化控剂。对于过旺麦田，在小麦起身期前后喷施“壮丰安”“麦巨金”等化控药剂，可抑制基部第一节间伸长，控制植株过旺生长，促进根系下扎，防止生育后期倒伏。一般亩用量30～40 mL，兑水30 kg，叶面喷雾。

（3）因苗确定春季追肥浇水时间。对于年前植株营养体生长过旺，地力消耗过大，有“脱肥”现象的麦田，可在起身期追肥浇水，防止过旺苗转弱苗；对于没有出现脱肥现象的过旺麦田，早春不要急于施肥浇水，应注重镇压、划锄和喷施化控剂等措施适当蹲苗控制，避免春季分蘖过多发生。一般应在拔节期麦田分蘖出现两极分化，每亩总茎数达到70万株左右时施肥浇水。施肥量为亩追尿素10～15 kg。

四、加强预测测报，搞好病虫草害综合防控

春季是各种病虫草害多发的季节。各地一定要搞好测报工作，及早备好药剂、药械，实行综合防治。实行化学除草，具有节本增效的作用。因此，对于冬前没有进行化学除草的地块，应强化返青后化学除草工作。要抓住春季3月上中旬防治适期，及时开展化学除草。对以双子叶杂草为主的麦田可亩用75%苯磺隆水分散粒剂1 g或15%噻吩磺隆可湿性粉剂10 g加水喷雾防治，对抗性双子叶杂草为主的麦田，可亩用20%氯氟吡氧乙酸乳油（使它隆）50～60 mL或5.8%双氟·唑嘧胺乳油（麦喜）10 mL防治。对单子叶禾本科杂草重的可亩用3%甲基二磺隆乳油（世玛）25～30 mL或6.9%精噁唑禾草灵水乳剂（骠马）每亩60~70 mL，茎叶喷雾防治。双子叶和单子叶杂草混合发生的麦田可用以上药剂混合使用。春季麦田化学除草对后茬作物易产生药害，禁止使用长残效除草剂氯磺隆、甲磺隆等药剂；2,4-D丁酯对棉花等双子叶作物易产生药害，甚至用药后具有残留的药械再喷棉花等作物也有药害发生，小麦与棉花和小麦与花生间作套种的麦田化学除草避免使用2,4-D丁酯。

返青拔节期是麦蜘蛛、地下害虫的为害盛期，也是纹枯病、全蚀病、根腐病等根病的侵染扩展高峰期，要抓住这一多种病虫害混合集中发生的关键时期，根据当地病虫害发生情况，以主要病虫害为目标，选用适宜的杀虫剂与杀菌剂混合，一次施药兼治多种病虫害。防治麦蜘蛛可用0.9%阿维菌素3 000倍液或15%哒螨灵（哒螨酮）乳油3 000倍液喷雾防治；防治纹枯病可用5%井冈霉素每亩150～200 mL兑水75～100 kg喷麦茎基部防治，间隔10～15 d再喷1次；防治地下害虫可用48%乐斯本乳油或50%辛硫磷乳油每亩40～50 mL兑水75～100 kg喷麦茎基部；防治小麦吸浆虫可在4月上中旬亩用5%甲基异柳磷颗粒剂1～1.5 kg或40%甲基异柳磷乳油150～200 mL兑细砂或细沙土30～40 kg撒施地面并划锄，施后浇水防治效果更佳。以上病虫害混合发生可采用适宜药剂一次混合施药防治。

五、密切关注天气变化，预防早春冻害

早春冻害（倒春寒）是滨州市早春常发灾害。防止早春冻害最有效措施是密切关注天气变化，在降温之前灌水。由于水的热容量比空气和土壤大，因此早春寒流到来之前浇水

能使近地层空气中水汽增多，在发生凝结时，放出潜热，以减小地面温度的变幅。因此，有浇灌条件的地区，在寒潮来前浇水，可以调节近地面层小气候，对防御早春冻害有很好的效果。

小麦是具有分蘖特性的作物，遭受早春冻害的麦田不会冻死全部分蘖，另外还有小麦蘖芽可以长成分蘖成穗。只要加强管理，仍可获得好的收成。因此，若早春一旦发生冻害，就要及时进行补救。主要补救措施：一是抓紧时间，追施肥料。对遭受冻害的麦田，根据受害程度，抓紧时间，追施速效化肥，促苗早发，提高2～4级高位分蘖的成穗率。一般每亩追施尿素10 kg左右。二是及时适量浇水，促进小麦对氮素的吸收，平衡植株水分状况，使小分蘖尽快生长，增加有效分蘖数，弥补主茎损失。三是叶面喷施植物生长调节剂。小麦受冻后，及时叶面喷施植物细胞膜稳态剂、复硝酚钠等植物生长调节剂，可促进中、小分蘖的迅速生长和潜伏芽的快发，明显增加小麦成穗数和千粒重，显著增加小麦产量。

六、加强治理，严禁放牧牲畜啃青

春季牲畜啃青，严重影响小麦光合作用，还容易加重小麦冻害，重者将麦苗连根拔出，造成死苗，减产非常显著。因此，各地一定要加强对牲畜啃青危害性的宣传，采取得力措施，坚决杜绝麦田啃青。

第四节　天气及管理措施对小麦春季苗情的影响

一、基本苗情

滨州市小麦播种面积377.45万亩，比2014年增加30.43万亩。旱地面积6.53万亩，浇越冬水144.9万亩，播后镇压面积288.05万亩，冬前化学除草面积197.9万亩。大田平均基本苗21.21万株，比冬前减少0.1万株，比2014年同期增加0.29万株；亩茎数67.3万株，比冬前增加4.25万株，比2014年同期增加0.3万株；单株分蘖3.34个，比冬前增加0.26个，与2014年同期持平；单株主茎叶片数5.07个，比冬前增加0.05个，比2014年同期减少0.58个；三叶以上大蘖2.21个，比冬前增加0.51个，比2014年同期增加0.36个；单株次生根3.91条，比冬前减少0.01条，与2014年同期持平。

一类苗面积179.35万亩，占总播种面积的47.52%，比冬前减少0.13个百分点，比2014年同期减少1.28个百分点；二类苗面积161.84万亩，占总播种面积的42.88%，比冬前减少0.6个百分点，比2014年同期增加1.84个百分点；三类苗面积32.56万亩，占总播种面积的8.63%，比冬前减少0.12个百分点，比2014年同期减少1.34个百分点；旺苗面积3.7万亩，比冬前增加3.27万亩，比2014年同期增加3.27万亩。总体上看，目前苗情整体较好，群体适宜，个体健壮，一类苗面积大，占到总播种面积的近五成，旺苗及小弱苗麦田面积小，缺苗断垄面积小。

二、土壤墒情和病虫草害情况

1. 气象情况

入冬以来，气温偏高，降水偏少，光照充足。12月1日到翌年1月31日平均气温0℃，较常年偏高1.6℃；其中12月-0.2℃，偏高0.3℃，1月0.2℃，偏高2.9℃。12月至翌年1月平均降水量7.6 mm，较常年偏少1.9 mm，其中12月0.4 mm，偏少4.6 mm，1月7.2 mm，偏多2.7 mm。日照357 h，较常年偏多10.1 h，其中12月190.5 h，偏多21.4 h，1月166.5 h，偏少11.3 h。

2. 土壤墒情

滨州市2月5日土壤墒情监测结果表明，冬小麦水浇地0～20 cm土层，土壤含水量平均为16.20%，土壤相对含水量平均为67.34%，20～40 cm土壤含水量平均16.68%，土壤相对含水量平均为69.31%；冬小麦旱地0～20 cm土层，土壤含水量平均为14.77%，土壤相对含水量平均为64.75%，20～40 cm土壤含水量平均为15.30%，土壤相对含水量平均为67.11%。小麦越冬以来，有两次小范围的降雪，降水量平均仅为4 mm左右，对照冬小麦越冬期最适宜相对含水量（65%～85%），滨州市麦田墒情不足。

3. 病虫草害情况

麦田杂草发生较重，病虫害较轻，主要可见有红蜘蛛等。

三、存在的问题

一是部分地区麦田墒情不足。从2014年10月到2015年2月，4个多月滨州市降水仅38.2 mm，比常年减少33.12%，再加上气温持续偏高，部分地区麦田旱象已经显现，若今后持续没有有效降水，旱情有进一步加重的趋势。二是部分秸秆还田旋耕地块，镇压不实，土壤松暄，存在着早春低温冻害和干旱灾害的隐患。三是部分播量偏大或者播期偏早地块，出现旺长。

四、小麦高产创建情况

2014—2015年度，滨州市六县一区共安排小麦高产创建万亩示范片20个、整建制乡镇2个。具体为滨城区3个、惠民县2个、阳信县5个、无棣县3个、沾化县2个、博兴县3个、邹平县2个，整建制乡镇安排在惠民县何坊街道办和邹平县孙镇。示范区内播期集中在10月2—10日，品种主要为济麦22、泰农18、临麦2、师栾02-1等11个品种，良种覆盖率100%，主要推广应用了玉米秸秆还田、深松少免耕镇压、规范化播种、宽幅播种、半精量播种、播后镇压、氮肥后移等多项主推技术。目前示范区内小麦群体在70万～80万株，个体健壮，苗全苗匀，长势良好。

五、春季麦田管理意见

针对2015年苗情特点，春季田间管理的技术路线是："立足抗旱，强化分类指导，控旺促弱保稳转壮，科学运筹肥水，构建合理群体，奠定丰收基础。"重点要抓好以下技术措施。

（一）密切关注旱情发展，积极开拓水源，抢浇返青水，抗旱保苗

对于没浇越冬水，墒情较差、已出现干旱症状的各类麦田，要及早动手，浇好"保苗水"。当日平均气温稳定在3℃、白天浇水后能较快下渗时，要抓紧浇水保苗，时间越早越好。浇水时应注意，要小水灌溉，避免大水漫灌，地表积水，出现夜间地面结冰现象。要按照旱情先重后轻、先沙土地后黏土地、先弱苗后壮苗的原则，因地制宜浇水。个别因旱受冻黄苗、死苗或脱肥麦田，要结合浇水每亩施用10 kg左右尿素。并适量增施磷酸二铵，促进次生根喷出，增加春季分蘖增生，提高分蘖成穗率。

对于没有水浇条件的旱地麦田，春季管理要以镇压提墒为重点，并趁早春土壤返浆或下小雨后，以化肥耧或开沟方式施入氮肥，对增加亩穗数和穗粒数、提高粒重、增加产量有突出的效果。一般亩追施尿素12 kg左右。对底肥没施磷肥的要配施磷酸二铵。

（二）适时划锄镇压，增温保墒促早发

划锄具有良好的保墒、增温、灭草、促苗早发等效果。各类麦田，不论弱苗、壮苗或旺苗，返青期间都应抓好划锄。早春划锄的有利时机为"顶凌期"，就是表土化冻2 cm时开始划锄。划锄要看苗情采取不同的方法：①晚茬麦田，划锄要浅，防止伤根和坷垃压苗；②旺苗麦田，应视苗情，于起身至拔节期进行深锄断根，控制地上部生长，变旺苗为壮苗；③盐碱地麦田，要在"顶凌期"和雨后及时划锄，以抑制返盐，减少死苗。另外要特别注意，早春第一次划锄要适当浅些，以防伤根和寒流冻害。以后随气温逐渐升高，划锄逐渐加深，以利根系下扎。到拔节前划锄3遍。尤其浇水或雨后，更要及时划锄。

（三）科学施肥浇水

三类麦田春季肥水管理应以促为主。春季追肥应分两次进行，第一次在返青期5 cm地温稳定于5℃时开始追肥浇水，一般在2月下旬至3月初，每亩施用5～7 kg尿素和适量的磷酸二铵，促进春季分蘖，巩固冬前分蘖，以增加亩穗数。第二次在拔节中期施肥，提高穗粒数。二类麦田春季肥水管理的重点是巩固冬前分蘖，适当促进春季分蘖发生，提高分蘖的成穗率。地力水平一般，亩茎数45万～50万的二类麦田，在小麦起身初期追肥浇水，结合浇水亩追尿素10～15 kg；地力水平较高，亩茎数50万～60万的二类麦田，在小麦起身中期追肥浇水。一类麦田属于壮苗麦田，应控促结合，提高分蘖成穗率，促穗大粒多。一是起身期喷施"壮丰安"、多效唑等调节剂，缩短基部节间，控制植株旺长，促进根系下扎，防止生育后期倒伏。二是在小麦拔节期追肥浇水，亩追尿素12～15 kg。旺苗麦田植株较高，叶片较长，主茎和低位分蘖的穗分化进程提前，早春易发生冻害。拔节期以后，

易造成田间郁蔽，光照不良和倒伏。春季肥水管理应以控为主。一是起身期喷施调节剂，防止生育后期倒伏。二是无脱肥现象的旺苗麦田，应早春镇压蹲苗，避免过多春季分蘖发生。在拔节期前后施肥浇水，每亩施尿素10～15 kg。

（四）防治病虫草害

白粉病、锈病、纹枯病是春季小麦的主要病害。纹枯病在小麦返青后就发病，麦田表现点片发黄或死苗，小麦叶鞘出现梭形病斑或地图状病斑，应在起身期至拔节期用井冈霉素兑水喷根。白粉病、锈病一般在小麦挑旗后发病，可用粉锈宁在发病初期喷雾防治。小麦虫害主要有麦蚜、麦叶蜂、红蜘蛛等，要及时防治。

（五）密切关注天气变化，预防早春冻害

防止早春冻害最有效措施是密切关注天气变化，在降温之前灌水。由于水的热容量比空气和土壤大，因此早春寒流到来之前浇水能使近地层空气中水汽增多，在发生凝结时，放出潜热，以减小地面温度的变幅。因此，有浇灌条件的地区，在寒潮来前浇水，可以调节近地面层小气候，对防御早春冻害有很好的效果。

小麦是具有分蘖特性的作物，遭受早春冻害的麦田不会冻死全部分蘖，另外还有小麦蘖芽可以长成分蘖成穗。只要加强管理，仍可获得好的收成。因此，若早春一旦发生冻害，就要及时进行补救。主要补救措施：一是抓紧时间，追施肥料。对遭受冻害的麦田，根据受害程度，抓紧时间，追施速效化肥，促苗早发，提高2～4级高位分蘖的成穗率。一般每亩追施尿素10 kg左右。二是中耕保墒，提高地温。及时中耕，蓄水提温，能有效增加分蘖数，弥补主茎损失。三是叶面喷施植物生长调节剂。小麦受冻后，及时叶面喷施天达2116植物细胞膜稳态剂、复硝酚钠、已酸二乙氨基醇酯等植物生长调节剂，可促进中、小分蘖的迅速生长和潜伏芽的快发，明显增加小麦成穗数和千粒重，显著增加小麦产量。

第五节　2015年小麦中后期管理技术措施

当前滨州市小麦生产，由于冬前苗情基础较好，小麦越冬期冻害较轻，带绿越冬地块较多，早春田间管理措施比较到位，目前苗情转化良好，明显好于上年同期，总体苗情是近几年较好的一年，为小麦丰产丰收打下了较好基础。但也存在以下不容忽视的问题和隐患：一是前段时间部分地区旱情较重。从2014年小麦播种到2015年3月底，滨州市降水持续偏少，部分无水浇条件的麦田，开始出现不同程度的旱情。虽然近日的降水使大部分麦田旱情有所缓解，但后期仍有可能受到干旱威胁。二是部分地块病虫害发生较重。由于前期温度偏高等原因，部分地块纹枯病、红蜘蛛、蚜虫等发生程度较重，病虫害的为害不可小觑。三是存在后期倒伏和遭受倒春寒的隐患。由于部分麦田播种偏早或播量偏大，目前群体过大，个体较弱，后期可能出现倒伏现象或遭受倒春寒的危害。

针对当前苗情，下一步田间管理的指导思想是“水肥调控、促控结合、防灾防衰、增粒增重”，重点应抓好以下田间管理措施。

一、统筹肥水，搞好拔节期管理

目前滨州市小麦已进入拔节初期至中期阶段，是肥水运筹的关键时期，但要注意因地因苗制宜：对地力水平一般、群体偏弱的麦田，可肥水早攻，在拔节初期进行肥水管理，以促弱转壮；对地力水平较高、群体适宜的麦田，要在拔节中期追肥浇水；对地力水平较高、群体偏大的旺长麦田，要尽量肥水后移，在拔节后期追肥浇水，以控旺促壮。对于没有水浇条件的旱地麦田，要利用降水后的有利时机，抓紧借墒追肥。一般亩追尿素15～20 kg，钾肥6～12 kg。追肥时要注意将化肥开沟深施，杜绝撒施，以提高肥效。

二、因地制宜，适时浇好扬花灌浆水

小麦开花至成熟期的耗水量占整个生育期耗水总量的1/4，需要通过浇水满足供应。干旱不仅会影响粒重、抽穗、开花期，还会影响穗粒数。所以，小麦扬花后10 d左右若前期无有效降水，应适时浇好开花水或灌浆水，以保证小麦生理用水，同时还可改善田间小气候，降低高温对小麦灌浆的不利影响，抵御干热风的危害，提高籽粒饱满度，增加粒重。此期浇水应特别注意天气变化，不要在风雨天气浇水，以防倒伏。

三、密切关注天气变化，防止“倒春寒”冻害

近些年来，滨州市小麦在拔节期前后常会发生倒春寒冻害。因此，各地要提前制定防控“倒春寒”灾害预案，密切关注天气变化，在降温之前及时浇水，可以调节近地面层小气候，对防御早春冻害有很好的效果。一旦发生冻害，尽量不要轻易放弃。小麦是具有分蘖特性的作物，遭受早春冻害的麦田不会冻死全部分蘖，另外还有小麦蘖芽可以长成分蘖成穗。只要加强管理，仍可获得好的收成。因此，早春一旦发生冻害，要及时进行补救。主要补救措施：一是抓紧时间，追施肥料。对遭受冻害的麦田，根据受害程度，抓紧时间追施速效化肥，促苗早发，提高2～4级高位分蘖的成穗率。一般每亩追施尿素10～15 kg。二是中耕保墒，提高地温。及时中耕，蓄水提温，能有效增加分蘖数，弥补主茎损失。三是叶面喷施植物生长调节剂。小麦受冻后，及时叶面喷施植物细胞膜稳态剂、复硝酚钠等植物生长调节剂，可促进中、小分蘖的迅速生长和潜伏芽的快发，明显增加小麦成穗数和千粒重，显著增加小麦产量。

四、搞好“一喷三防”，防控病虫增粒重

在小麦生长后期实施“一喷三防”，是防病、防虫、防干热风，增加粒重、提高单产

的关键技术，是小麦后期防灾、减灾、增产最直接、最简便、最有效的措施。因此，各地要遵循“预防为主，综合防治”的原则，根据当地病虫害和干热风的发生特点和趋势，选择适宜防病、防虫的农药和叶面肥，采取科学配方，适时进行均匀喷雾。

由于近几年滨州市小麦赤霉病发病较重，2015年要高度重视对该病的防控工作。赤霉病要以预防为主，抽穗前后如遇连阴雨或凝露雾霾天气，要在小麦齐穗期和小麦扬花期两次喷药预防，可用80%多菌灵超微粉每亩50 g，或50%多菌灵可湿性粉剂75～100 g兑水喷雾。也可用25%氰烯菌酯悬乳剂亩用100 mL兑水喷雾。喷药时重点对准小麦穗部均匀喷雾。

小麦中后期病虫害还有麦蚜、麦蜘蛛、吸浆虫、白粉病、锈病等。防治麦蜘蛛，可用1.8%阿维菌素3 000倍液喷雾防治；防治小麦吸浆虫，可在小麦抽穗至扬花初期的成虫发生盛期，亩用5%高效氯氰菊酯乳油20～30 mL兑水喷雾，兼治一代棉铃虫；穗蚜可用50%辟蚜雾每亩8～10 g喷雾，或10%吡虫啉药剂10～15 g喷雾，还可兼治灰飞虱。白粉病、锈病可用20%粉锈宁乳油每亩50～75 mL喷雾防治；叶枯病和颖枯病可用50%多菌灵可湿性粉剂每亩75～100 g喷雾防治。喷施叶面肥可在小麦灌浆期喷0.2%～0.3%的磷酸二氢钾溶液，或0.2%的植物细胞膜稳态剂溶液，每亩喷50～60 kg。“一喷三防”喷洒时间最好在晴天无风9—11时，16时以后喷洒，每亩喷水量不得少于30 kg，要注意喷洒均匀。小麦扬花期喷药时，应避开授粉时间，一般在10时以后进行喷洒。在喷施前应留意气象预报，避免在喷施后24 h内下雨，导致小麦“一喷三防”效果降低。高产麦田要力争喷施2～3遍，间隔时间7～10 d。要严格遵守农药使用安全操作规程，做好人员防护工作，防止农药中毒，并做好施药器械的清洁工作。

第六节　天气及管理措施对小麦产量及构成要素的影响

一、滨州市小麦生产情况和主要特点

（一）生产情况

2015年，滨州市小麦生产总体情况：滨州市小麦收获面积378.89万亩，单产485.65 kg，总产184.01万t。与上年相比，面积增加31.87万亩，增幅9.18%；单产增加1.01 kg，增幅0.21%；总产增加15.83万t，增幅9.4%。

从小麦产量构成看，表现为“两增一减”，即亩穗数、穗粒数比2014年略增，千粒重比2014年减少。平均亩穗数40.61万穗，增加0.96万穗，增幅为2.4%；穗粒数35.8粒，增加1.63粒，增幅4.77%；千粒重39.31 g，减少2.77 g，减幅6.58%（表5-4）。

表5-4 2015年小麦产量结构对比

年份	面积（万亩）	单产（kg）	总产（万t）	亩穗数（万穗）	穗粒数（粒）	千粒重（g）
2014	347.02	484.64	168.18	39.65	34.17	42.08
2015	378.89	485.65	184.01	40.61	35.80	39.31
增减	31.87	1.01	15.83	0.96	1.63	−2.77
增减百分比（%）	9.18	0.21	9.4	2.4	4.77	−6.58

（二）主要特点

1. 播种质量好

由于机械化在农业生产中的普及，特别是秸秆还田、深耕深松面积的扩大，以及宽幅播种、规范化播种技术的大面积推广，滨州市小麦播种质量明显提高，加之小麦播种前土壤底墒足、播期适宜，小麦基本实现了一播全苗。

2. 良种覆盖率高

借助小麦良种补贴这一平台，滨州市加大高产优质小麦品种的宣传推广力度，重点推广了济麦22、泰农18、鲁原502、师栾02-1、济南17、潍麦8号、鲁麦23等17个优良品种，良种覆盖率达到了98%以上。2014年滨州市小麦统一供种面积322.14万亩，占播种面积的87.88%，种子包衣面积333.51万亩，占播种面积的91%。

3. 冬前苗情好

冬前气象条件利于培育壮苗，冬前积温高，利于小麦生长发育，冬前分蘖多，麦苗生长较好，苗全、苗匀、苗壮。越冬期气温偏高，光照充足，积温偏多，小麦安全越冬，无冻害，一、二类苗面积增加，三类苗面积减少。一、二类苗面积占总播种面积91.19%（表5-5）。

表5-5 冬前苗情情况对比

年份	一类苗		二类苗		三类苗		旺苗	
	面积（万亩）	比例（%）	面积（万亩）	比例（%）	面积（万亩）	比例（%）	面积（万亩）	比例（%）
2013	165.51	46.08	147.98	41.2	44.69	12.44	0.97	0.27
2014	180.8	47.66	164.7	43.42	33.39	8.80	0.43	0.11
增减	15.29	1.58	16.72	2.22	−11.3	−3.64	−0.54	−0.16

4. 返青期苗情转化升级好

小麦返青期间受冬季干旱影响，一类苗减少，二类苗增加、旺苗面积增加。滨州市针对麦田墒情，采取各种措施，积极引水灌溉，确保墒情适宜，促进了小麦的返青和转化升级；同时，返青期气温偏高，有效积温足，小麦分蘖充足，成穗率高，有利于亩穗数增加。拔节期苗情整体较好，3月30日至4月5日滨州市两次降水过程，降水量平均达37.1 mm，有效缓解了麦田旱情，对小麦生长非常有利，一类苗面积比返青期增加（表5–6）。

表5–6　返青期苗情情况对比

生长期	一类苗		二类苗		三类苗		旺苗	
	面积（万亩）	比例（%）	面积（万亩）	比例（%）	面积（万亩）	比例（%）	面积（万亩）	比例（%）
返青期	180.01	47.05	165.91	43.36	32.97	8.62	3.7	0.97
冬前	180.8	47.66	164.7	43.42	33.39	8.80	0.43	0.11
增减	0.79	−0.61	1.21	−0.06	−0.42	−0.22	3.27	0.86

5. 病虫害

小麦冬季及春季返青前干旱，麦田红蜘蛛发生较重，但未造成严重为害。小麦生长中后期，连续降水加之2014年小麦群体普遍较往年偏大，田间郁闭，通风透光差，纹枯病、根腐病、叶锈病及白粉病发生普遍较重，尤其后期白粉病发生严重，影响后期灌浆进而对粒重有较大不利影响。抽穗扬花期恰逢连阴雨天气，对赤霉病大发生创造了有利条件，但由于监测防治到位，并未造成为害。其他病虫害与常年持平。

6. 优势品种逐渐形成规模

具体面积：济麦22面积133.66万亩，是滨州市种植面积最大的品种；泰农18面积35万亩；鲁原502面积34.91万亩；师栾02-1面积33.04万亩；济南17面积25.34万亩；潍麦8号面积21万亩；鲁麦23面积19.7万亩；临麦2号面积12.26万亩。以上八大主栽品种占滨州市小麦播种总面积的83%。

7. 大力推广小麦"一喷三防"及统防统治技术，有效地抑制了病虫的后期为害

小麦"一喷三防"技术是小麦生长后期防病、防虫、防干热风的关键技术，是经实践证明的小麦后期管理的一项最直接、最有效的关键增产措施。2015年滨州市大力推广小麦"一喷三防"及统防统治技术，提高了防治效果，小麦病虫害得到了有效控制，未发生严重干热风危害，为小麦丰产打下了坚实基础。

8. 收获集中，机收率高

2015年小麦集中收获时间在6月8—13日，收获面积占总面积的90%以上，收获高峰出现在6月14日，日收割60余万亩。滨州市小麦夏收的另一个特点是机收率高，机收面积占总收获面积的99.5%，累计投入机具1.53万台。

二、气象条件对小麦生长发育影响分析

（一）有利因素

1. 气温偏高，冬前基础好

（1）10月平均气温15.6℃，较常年偏高1.2℃。11月上中旬平均气温8℃，较常年偏

高0.6℃。滨州市小麦冬前影响壮苗所需积温为500～700℃，10月1日至11月23日大于0℃积温为664.9℃，较常年偏多54.6℃；10月10日至11月23日大于0℃积温519.3℃，较常年偏多62.3℃。总体看，气温变化平稳，小麦正常生长发育非常有利，促使小麦早分蘖、多分蘖，个体健壮。

（2）光照条件，除10月下旬明显偏少外，各旬基本正常，能够满足麦苗光合作用需求。光照充足，小麦光合能力加强，光合产物形成较多，有利于分蘖形成，且有利于形成壮蘖，提高了小麦抗冻能力，利于小麦安全越冬。

（3）降水。小麦播种以来，降水持续偏少，但从10月上旬末和11月中旬末的各县区土壤水分观测情况看（表5-7、表5-8），各地墒情均较好，没有出现明显缺水现象，适宜小麦冬前生长（表5-9）。

表5-7　10月10日各自动水分站墒情

项目	滨城	惠民	阳信	无棣	沾化	博兴	邹平
10 cm	87	86	86	76	78	77	56
20 cm	92	91	94	74	76	87	58
30 cm	91	88	99	80	62	85	77
40 cm	96	91	99	77	67	74	99
50 cm	95	80	99	80	75	81	99

表5-8　11月20日各自动水分站墒情

项目	滨城	惠民	阳信	无棣	沾化	博兴	邹平
10 cm	88	81	65	79	71	83	49
20 cm	92	85	94	96	71	90	54
30 cm	91	81	98	89	60	88	74
40 cm	95	87	96	88	64	84	99
50 cm	94	78	96	92	75	99	99

表5-9　10—11月气象资料

月份		平均气温（℃）		降水量（mm）		日照（h）	
		2014年	常年	2014年	常年	2014年	常年
10月	上旬	16.4	17.2	7.3	8.4	68.4	70.5
	中旬	15.7	14.6	3.8	14.5	63.5	63.8
	下旬	14.7	11.9	1.5	6.4	60.8	74.8
11月	上旬	9.6	9.3	0.0	5.8	59.0	63.9
	中旬	6.5	5.7	1.0	5.4	52.6	59.4

2. 春季气温高，光照充足

返青期间，气温偏高，降水偏少，光照充足。2月平均气温2.0℃，较常年偏高1.5℃；降水量4.5 mm，偏少3.2 mm；日照166.3 h，偏少8.8 h。3月平均气温9.4℃，较常年偏高2.9℃；降水量3.3 mm，偏少8.2 mm；日照242.0 h，偏多26.2 h。3月30日至4月5日滨州市两次降水过程，降水量平均达37.1 mm，有效缓解了麦田旱情，对小麦生长非常有利。

3. 拔节孕穗期降水充足

4月的5次降水，对小麦的拔节和孕穗十分有利。其中，3月30日至4月5日出现两次降水过程，降水量平均达37.1 mm，不仅解除了前期部分受旱麦田的旱情，同时缓解了4月初的低温危害。4月11—13日和18—20日、5月1日又连续出现3次降水过程，平均降水量19.6 mm，为小麦的孕穗提供了充足水分供应。

4. 灌浆期间气温总体利于灌浆

2015年5月29日至6月1日出现过干热风天气，以后再没出现干热风天气，对小麦造成的影响较小。灌浆期间气温偏高，但昼夜温差大，总体对灌浆有利。

（二）不利因素

春季持续干旱，气温偏高，导致小麦返青期较常年晚2～3 d，拔节期较常年晚4～5 d，挑旗期较常年提前5 d，抽穗扬花期较常年晚5～7 d，成熟期较常年晚2～3 d，导致灌浆时间短，加之灌浆期间群体大、湿度大、病害重，对千粒重影响较大。

4月上中旬低温冷害。4月上旬平均气温8.8℃，比常年低3.5℃，4月中旬平均气温13.7℃，比常年低0.8℃。小麦小穗分化期受气温低的影响，麦穗底部会出现不孕小穗，造成空壳，不利于产量的影响。

5月初，遇连阴雨天气，此时滨州市小麦处于扬花期，为预防小麦赤霉病，部分农户在小麦授粉时间段打药，造成小麦未授上粉，致使部分地块小麦麦穗不育籽粒，而形不成产量，甚至绝产。由于发生为害的面积较小，属于点片发生，对滨州市小麦生产影响较小。

5月底出现高温低湿天气，不利于小麦灌浆。5月下旬平均气温23.6℃，比常年高1.5℃，有效降水量为0，出现过干热风天气，对灌浆不利，对小麦单产造成一定影响。

6月初平均气温26.1℃，比常年高2.3℃；降水量16.3 mm。高温降水加速了小麦根系的死亡和植株干枯，造成小麦早衰、逼熟，影响2015年小麦产量的进一步提高。

三、小麦增产采取的主要措施

通过安排20个小麦高产创建万亩示范片及2个整建制乡镇，大力开展高产创建活动，积极推广秸秆还田、深耕深松、规范化播种、宽幅精播、配方施肥、氮肥后移等先进实用新技术，熟化集成了一整套高产稳产技术，辐射带动了大面积平衡增产。

通过全面实施良种补贴项目，推广了一批增产潜力大、抗逆性强的高产优质小麦品种，为小麦增产打下了良好基础。

加强了关键环节管理。在小麦冬前、返青、抽穗、灌浆等关键时期，组织专家搞好苗情会商，针对不同麦田研究制定翔实可行的管理措施，指导群众不失时机地做好麦田管理。

加强技术指导。通过组织千名科技人员下乡活动、春风计划、农业科技入户工程，加强农民技术培训，组织专家和农技人员深入生产一线，结合利用现代媒体手段，积极应对突发灾害性天气，有针对性地搞好技术指导，帮助农民解决麦田管理中遇到的实际困难和问题。

加强病虫害及自然灾害监测预警。及时发布病虫害信息，指导农民进行科学防治，降低病虫为害；与气象部门密切配合及时做好自然灾害预警和预防，提早做好防“倒春寒”、防倒、防干热风等准备工作。

在滨州市推行粮食生产“十统一”工作，有力地促进了粮食高产栽培技术的集成推广。为切实有效推广小麦、玉米高产栽培集成技术，早日实现吨粮市，以市政府名义下发了文件，在滨州市实施粮食生产“统一玉米机收和秸秆还田、统一旋耕、统一深耕、统一再旋耕、统一施肥、统一小麦供种、统一小麦播种、统一病虫害防治、统一小麦收获、统一夏玉米机械播种”的十项统一服务工作。市级财政安排预算资金500万元对粮食生产“十统一”工作进行扶持。

四、新技术引进、试验、示范情况

借助小麦高产创建和农技推广项目为载体，滨州市近几年加大对新技术新产品的示范推广力度，通过试验对比探索出适合滨州市的新技术新品种，其中，推广面积较大的有：玉米秸秆还田320.2万亩，规范化播种技术228.02万亩；宽幅播种技术76.15万亩；深耕面积34万亩，深松面积109.41万亩，播后镇压297.5万亩，氮肥后移224.1万亩，“一喷三防”技术378.89万亩。从近几年的推广情况看，规范化播种技术、宽幅精播技术、机械深松技术、一喷三防技术、化控防倒技术、秸秆还田技术效果明显，且技术较为成熟，推广前景好；免耕栽培技术要因地制宜推广；随着机械化程度的提高，农机农艺的融合对小麦的增产作用越来越明显，要加大和农机部门的合作。品种方面滨州市主推品种为：济麦22、师栾02-1、鲁原502、泰农18、济南17、潍麦8、临麦2号等。

五、小面积高产攻关主要技术措施和做法、经验

（一）采取的主要技术措施和做法

1. 选用良种

依据气候条件、土壤基础、耕作制度等选择高产潜力大、抗逆性强的多穗性优良品种，如济麦22号、鲁原502等品种，进行集中攻关、展示、示范。

2. 培肥地力

采用小麦、玉米秸秆全量还田技术，同时每亩施用土杂肥3～5 m^3，提高土壤有机质含量和保蓄肥水能力，增施商品有机肥100 kg，并适当增施锌、硼等微量元素。

3. 种子处理

选用包衣种子或用敌委丹、适乐时进行拌种，促进小麦次生根生长，增加分蘖数，有效控制小麦纹枯病、金针虫等苗期病虫害。

4. 适时适量播种

小麦播种日期于10月5日左右，采用精量播种机精量播种，基本苗10万～12万株，冬前总茎数为计划穗数的1.2倍，春季最大总茎数为计划穗数的1.8～2.0倍，采用宽幅播种技术。

5. 冬前管理

一是于11月下旬浇灌冬水，保苗越冬、预防冬春连旱；二是喷施除草剂，春草冬治，提高防治效果。

6. 氮肥后移延衰技术

将氮素化肥的底肥比例减少到50%，追肥比例增加到50%，土壤肥力高的麦田底肥比例为30%～50%，追肥比例为50%～70%；春季第一次追肥时间由返青期或起身期后移至拔节期。

7. 后期肥水管理

于5月上旬浇灌40 m^3左右灌浆水，后期采用“一喷三防”，连喷3次，延长灌浆时间，防早衰、防干热风，提高粒重。

8. 病虫草害综合防控技术

前期以杂草及根部病害、红蜘蛛为主，后期以白粉病、赤霉病、蚜虫等为主，进行综合防控。

（二）主要经验

要选择土壤肥力高（有机质1.2%以上）、水浇条件好的地块。培肥地力是高产攻关的基础，实现小麦高产攻关必须以较高的土壤肥力和良好的土、肥、水条件为保障，要求土壤有机质含量高，氮、磷、钾等养分含量充足，比例协调。

选择具有高产能力的优良品种，如济麦22号、鲁原502等。高产良种是攻关的内因，在较高的地力条件下，选用增产潜力大的高产良种，实行良种良法配套，就能达到高产攻关的目标。

深耕深松，提高整地和播种质量。有了肥沃的土壤和高产潜力大的良种，在适宜播期内，做到足墒下种，保证播种深浅一致，下种均匀，确保一播全苗，是高产攻关的基础。

采用宽幅播种技术。通过试验和生产实践证明，在同等条件下采用宽幅播种技术比其他播种方式产量高，因此在高产攻关和大田生产中值得大力推广。

狠抓小麦“三期”管理，即冬前、春季和小麦中后期管理。栽培管理是高产攻关的关键，良种良法必须配套，才能充分发挥良种的增产潜力，达到高产的目的。

相关配套技术要运用好。集成小麦精播半精播、种子包衣、冬春控旺防冻、氮肥后移延衰、病虫草害综防、后期“一喷三防”等技术，确保各项配套技术措施落实到位。

六、小麦生产存在的主要问题

1. 整地质量问题

以旋代耕面积较大，许多地块只旋耕而不耕翻，犁底层变浅、变硬，影响根系下扎。滨州市378.89万亩小麦，深耕深松面积只有143.41万亩，仅占三成。玉米秸秆还田粉碎质量不过关，且只旋耕一遍，不能完全掩埋秸秆，影响小麦苗全、苗匀。根本原因是机械受限和成本因素。

2. 施肥不够合理

部分群众底肥重施化肥，轻施有机肥，重施磷肥，不施钾肥，偏重追施化肥。年后追氮肥量过大，少用甚至不追施钾肥，追肥喜欢撒施“一炮轰”，只图省工省力。

3. 镇压质量有待提高

仍有部分秸秆还田地片播后镇压质量不过关，存在着早春低温冻害和干旱灾害的隐患。原因为播种机械或人为因素。

4. 对病害及草害防治不够重视

部分地区野燕麦、节节麦有逐年加重的趋势，发生严重田块出现了杂草比小麦长得好的现象。2014年特殊的气候条件，白粉病、根腐病等病害发生较重，但农民重治虫轻治病。原因是对病害及草害发生与防治的认识程度不够。

5. 品种多乱杂的情况仍然存在

“二层楼”甚至“三层楼”现象仍存在。原因为自留种或制种去杂不彻底或执法不严等。

6. 盐碱地粮食高产稳产难度大

盐碱程度高，引黄灌溉水利工程基础差，小麦高产栽培技术不配套，农民多年习惯植棉，缺乏小麦种植管理知识和经验。小麦生产面积增加潜力大，但高产稳产难度大。

七、2015年秋种在技术措施方面应做的主要工作

1. 搞好技术培训，确保关键增产技术落实

结合小麦高产创建、财政支持农技推广项目、农技体系建设培训等，大力组织各级农技部门开展技术培训，加大种粮大户、种植合作社、家庭农场及种粮现代农业园区等新型经营主体的培训，使农民及种植从业人员熟练掌握新技术，确保技术落地。

2. 加大滨州市粮食生产“十统一”推进力度，大力推广秸秆还田、深耕深松等关键技术的集成推广

疏松耕层，降低土壤容重，增加孔隙度，改善通透性，促进好气性微生物活动和养分释放；提高土壤渗水、蓄水、保肥和供肥能力。

3. 因地制宜，搞好品种布局

如在高肥水地块加大济麦22、泰农18等多穗型品种的推广力度，并推广精播半精播、适期晚播技术，良种精选、种子包衣、防治地下害虫、根病。盐碱地棉改粮地块以德抗

961、青农6号等品种为主。

4. 加大宣传力度，切实搞好播后镇压

近几年来，滨州市一直冬春连旱，播后镇压对小麦安全越冬起着非常关键的作用，对防御冬季及早春低温冻害和干旱灾害意义重大。关键是镇压质量要过关。我们将利用各种媒体及手段推广好播后镇压技术的落实。

5. 继续搞好小麦种植试验研究

在近几年种植小麦试验的基础上，增加试验方案，认真探索研究不同地力条件下小麦种植的高产栽培模式。2015年计划在北部盐碱地继续进行小麦全幅播种试验及品种筛选试验，在南部井灌区进行小麦高低畦种植试验等。

第六章 2015—2016年度小麦产量主要影响因素分析

第一节 2015年播种基础及秋种技术措施

2015年小麦秋种工作总的思路是：以高产稳产、节本增效、环境友好为目标，以高产创建和绿色增产模式示范推广为抓手，以规范化耕作播种为突破口，进一步优化品种布局，提高播种质量，奠定苗全、苗齐、苗壮的基础。重点抓好以下5个关键环节。

一、选好适合当地的优良品种，适度扩大优质专用小麦种植面积

品种是影响小麦产量的关键性因素，选好适合当地的品种，对实现小麦的高产、稳产非常重要。近几年滨州市优质麦种植面积逐步扩大，并取得了不错的种植效益，各地在进行品种布局时，要适当扩大优质专用小麦的种植面积。2015年建议总的品种布局如下。

（一）种植优质专用小麦地区

重点选用以下品种：师栾02-1、济南17、烟农19号、济麦20、洲元9369。

（二）水浇条件较好地区

重点种植以下品种：济麦22、鲁原502、良星99、烟农999、山农20、山农22、临麦2号、潍麦8号、鲁麦23、泰农18号、良星66、泰农19、山农28号、齐麦2号等。

（三）水浇条件较差的旱地及轻度盐碱地（土壤含盐量2‰以下）

主要种植品种：青麦6号、烟农19、烟农16、鲁麦21号、烟农0428、青麦7号等。

（四）中度盐碱地（土壤含盐量3‰左右）

主要种植品种：济南18、德抗961、山融3号、青麦6号等。

二、科学施用肥料，提高肥料利用率

土壤地力是小麦高产的基础，为培肥地力，要重点抓好以下措施。

（一）搞好秸秆还田，增施有机肥

这是提高土壤有机质含量的主要途径。要努力提高玉米秸秆还田质量，一是要根据玉米种植规格、品种、所具备的动力机械、收获要求等条件，分别选择悬挂式、自走式和割台互换式等适宜的玉米联合收获机；二是秸秆还田机械要选用甩刀式、直刀式、铡切式等秸秆粉碎性能高的机具，确保作业质量；三是要将玉米秸秆粉碎，秸秆长度最好在5 cm以下，一般要用玉米秸秆还田机打2遍。各地要在推行玉米联合收获和秸秆还田的基础上，广辟肥源、增施农家肥，努力改善土壤结构，提高土壤耕层的有机质含量。一般高产田亩施有机肥2 500～3 000 kg；中低产田亩施有机肥3 000～4 000 kg。

（二）大力推广测土配方施肥

测土配方施肥是节约肥料、增加小麦产量的重要手段。各地要结合配方施肥项目，因地制宜合理确定化肥基施比例，优化氮磷钾配比。根据生产经验，不同地力水平的适宜施肥量参考值为：产量水平在每亩200～300 kg的低产田，每亩施用纯氮（N）6～10 kg，磷（P_2O_5）3～5 kg，钾（K_2O）2～4 kg，肥料可以全部底施，或氮肥80%底施，20%起身期追肥。产量水平在每亩300～400 kg的中产田，每亩施用纯氮（N）10～12 kg，磷（P_2O_5）4～6 kg，钾（K_2O）4～6 kg，磷肥、钾肥底施，氮肥60%底施，40%起身期追肥。产量水平在每亩400～500 kg的高产田，每亩施用纯氮（N）12～14 kg，磷（P_2O_5）6～7 kg，钾（K_2O）5～6 kg，磷肥、钾肥底施，氮肥50%底施，50%起身期或拔节期追肥。产量水平在每亩500～600 kg的超高产田，每亩施用纯氮（N）14～16 kg，磷（P_2O_5）7～8 kg，钾（K_2O）6～8 kg，磷肥底施，氮肥、钾肥40%～50%底施，50%～60%拔节期追肥。缺少微量元素的地块，要注意补施锌肥、硼肥等。要大力推广化肥深施技术，坚决杜绝地表撒施。

小麦专用缓控释肥可以在小麦播种时一次施肥，肥效逐步释放，具有节本增效的作用，有条件的地方要加大示范推广力度。

三、大力推广深耕深松，提高整地质量

目前，滨州市部分地区以旋代耕现象比较普遍，导致土壤耕作层较浅，严重影响了小麦产量潜力的发挥。因此，各地要结合粮食生产“十统一”项目，大力推广深耕深松整地技术。

（一）因地制宜确定深耕、深松或旋耕

对土壤实行大犁深耕或深松，均可疏松耕层，降低土壤容重，增加孔隙度，改善通透性，促进好气性微生物活动和养分释放，提高土壤渗水、蓄水、保肥和供肥能力。大犁深耕，可以掩埋有机肥料，清除秸秆残茬和杂草、有利于消灭寄生在土壤和残茬中的病虫，但松土深度不如深松；深松作业可以疏松土层而不翻转土层，松土深度要比耕翻深，但不能翻埋肥料、杂草、秸秆，也不利于减少病虫害。因此，各地要根据当地实际，因地制宜地选用深耕和深松作业。

对秸秆还田量较大的高产地块，尤其是高产创建地块，一般要尽量扩大机械深耕面积。土层深厚的高产田，耕深要达到25 cm左右，中产田23 cm左右，对于耕作层较浅的地块，耕深要逐年增加。深耕作业前要对玉米根茬进行破除作业，耕后用旋耕机进行整平并进行压实作业。为减少开闭垄，有条件的地方应尽量选用翻转式深耕犁，深耕犁要配备合墒器，以提高耕作质量。对于秸秆还田量比较少的地块，尤其是连续3年以上免耕播种的地块，可以采用机械深松作业。根据土壤条件和作业时间，深松方式可选用局部深松或全面深松，作业深度要大于犁底层，要求25 ~ 40 cm。为避免深松后土壤水分快速散失，深松后要用旋耕机及时整理表层，或者用镇压器多次镇压沉实土壤，然后及时进行小麦播种作业。有条件的地区，要大力示范推广集深松、旋耕、施肥、镇压于一体的深松整地联合作业机，或者集深松、旋耕、施肥、播种、镇压于一体的深松整地播种一体机，以便减少耕作次数，节本增效。

大犁深耕和深松工序复杂，耗能较大，在干旱年份还会因土壤失墒而影响小麦产量。因此，不必年年深耕或深松，可深耕（松）1年，旋耕2 ~ 3年。旋耕机可选择耕幅1.8 m以上、中间传动单梁旋耕机，配套60马力以上拖拉机。为提高动力传动效率和作业质量，旋耕机可选用框架式、高变速箱旋耕机。对于水浇条件较差，或者播种时墒情较差的地块，建议采用小麦免耕播种（保护性耕作）技术。

（二）搞好耕翻或旋耕后的耙耢镇压工作

耕翻后耙耢、镇压可使土壤细碎，消灭坷垃，上松下实，底墒充足。因此，各类耕翻地块都要及时耙耢。尤其是秸秆还田和旋耕地块，由于耕层土壤暄松，容易造成小麦播种过深，形成深播弱苗，影响小麦分蘖的发生，造成穗数不足，降低产量，所以必须耕翻后尽快耙耢、镇压2 ~ 3遍，以破碎土垡，耙碎土块，疏松表土，平整地面，上松下实，减少蒸发，抗旱保墒；使耕层紧密，种子与土壤紧密接触，保证播种深度一致，出苗整齐健壮。

（三）按规格作畦

实行小麦畦田化栽培，有利于浇水和节省用水。因此，各类麦田，尤其是有水浇条件的麦田，一定要在整地时打埂筑畦。畦的大小应因地制宜，充分考虑农机农艺结合的要求，重点要考虑下茬玉米种植的要求。水浇条件好的地块尽量要采用大畦，水浇条件差的采用小畦。畦宽1.65 ~ 3 m，畦长80 m左右，畦埂40 cm左右。在确定小麦播种行距时，也要充分考虑农业机械的作业规格要求和下茬作物直播或套种的需求。滨州市属小麦玉米一年两熟的地区，要推广麦收后玉米夏直播技术，尽量不要预留玉米套种行。

四、推广规范化及宽幅精量播种，搞好播后镇压

目前，在小麦生产中常遇到秋冬春季干旱和低温，导致小麦旱死或冻死部分分蘖。而播后镇压是解决上述问题的有效措施，因此，在小麦播种环节中，要特别重视播后镇压工作。

（一）认真搞好种子处理

提倡用种衣剂进行种子包衣，预防苗期病虫害。没有用种衣剂包衣的种子要用药剂拌种。根病发生较重的地块，选用2%戊唑醇（立克莠）按种子量的0.1%～0.15%拌种，或20%三唑酮（粉锈宁）按种子量的0.15%拌种；地下害虫发生较重的地块，选用40%甲基异柳磷乳油，按种子量的0.2%拌种；病、虫混发地块用以上杀菌剂+杀虫剂混合拌种。

（二）足墒播种

小麦出苗的适宜土壤湿度为田间持水量的70%～80%。秋种时若墒情适宜，要在秋作物收获后及时耕翻，并整地播种；墒情不足的地块，要注意造墒播种。在适期内，应坚持“宁可适当晚播，也要造足底墒”的原则，做到足墒下种，确保一播全苗。水浇条件较好的地区，可在前茬作物收获前10～14 d浇水，既有利于秋作物正常成熟，又为秋播创造良好的墒情。秋收前来不及浇水的，可在收后开沟造墒，然后再耕耙整地；或者先耕耙整畦后灌水，待墒情适宜时耘锄耙地，然后播种。也可以采用先整畦播种、后灌水蛩实的方法，要注意待地表墒情适宜时及时划锄破土出苗。无水浇条件的旱地麦田，要在前茬收获后，及时进行耕翻，并随耕随耙，保住地下墒。

（三）适期播种

温度是决定小麦播种期的主要因素。小麦从播种至越冬开始，以0℃以上积温570～650℃为宜。一般情况下滨州市的小麦适宜播期为10月1—10日，其中最佳播期为10月3—8日；如不能在适期内播种，要注意适当加大播量，做到播期播量相结合。

（四）适量播种

采用精量、半精量播种技术是小麦生产节本增效的关键措施之一，各地要进一步加大推广力度。在目前玉米适期晚收、小麦适期晚播的条件下，要以推广半精播技术为主，但要注意播量不能过大。在适期播种情况下，分蘖成穗率低的大穗型品种，每亩适宜基本苗15万～18万株；分蘖成穗率高的中多穗型品种，每亩适宜基本苗12万～16万株。在此范围内，高产田宜少，中产田宜多。晚于适宜播种期播种，每晚播2 d，每亩增加基本苗1万～2万株。

（五）宽幅精量播种

实行宽幅精量播种，改传统小行距（15～20 cm）密集条播为等行距（22～25 cm）宽幅播种，改传统密集条播籽粒拥挤一条线为宽播幅（8 cm）种子分散式粒播，有利于种子分布均匀，减少缺苗断垄、疙瘩苗现象，克服了传统播种机密集条播、籽粒拥挤、争肥、争水、争营养、根少、苗弱的生长状况。因此，各地要大力推行小麦宽幅播种机械播种。要注意使播种机械加装镇压装置，播种深度3～5 cm，播种机不能行走太快，以每小时5 km为宜，以保证下种均匀、深浅一致、行距一致、不漏播、不重播。

（六）播后镇压

从近几年的生产经验看，小麦播后镇压是提高小麦苗期抗旱能力和出苗质量的有效措施。因此，各地要选用带镇压装置的小麦播种机械，在小麦播种时随种随压，然后，在小麦播种后用专门的镇压器镇压2遍，提高镇压效果。尤其是对于秸秆还田地块，一定要在小麦播种后用镇压器多遍镇压，才能保证小麦出苗后根系正常生长，提高抗旱抗寒能力。

五、及时查苗补种，确保苗匀苗齐

小麦要高产，苗全苗匀是关键。因此，小麦播种后，要及时到地里查看墒情和出苗情况，玉米秸秆还田地块在墒情不足时，要在小麦播种后立即浇“蒙头水”，墒情适宜时搂划破土，辅助出苗。这样，有利于小麦苗全、苗齐、苗壮。小麦出苗后，对于有缺苗断垄地块，要尽早进行补种。补种方法：选择与该地块相同品种的种子，进行种子包衣或药剂拌种后，开沟均匀撒种，墒情差的要结合浇水补种。

第二节　天气及管理措施对小麦冬前苗情的影响

一、基本苗情

滨州市小麦播种面积389.45万亩，比上年增加22.9万亩，大田平均基本苗21.87万株，比上年增加0.56万株；亩茎数58.15万株，比上年减少4.9万株；单株分蘖2.61个，比上年减少0.47个；单株主茎叶片数4.33个，比上年减少0.69个；三叶以上大蘖1.51个，比上年减少0.19个；单株次生根3.47条，比上年减少0.45条。一类苗面积128.72万亩，占总播种面积的33.05%，较上年下降14.6个百分点；二类苗面积200.2万亩，占总播种面积的51.4%，较上年上升7.92个百分点；三类苗面积60.05万亩，占总播种面积的15.42%，较上年上升6.67个百分点；旺苗面积0.48万亩，较上年增加0.05万亩。总体上看，由于播期适宜，播种质量高，2015年小麦整体较好，群体适宜，个体健壮，一、二类苗面积大，占到总播种面积的八成，旺苗及“一根针”麦田面积小，缺苗断垄面积小。

二、因素分析

1. 播种质量好

由于机械化在农业生产中的普及，特别是秸秆还田、深耕深松面积的扩大，以及宽幅播种、规范化播种技术的大面积推广，滨州市小麦播种质量明显提高，加之目前土壤底墒尚可、播期适宜，小麦基本实现了一播全苗。滨州市小麦播种，玉米秸秆还田面积349.45万亩，造墒面积94.55万亩，深耕面积51.57万亩，深松面积83.67万亩，规范化播种面积265.7万亩，宽幅精播面积79.1万亩，播后镇压面积313.55万亩。滨州市旱地面积小，旱肥地5.15万亩，旱薄地面积1.78万亩。

2. 良种覆盖率高

借助小麦良种补贴这一平台，滨州市加大高产优质小麦品种的宣传推广力度，重点推广了济麦22、师栾02-1、鲁原502、潍麦8、济南17等优良品种。良种覆盖率达到了95%以上。2015年滨州市小麦统一供种面积277.25万亩，占播种面积的71.19%，种子包衣面积339.6万亩，占播种面积的87.19%。

3. 科技服务到位，带动作用明显

通过开展“千名农业科技人员下乡”活动和“科技特派员农村科技创业行动”“新型农民科技培训工程”等方式，组织大批专家和科技人员开展技术培训和指导服务。一是重点抓了农机农艺结合，扩大先进实用技术面积。以农机化为依托，大力推广小麦宽幅精播高产栽培技术、秸秆还田技术、小麦深松镇压节水栽培技术；二是以测土配方施肥补贴项目的实施为依托，大力推广测土配方施肥和化肥深施技术，广辟肥源，增加有机肥的施用量，培肥地力；三是充分发挥高产创建和省财政支持小麦规范化播种项目的示范带动作用。通过十亩高产攻关田、新品种和新技术试验展示田，将成熟的小麦高产配套栽培技术以样本的形式展示给种粮农民，提高了新技术的推广速度和应用面积。

4. 气象因素

（1）气温。播种后温度适中，有利于小麦出苗和生长。10月平均气温15.53℃，较常年偏高1.1℃。11月上中旬平均气温8.25℃，较常年偏高0.75℃。滨州市小麦冬前影响壮苗所需积温为500～700℃，10月至11月中旬大于0℃积温为632.1℃，较常年偏多44.9℃。总体看，气温变化平稳，小麦正常生长发育非常有利，促使小麦早分蘖、多分蘖，个体健壮。

（2）光照条件。10月上旬光照76.4 h，比常年偏多5.9 h，有利于小麦出苗和生长；10月中旬后，阴雨、雾霾天气较多，10月中旬至11月中旬，光照136.1 h，比常年偏少125.9 h。光照不足，影响小麦光合作用，不利于有机物质形成，也不利于分蘖形成。

（3）降水。小麦播种后，降水持续偏少，10月平均降水量仅7 mm，比常年偏少22.3 mm。降水偏少，气温偏高，不利于出苗和麦苗生长，导致个别地块出现旱情。滨州市10月25日土壤墒情监测结果表明，冬小麦水浇地0～20 cm土层，土壤含水量平均为17.15%，土壤相对含水量平均为73.60%，20～40 cm土壤含水量平均为17.30%，土壤相对含水量平均为74.03%；冬小麦旱地0～20 cm土层，土壤含水量平均为15.43%，土壤相对含水量平均为66.87%，20～40 cm土壤含水量平均为15.29%，土壤相对含水量平均为66.48%。棉田0～20 cm土层，土壤含水量平均为16.38%，土壤相对含水量平均为71.07%，20～40 cm土壤含水量平均为17.50%，土壤相对含水量平均为74.64%。

进入11月降水较多，平均降水量56.7 mm，比常年多45.5 mm。尤其是11月5—8日的降水，平均降水量达34.2 mm。有效缓解了麦田旱情，有利于小麦生长发育。11月24日早晨至傍晚出现了一次明显的降雪过程，滨州市气象站平均降水量3.5 mm，最大降水量6.7 mm，滨州市均有不同深度的积雪，最大积雪深度4 cm。此次降雪有利于土壤增墒保墒，对小麦越冬有明显的积极作用（表6–1）。

表6-1　10—11月气象资料

时间		气温（℃）				降水量（mm）		日照时数（h）	
		2015年	常年	积温	常年积温	2015年	常年	2015年	常年
10月	上旬	18.4	17.2	184.1	172.3	3.6	8.4	76.4	70.5
	中旬	17.1	14.6	171.3	145.9	0.4	14.5	58.0	63.8
	下旬	11.1	11.9	110.8	119.2	3.0	6.4	45.0	74.8
11月	上旬	8.5	9.3	85.2	93.1	39.4	5.8	28.7	63.9
	中旬	8.0	5.7	80.7	56.7	17.3	5.4	4.4	59.5

三、存在的问题

一是有机肥施用不足，造成地力下降；二是深耕面积相对偏少，连年旋耕造成耕层变浅，根系难以下扎；三是部分秸秆还田地块镇压不实，容易造成冻苗、死苗；四是部分麦田存在牲畜啃青现象；五是农机农艺措施结合推广经验不足，缺乏统一组织协调机制；农机手个体分散、缺乏统一组织、培训，操作技能良莠不齐，造成机播质量不高；六是农田水利设施老化、薄弱，防御自然灾害的能力还需提高。

四、小麦高产创建情况

2015—2016年度，滨州市六县一区共安排小麦高产创建万亩示范片20个、整建制乡镇2个。具体为滨城区3个、惠民县2个、阳信县5个、无棣县3个、沾化县2个、博兴县3个、邹平县2个，整建制乡镇安排在惠民县何坊街道办和邹平县孙镇。示范区内播期集中在10月2—10日，品种主要为济麦22、泰农18、临麦2、师栾02-1等11个品种，良种覆盖率100%，主要推广应用了玉米秸秆还田、深松少免耕镇压、规范化播种、宽幅播种、半精量播种、播后镇压、氮肥后移等多项主推技术。目前示范区内小麦群体在70万～80万株，个体健壮，苗全苗匀，长势良好。

五、冬前与越冬期麦田管理措施

1. 及时防除麦田杂草

冬前，选择日平均气温6℃以上晴天中午前后（喷药时温度10℃左右）进行喷施除草剂，防除麦田杂草。为防止药害发生，要严格按照说明书推荐剂量使用。喷施除草剂用药量要准、加水量要足，应选用扇形喷头，做到不重喷、不漏喷，以提高防效，避免药害。

2. 适时浇好越冬水

适时浇好越冬水是保证麦苗安全越冬和春季肥水后移的一项重要措施。因此，各县区要抓紧时间利用现有水利条件浇好越冬水，时间掌握在日平均气温下降到3～5℃，在麦田地表土壤夜冻昼消时浇越冬水较为适宜。

3. 控旺促弱促进麦苗转化升级

对于各类旺长麦田，通常采取喷施“壮丰安”“麦巨金”等生长抑制剂控叶蘖过量生长；适当控制肥水，以控水控旺长；运用麦田镇压，抑上促下，促根生长，以达到促苗转壮、培育冬前壮苗的目标。播期偏晚的晚茬麦田，积温不够是影响年前壮苗的主要因素，田间管理要以促为主。对于墒情较好的晚播弱苗，冬前一般不要追肥浇水，以免降低地温，影响发苗，可浅锄2～3遍，以松土、保墒、增温。对于整地质量差、地表坷垃多、秸秆还田量较大的麦田，可在冬前及越冬期镇压1～2次，压后浅锄，以压碎坷垃、弥实裂缝、踏实土壤，使麦根和土壤紧实结合，提墒保墒，促进根系发育。但盐碱地不宜反复镇压。

4. 严禁放牧啃青

要进一步提高对放牧啃青危害性的认识，整个越冬期都要禁止放牧啃青。

六、春季麦田管理意见

（一）适时划锄镇压，增温保墒促早发

划锄具有良好的保墒、增温、灭草、促苗早发等效果。各类麦田，不论弱苗、壮苗或旺苗，返青期间都应抓好划锄。早春划锄的有利时机为“顶凌期”，就是表土化冻2 cm时开始划锄。划锄要看苗情采取不同的方法：①晚茬麦田，划锄要浅，防止伤根和坷垃压苗；②旺苗麦田，应视苗情，于起身至拔节期进行深锄断根，控制地上部生长，变旺苗为壮苗；③盐碱地麦田，要在“顶凌期”和雨后及时划锄，以抑制返盐，减少死苗。另外要特别注意，早春第一次划锄要适当浅些，以防伤根和寒流冻害。以后随气温逐渐升高，划锄逐渐加深，以利根系下扎。到拔节前划锄3遍。尤其浇水或雨后，更要及时划锄。

（二）科学施肥浇水

三类麦田春季肥水管理应以促为主。三类麦田春季追肥应分两次进行，第一次在返青期5 cm地温稳定于5℃时开始追肥浇水，一般在2月下旬至3月初，每亩施用5～7 kg尿素和适量的磷酸二铵，促进春季分蘖，巩固冬前分蘖，以增加亩穗数。第二次在拔节中期施肥，提高穗粒数。二类麦田春季肥水管理的重点是巩固冬前分蘖，适当促进春季分蘖发生，提高分蘖的成穗率。地力水平一般，亩茎数45万～50万的二类麦田，在小麦起身初期追肥浇水，结合浇水亩追尿素10～15 kg；地力水平较高，亩茎数50万～60万株的二类麦田，在小麦起身中期追肥浇水。一类麦田属于壮苗麦田，应控促结合，提高分蘖成穗率，促穗大粒多。一是起身期喷施“壮丰安”等调节剂，缩短基部节间，控制植株旺长，促进根系下扎，防止生育后期倒伏。二是在小麦拔节期追肥浇水，亩追尿素12～15 kg。旺苗麦田植株较高，叶片较长，主茎和低位分蘖的穗分化进程提前，早春易发生冻害。拔节期以后，易造成田间郁蔽，光照不良和倒伏。春季肥水管理应以控为主。一是起身期喷施调节剂，防止生育后期倒伏。二是无脱肥现象的旺苗麦田，应早春镇压蹲苗，避免过多春季分蘖发生。在拔节期前后施肥浇水，每亩施尿素10～15 kg。

（三）防治病虫草害

白粉病、锈病、纹枯病是春季小麦的主要病害。纹枯病在小麦返青后就发病，麦田表现点片发黄或死苗，小麦叶鞘出现梭形病斑或地图状病斑，应在起身期至拔节期用井冈霉素兑水喷根。白粉病、锈病一般在小麦挑旗后发病，可用三唑酮在发病初期喷雾防治。小麦虫害主要有麦蚜、麦叶蜂、红蜘蛛等，要及时防治。

（四）密切关注天气变化，预防早春冻害

防止早春冻害最有效措施是密切关注天气变化，在降温之前灌水。由于水的热容量比空气和土壤大，因此早春寒流到来之前浇水能使近地层空气中水汽增多，在发生凝结时，放出潜热，以减小地面温度的变幅。因此，有浇灌条件的地区，在寒潮来前浇水，可以调节近地面层小气候，对防御早春冻害有很好的效果。

小麦是具有分蘖特性的作物，遭受早春冻害的麦田不会冻死全部分蘖，另外还有小麦蘖芽可以长成分蘖成穗。只要加强管理，仍可获得好的收成。因此，早春一旦发生冻害，就要及时进行补救。主要补救措施：一是抓紧时间，追施肥料。对遭受冻害的麦田，根据受害程度，抓紧时间，追施速效化肥，促苗早发，提高2～4级高位分蘖的成穗率。一般每亩追施尿素10 kg左右。二是中耕保墒，提高地温。及时中耕，蓄水提温，能有效增加分蘖数，弥补主茎损失。三是叶面喷施植物生长调节剂。小麦受冻后，及时叶面喷施天达2116植物细胞膜稳态剂、复硝酚钠、己酸二乙氨基醇酯等植物生长调节剂，可促进中、小分蘖的迅速生长和潜伏芽的快发，明显增加小麦成穗数和千粒重，显著增加小麦产量。

第三节　2016年春季田间管理技术措施

2016年滨州市小麦生产，受2015年秋种期间干旱，10月中旬后阴雨、雾霾天气较多，光照不足的影响。冬前苗情总体不如2015年和常年，是近年来较差的一年。主要特点：一是滨州市平均群体、个体指标均低于2015年和常年。据冬前苗情考察，滨州市小麦平均亩茎数58.15万株，比上年减少4.9万株；单株分蘖2.61个，比上年减少0.47个；单株主茎叶片数4.33个，比上年减少0.69个；三叶以上大蘖1.51个，比上年减少0.19个；单株次生根3.47条，比上年减少0.45条。二是一类苗面积减少，二、三类苗面积扩大。一类苗面积128.72万亩，占总播种面积的33.05%，较上年下降14.6个百分点；二类苗面积200.2万亩，占总播种面积的51.4%，较上年上升7.92个百分点；三类苗面积60.05万亩，占总播种面积的15.42%，较上年上升6.67个百分点。三是由于2015年11月滨州市降水较多，导致滨州市大部分麦田没有浇越冬水，冬前化学除草面积也比较少。四是受1月下旬低温寒潮影响，少部分麦田受到冻害影响。五是冬季降水偏多。自2015年11月以来降水88.7 mm，其中2月

12—13日的降水过程，滨州市平均降水22 mm。土壤墒情普遍较好。

针对目前滨州市小麦苗情特点，春季田间管理要以早管促早发为原则，管理措施适当前移，促弱苗转壮；要突出分类管理，构建各类麦田的合理群体结构，搭好丰产架子。重点应抓好以下几个方面的技术措施。

一、加大划锄镇压力度，保墒增温促早发

划锄具有良好的增温、保墒、灭草等效果。针对2016年小麦苗情较差、个体偏弱的特点，各地应把划锄作为早春麦田管理的首要任务，抓紧抓好。早春划锄的有利时机为顶凌期，即在表层土化冻2 cm时开始划锄。拔节前力争划锄1～2遍。划锄要注意质量，早春第一次划锄要适当浅些，以防伤根和寒流冻害，随气温逐渐升高，划锄逐渐加深，以利根系下扎，切实做到划细、划匀、划平、划透，不留坷垃，不压麦苗，去除杂草。

春季镇压可压碎土块，弥封裂缝，使经过冬季冻融疏松了的土壤表土层沉实，使土壤与根系密接起来，有利于根系的吸收，减少水分蒸发。因此，对于吊根苗、旺长苗和耕种粗放、坷垃较多、秸秆还田土壤暄松的地块，一定在早春土壤化冻后进行镇压，以沉实土壤，弥合裂缝，减少水分蒸发和避免冷空气侵入分蘖节附近冻伤麦苗；对没有水浇条件的旱地麦田，在土壤化冻后及时镇压，促使土壤下层水分向上移动，起到提墒、保墒、抗旱作用；对长势过旺麦田，在起身期前后镇压，抑制地上部生长，起控旺转壮作用。另外，镇压要和划锄结合起来，一般是先压后锄，以达到上松下实、提墒保墒增温的作用。

二、适时进行化学除草，控制杂草为害

由于冬前化学除草面积较少，各地要特别重视春季化学除草工作。某些除草剂春季施用过晚，易影响药害和残留。因此，春天化学除草时间要注意在适期内尽量提前。对以双子叶杂草为主的麦田可亩用75%苯磺隆水分散粒剂1 g或15%噻吩磺隆可湿性粉剂10 g加水喷雾防治，对抗性双子叶杂草为主的麦田，可亩用20%氯氟吡氧乙酸乳油（使它隆）50～60 mL或5.8%双氟·唑嘧胺乳油（麦喜）10 mL防治。对单子叶禾本科杂草重的可亩用3%甲基二磺隆乳油（世玛）25～30 mL或6.9%精噁唑禾草灵水乳剂（骠马）每亩60～70 mL，茎叶喷雾防治。双子叶和单子叶杂草混合发生的麦田可用以上药剂混合使用。春季麦田化学除草对后茬作物易产生药害，禁止使用长残效除草剂氯磺隆、甲磺隆等药剂；2,4-D丁酯对棉花等双子叶作物易产生药害，甚至用药后具有残留的药械再喷棉花等作物也有药害发生，小麦与棉花和小麦与花生间作套种的麦田化学除草避免使用2,4-D丁酯。

三、分类指导，科学肥水管理

2016年滨州市麦田苗情比较复杂，类型较多，肥水管理要因地因苗制宜，突出分类指导。

（一）三类麦田

三类麦田一般每亩群体小于45万株，多属于晚播弱苗。春季田间管理应以促为主。尤其是“一根针”麦田，要通过“早划锄、早追肥”等措施促进苗情转化升级。一般在早春表层土化冻2 cm时开始划锄，拔节前力争划锄2～3遍，增温促早发。同时，在早春土壤化冻后及早追施氮素化肥和磷肥，促根增蘖保穗数。只要墒情尚可，应尽量避免早春浇水，以免降低地温，影响土壤透气性延缓麦苗生长发育。

（二）二类麦田

二类麦田的冬前群体一般为每亩45万～60万株，属于弱苗和壮苗之间的过渡类型。春季田间管理的重点是促进春季分蘖的发生，巩固冬前分蘖，提高冬春分蘖的成穗率。

地力水平较高，群体55万～60万株的二类麦田，在小麦起身以后、拔节以前追肥浇水；地力水平一般，群体45万～55万株的二类麦田，在小麦起身期进行肥水管理。一般结合浇水亩追尿素15 kg。

（三）一类麦田

一类麦田的冬前群体一般为每亩60万～80万株，多属于壮苗麦田。在管理措施上，要突出氮肥后移。

对地力水平较高，群体70万～80万的一类麦田，要在小麦拔节中后期追肥浇水，以获得更高产量；对地力水平一般，群体60万～70万株的一类麦田，要在小麦拔节初期进行肥水管理。一般结合浇水亩追尿素15～20 kg。

（四）旺长麦田

旺苗麦田一般年前亩茎数达80万株以上。这类麦田由于群体较大，叶片细长，拔节期以后，容易造成田间郁蔽、光照不良，从而招致倒伏。因此，春季管理应采取以控为主的措施。

1. 适时镇压

小麦返青期至起身期镇压，是控旺转壮的有效措施。一般每隔7～10 d镇压1次，共镇压2～3次。

2. 喷施化控剂

过旺麦田，在小麦起身期前后喷施“壮丰安”“麦巨金”等化控剂，可抑制基部节间伸长，控制植株过旺生长，促进根系下扎，防止生育后期倒伏。一般亩用量30～40 mL，兑水30 kg，叶面喷雾。

3. 因苗确定春季追肥浇水时间

对于年前植株营养体生长过旺、地力消耗过大、有“脱肥”现象的麦田，可在起身期追肥浇水，防止过旺苗转弱苗；对于没有出现脱肥现象的过旺麦田，早春不要急于施肥浇水，应在镇压、划锄和喷施化控剂等控制措施的基础上，将追肥时期推迟到拔节后期，一般施肥量为亩追尿素15～20 kg。

（五）旱地麦田

旱地麦田主要是南部山区，由于没有水浇条件，应在早春土壤化冻后抓紧进行镇压划锄、顶凌耙耱等，以提墒、保墒。弱苗麦田，要在土壤返浆后，借墒施入氮素化肥，促苗早发；一般壮苗麦田，应在小麦起身至拔节期间降水后，抓紧借雨追肥。一般亩追施尿素12～15 kg。对底肥没施磷肥的要在氮肥中配施磷酸二铵，促根下扎，提高抗旱能力。

（六）冻害麦田

对于越冬期冻害较重的麦田，要立足“早管促早发”的原则，采取以下管理措施：一是早春适时搂麦或划锄，去除枯叶，改善麦田通风透光条件，促进新生叶加快生长。二是在土壤解冻后及时追肥，一般每亩施尿素20 kg左右，缺磷地块亩施氮磷复合肥30 kg左右，促进麦苗快发快长。三是在返青期叶面喷施植物细胞膜稳态剂、复硝酚钠等植物生长调节剂，促进分蘖的发生，提高分蘖成穗率。四是在拔节期再根据苗情酌情追施氮肥或氮磷复合肥，提高穗粒数。

四、高度重视预测预报，综合防治病虫害

春季是各种病虫害多发的季节。各地一定要高度重视搞好测报工作，及早备好药剂、药械，实行综合防治。

返青拔节期是麦蜘蛛、地下害虫的为害盛期，也是纹枯病、全蚀病、根腐病等根病的侵染扩展高峰期，要抓住这一多种病虫害混合集中发生的关键时期，根据当地病虫害发生情况，以主要病虫害为目标，选用适宜的杀虫剂与杀菌剂混合，一次施药兼治多种病虫。防治麦蜘蛛可用0.9%阿维菌素3 000倍液或15%哒螨灵（哒螨酮）乳油3 000倍液喷雾防治；防治纹枯病可用5%井冈霉素每亩150～200 mL兑水75～100 kg喷麦茎基部防治，间隔10～15 d再喷1次；防治地下害虫可用48%乐斯本乳油或50%辛硫磷乳油每亩40～50 mL兑水75～100 kg喷麦茎基部；防治小麦吸浆虫可在4月上中旬亩用5%甲基异柳磷颗粒剂1～1.5 kg或40%甲基异柳磷乳油150～200 mL兑细砂或细沙土30～40 kg撒施地面并划锄，施后浇水防治效果更佳。以上病虫害混合发生可采用适宜药剂一次混合施药防治。

五、密切关注天气变化，防止早春冻害

早春冻害（倒春寒）是滨州市早春常发灾害。防止早春冻害最有效措施是密切关注天气变化，在降温之前灌水。由于水的热容量比空气和土壤大，因此早春寒流到来之前浇水能使近地层空气中水汽增多，在发生凝结时，放出潜热，以减小地面温度的变幅。因此，有浇灌条件的地区，在寒潮来前浇水，可以调节近地面层小气候，对防御早春冻害有很好的效果。

小麦是具有分蘖特性的作物，遭受早春冻害的麦田不会冻死全部分蘖，另外还有

小麦蘖芽可以长成分蘖成穗。只要加强管理，仍可获得好的收成。因此，早春一旦发生冻害，就要及时进行补救。主要补救措施：一是抓紧时间，追施肥料。对遭受冻害的麦田，根据受害程度，抓紧时间，追施速效化肥，促苗早发，提高2～4级高位分蘖的成穗率，一般每亩追施尿素10 kg左右。二是及时适量浇水，促进小麦对氮素的吸收，平衡植株水分状况，使小分蘖尽快生长，增加有效分蘖数，弥补主茎损失。三是叶面喷施植物生长调节剂。小麦受冻后，及时叶面喷施植物细胞膜稳态剂、复硝酚钠等植物生长调节剂，可促进中、小分蘖的迅速生长和潜伏芽的快发，明显增加小麦成穗数和千粒重，显著增加小麦产量。

六、加强宣传，严禁牲畜啃青

啃青影响小麦光合作用，还容易加重小麦冻害，严重者将麦苗连根拔出，造成死苗，减产非常显著。针对2016年滨州市大部分麦田群体不足、个体较弱的现状，各地一定要采取得力措施，坚决杜绝麦田啃青。

第四节　天气及管理措施对小麦春季苗情的影响

一、基本苗情

滨州市小麦播种面积389.45万亩，比上年增加22.9万亩。旱地面积6.93万亩，浇越冬水10万亩，播后镇压面积313.55万亩，冬前化学除草面积168.5万亩。大田亩茎数63.44万株，比冬前增加5.29万株，比2015年同期减少3.86万株；单株分蘖2.9个，比冬前增加0.29个，比2015年同期减少0.44个；三叶以上大蘖1.78个，比冬前增加0.27个，比2015年同期减少0.43个；单株次生根4.08条，比冬前冬前增加0.61条，比2015年同期增加0.17条。

一类苗面积145.23万亩，占总播种面积的37.29%，比冬前增加4.24个百分点，比2015年同期减少10.22个百分点；二类苗面积183.1万亩，占总播种面积的47.02%，比冬前减少4.38个百分点，比2015年同期增加4.14个百分点；三类苗面积58.14万亩，占总播种面积的14.93%，比冬前减少0.49个百分点，比2015年同期增加6.3个百分点；旺苗面积2.98万亩，比冬前增加2.5万亩，比2015年同期减少0.72万亩。2016年滨州市小麦生产，受2015年秋种期间干旱、10月中旬后阴雨雾霾天气较多、光照不足的影响，总体上呈现以下几个主要特点：一是滨州市平均群体、个体指标均低于2015年和常年；二是一类苗面积减少，二、三类苗面积扩大；三是由于2015年11月滨州市降水较多，导致滨州市绝大部分麦田没有浇越冬水，冬前化学除草面积也比较少；四是受1月下旬低温寒潮影响，少部分麦田受到冻害影响。

二、土壤墒情和病虫草害情况

1. 气象情况

10月平均降水量7 mm，比常年偏少22.3 mm，10月平均气温15.53℃，较常年偏高1.1℃，小麦播种后降水偏少，气温偏高，不利于小麦出苗和麦苗生长。10月中旬至11月中旬，光照136.1 h，比常年偏少125.9 h，雾霾天气较多、光照不足，影响小麦光合作用，不利于有机物质影响，也不利于分蘖形成。11月降水较多，平均降水量56.7 mm，比常年多45.5 mm。12月上旬至翌年2月上旬，气温偏高，降水偏少，光照偏少。12月1日到翌年2月上旬平均气温-0.46℃，较常年偏高0.9℃；其中12月1.1℃，偏高1.6℃，1月-3.4℃，偏低0.7℃。2月上旬0.9℃，偏高2.1℃。12月至翌年2月上旬平均降水量3.8 mm，较常年偏少7 mm，其中12月0.2 mm，偏少4.8 mm，1月3.6 mm，偏少0.9 mm，2月上旬0 mm，偏少1.3 mm。日照345.6 h，较常年偏少64.8 h，其中12月126.8 h，偏少42.3 h，1月143.3 h，偏少34.6 h，2月上旬75.5 h，偏多12.1 h。

2. 土壤墒情

10月降水偏少，气温偏高，导致个别地块出现旱情。进入11月降水较多，平均降水量56.7 mm，比常年多45.5 mm。尤其是11月5—8日的降水，平均降水量达34.2 mm，有效缓解了麦田旱情，有利于小麦生长发育。11月24日早晨至傍晚出现了一次明显的降雪过程，滨州市气象站平均降水量3.5 mm，最大降水量6.7 mm，滨州市均有不同深度的积雪，最大积雪深度4 cm。此次降雪有利于土壤增墒保墒，对小麦越冬有明显的积极作用。12月至翌年2月上旬降水偏少，由于之前土壤墒情好，对小麦越冬没有造成大的影响。2月12—13日，滨州市普降瑞雪，平均降水量达21.5 mm，改善了土壤墒情，目前土壤墒情较好。

3. 冻害发生情况

1月22日滨州市普遍降雪降温，滨州市平均降雪量3.2 mm，积雪深度为3 ~ 7 cm，各县区最低温极值-22.6 ~ -17℃，少部分麦田受到冻害影响。滨州市小麦受害面积44.66万亩，基本是一、二级冻害。主要品种有矮抗58、鲁麦23、临麦2号、师栾02-1。小麦叶片有不同程度冻害现象。总体上，认为这次低温对小麦冻害影响不会太重。原因：一是降温时，小麦已经过了抗寒锻炼，本身具有较强的抗冻能力。二是本次降温出现极端低温之前先降雪，平均降雪深度3 ~ 7 cm，大大避免或降低了对小麦冻害的发生和程度。

4. 病虫草害情况

监测情况比较正常，冬季极端低温天气不利于病虫害的发生。冬前未进行化学除草地块杂草较多，需特别重视春季化学除草工作。

三、存在的问题

一是部分秸秆还田旋耕地块，镇压不实，土壤松暄，存在早春低温冻害的隐患。二是部分播量偏大或者播期偏早地块，出现旺长。三是由于2015年11月滨州市降水较多，导致滨州市大部分麦田没有浇越冬水，冬前除草最佳时期因雨难以进地作业导致冬前化学除草比较少。

四、项目实施情况

1. 小麦高产创建情况

2015—2016年度，滨州市六县一区共安排小麦高产创建万亩示范片20个、整建制乡镇2个。具体为滨城区3个、惠民县2个、阳信县5个、无棣县3个、沾化县2个、博兴县3个、邹平县2个，整建制乡镇安排在惠民县何坊街道办和邹平县孙镇。示范区内播期集中在10月2—10日，品种主要为济麦22、泰农18、临麦2、师栾02-1等11个品种，良种覆盖率100%，主要推广应用了玉米秸秆还田、深松少免耕镇压、规范化播种、宽幅播种、半精量播种、播后镇压、氮肥后移等多项主推技术。目前示范区内小麦群体在70万～80万株，个体健壮，苗全苗匀，长势良好。

2. 省财政支农项目情况

2015—2016年度小麦规范化播种技术示范推广项目由滨州市农业科学院和滨州市农技站承担实施。示范区安排在滨州市所属4个县区。按照要求均制定了详细的实施方案，加强了田间管理，目前示范区内小麦长势良好，群体适宜，个体健壮。项目运作规范，进展顺利。

3. 小麦良种良法配套项目情况

2015年，滨州市安排承担高产创建示范方建设和承担粮食绿色增产模式攻关任务的5个试点县区组织实施小麦良种良法配套项目，旨在提高小麦良种统一供种率，推广小麦宽幅精播技术，积极开展粮食绿色增产模式攻关。滨州市共开展良种良法配套项目面积17.8万亩，其中滨城区落实小麦宽幅精播技术服务1万亩，惠民县落实小麦宽幅精播技术服务4万亩，无棣县落实小麦宽幅精播技术服务3.8万亩，博兴县良种统一供种面积9万亩，邹平县因资金下拨时麦田已基本播种，时间紧迫，未开展此项工作，计划2016年实施。

五、春季麦田管理意见

针对目前滨州市小麦苗情特点，春季田间管理要以“早管促早发”为原则，管理措施适当前移，促弱苗转壮；要突出分类管理，构建各类麦田的合理群体结构，搭好丰产架子。重点应抓好以下几个方面的技术措施。

（一）加大划锄镇压力度，保墒增温促早发

镇压要和划锄结合起来，先压后锄，以达到上松下实、提墒保墒增温的作用。

（二）适时进行化学除草，控制杂草为害

由于冬前化学除草面积较少，要特别重视春季化学除草工作。某些除草剂春季施用过晚，易影响药害和残留。因此，春天化学除草时间要注意在适期内尽量提前。

（三）分类指导，科学肥水管理

2016年滨州市麦田苗情比较复杂，类型较多，肥水管理要因地因苗制宜，突出分类指导。

1. 三类麦田

三类麦田一般每亩群体小于45万株，多属于晚播弱苗。春季田间管理应以促为主。尤其是“一根针”麦田，要通过“早划锄、早追肥”等措施促进苗情转化升级。一般在早春表层土化冻2 cm时开始划锄，拔节前力争划锄2～3遍，增温促早发。同时，在早春土壤化冻后及早追施氮素化肥和磷肥，促根增蘖保穗数。只要墒情尚可，应尽量避免早春浇水，以免降低地温，影响土壤透气性，延缓麦苗生长发育。

2. 二类麦田

二类麦田的冬前群体一般为每亩45万～60万株，属于弱苗和壮苗之间的过渡类型。春季田间管理的重点是促进春季分蘖的发生，巩固冬前分蘖，提高冬春分蘖的成穗率。地力水平较高，群体55万～60万株的二类麦田，在小麦起身以后、拔节以前追肥浇水；地力水平一般，群体45万～55万株的二类麦田，在小麦起身期进行肥水管理。一般结合浇水亩追尿素15 kg。

3. 一类麦田

一类麦田的冬前群体一般为每亩60万～80万株，多属于壮苗麦田。在管理措施上，要突出氮肥后移。对地力水平较高，群体70万～80万株的一类麦田，要在小麦拔节中后期追肥浇水，以获得更高产量；对地力水平一般，群体60万～70万株的一类麦田，要在小麦拔节初期进行肥水管理。一般结合浇水亩追尿素15～20 kg。

4. 旺长麦田

旺苗麦田一般年前亩茎数达80万株以上。这类麦田由于群体较大，叶片细长，拔节期以后，容易造成田间郁蔽、光照不良，从而招致倒伏。因此，春季管理应采取以控为主的措施。

（1）适时镇压。小麦返青期至起身期镇压，是控旺转壮的有效措施。一般每隔7～10 d镇压1次，共镇压2～3次。

（2）喷施化控剂。过旺麦田，在小麦起身期前后喷施“壮丰安”“麦巨金”等化控剂，可抑制基部节间伸长，控制植株过旺生长，促进根系下扎，防止生育后期倒伏。一般亩用量30～40 mL，兑水30 kg，叶面喷雾。

（3）因苗确定春季追肥浇水时间。对于年前植株营养体生长过旺，地力消耗过大，有“脱肥”现象的麦田，可在起身期追肥浇水，防止过旺苗转弱苗；对于没有出现“脱肥”现象的过旺麦田，早春不要急于施肥浇水，应在镇压、划锄和喷施化控剂等控制措施的基础上，将追肥时期推迟到拔节后期，一般施肥量为亩追施尿素15～20 kg。

5. 旱地麦田

旱地麦田主要是南部山区，由于没有水浇条件，应在早春土壤化冻后抓紧进行镇压划锄、顶凌耙耱等，以提墒、保墒。弱苗麦田，要在土壤返浆后，借墒施入氮素化肥，促苗早发；一般壮苗麦田，应在小麦起身至拔节期间降水后，抓紧借雨追肥。一般亩追施尿素12～15 kg。对底肥没施磷肥的要在氮肥中配施磷酸二铵，促根下扎，提高抗旱能力。

6. 冻害麦田

对于越冬期冻害较重的麦田，要立足“早管促早发”的原则，采取以下管理措施：一是早春适时搂麦或划锄，去除枯叶，改善麦田通风透光条件，促进新生叶加快生长；二是在土壤解冻后及时追肥，一般每亩施尿素20 kg左右，缺磷地块亩施氮磷复合肥30 kg左右，促进麦苗快发快长；三是在返青期叶面喷施植物细胞膜稳态剂、复硝酚钠等植物生长调节剂，促进分蘖的发生，提高分蘖成穗率；四是在拔节期再根据苗情酌情追施氮肥或氮磷复合肥，提高穗粒数。

（四）高度重视预测预报，综合防治病虫害

春季是各种病虫害多发的季节。各地一定要高度重视搞好测报工作，及早备好药剂、药械，实行综合防治。返青拔节期是麦蜘蛛、地下害虫的为害盛期，也是纹枯病、全蚀病、根腐病等根病的侵染扩展高峰期，要抓住这一多种病虫害混合集中发生的关键时期，根据当地病虫害发生情况，以主要病虫害为目标，选用适宜杀虫剂与杀菌剂混合，一次施药兼治多种病虫害。

（五）密切关注天气变化，防止早春冻害

早春冻害（倒春寒）是滨州市早春常发灾害。防止早春冻害最有效措施是密切关注天气变化，在降温之前灌水。早春一旦发生冻害，就要及时进行补救。主要补救措施：一是抓紧时间，追施肥料。对遭受冻害的麦田，根据受害程度，抓紧时间，追施速效化肥，促苗早发，提高2～4级高位分蘖的成穗率。一般每亩追施尿素10 kg左右。二是及时适量浇水，促进小麦对氮素的吸收，平衡植株水分状况，使小分蘖尽快生长，增加有效分蘖数，弥补主茎损失。三是叶面喷施植物生长调节剂。小麦受冻后，及时叶面喷施植物细胞膜稳态剂、复硝酚钠等植物生长调节剂，可促进中、小分蘖的迅速生长和潜伏芽的快发，明显增加小麦成穗数和千粒重，显著增加小麦产量。

第五节　2016年小麦中后期管理技术措施

2016年小麦返青以来，滨州市大部分地区缺乏有效降水，一段时期发生干旱的隐患加大。同时部分地块病虫害发生较重，病虫害的为害不可小觑。部分旺长的麦田群体过大，个体较弱，后期可能出现倒伏现象或遭受倒春寒的危害。针对当前苗情，下一步田间管理的指导思想是“促控结合，水肥调节，防病治虫，防止早衰，增粒增重”，重点应抓好以下田间管理措施。

一、统筹肥水，搞好拔节期管理

目前滨州市小麦已进入拔节初期至中期阶段，是肥水运筹的关键时期，因此，对前

期没有进行春季肥水管理的一、二类麦田，或者早春进行过返青期追肥但追肥量不够的麦田，均应在拔节期追肥浇水。但拔节期肥水管理要做到因地因苗制宜：对地力水平一般、群体偏弱的麦田，可肥水早攻，在拔节初期进行肥水管理，以促弱转壮；对地力水平较高、群体适宜的麦田，要在拔节中期追肥浇水；对地力水平较高、群体偏大的旺长麦田，要尽量肥水后移，在拔节后期追肥浇水，以控旺促壮。对于没有水浇条件的旱地麦田，要利用降水后的有利时机，抓紧借墒追肥。一般亩追尿素15 ~ 20 kg，钾肥6 ~ 12 kg。追肥时要注意将化肥开沟深施，杜绝撒施，以提高肥效。

二、因地制宜，适时浇好扬花灌浆水

小麦开花至成熟期的耗水量占整个生育期耗水总量的1/4，干旱不仅会影响抽穗、开花，还会影响穗粒数、粒重。所以，小麦扬花前后10 d左右若前期无有效降水，应适时浇好扬花水或灌浆水，以保证小麦生理用水，同时还可改善田间小气候，降低高温对小麦灌浆的不利影响，抵御干热风的危害，提高籽粒饱满度，增加粒重。此期浇水应特别注意天气变化，不要在风雨天气浇水，以防倒伏。

三、密切关注天气变化，防止“倒春寒”冻害

近些年来，滨州市小麦在拔节期前后常会发生倒春寒冻害。因此，各地要提前制定防控“倒春寒”灾害预案，密切关注天气变化，在降温之前及时浇水，可以调节近地面层小气候，对防御早春冻害有很好的效果。一旦发生冻害，尽量不要轻易放弃。小麦是具有分蘖特性的作物，遭受早春冻害的麦田不会冻死全部分蘖，另外还有小麦蘖芽可以长成分蘖成穗。只要加强管理，仍可获得好的收成。因此，早春一旦发生冻害，要及时进行补救。主要补救措施：一是抓紧时间，追施肥料。对遭受冻害的麦田，根据受害程度，抓紧时间追施速效化肥，促苗早发，提高2 ~ 4级高位分蘖的成穗率。一般每亩追施尿素10 ~ 15 kg。二是中耕保墒，提高地温。及时中耕，蓄水提温，能有效增加分蘖数，弥补主茎损失。三是叶面喷施植物生长调节剂。小麦受冻后，及时叶面喷施植物细胞膜稳态剂、复硝酚钠等植物生长调节剂，可促进中、小分蘖的迅速生长和潜伏芽的快发，明显增加小麦成穗数和千粒重，显著增加小麦产量。

四、搞好“一喷三防”，防控病虫增粒重

在小麦生长后期实施“一喷三防”，是防病、防虫、防干热风，增加粒重、提高单产的关键技术，是小麦后期防灾、减灾、增产最直接、最简便、最有效的措施。因此，各地要遵循“预防为主，综合防治”的原则，根据当地病虫害和干热风的发生特点和趋势，选择适宜防病、防虫的农药和叶面肥，采取科学配方，适时进行均匀喷雾。

要高度重视对小麦赤霉病的防控工作。赤霉病要以预防为主，抽穗前后如遇连阴雨或凝露雾霾天气，要在小麦齐穗期和小麦扬花期两次喷药预防，可用80%多菌灵超微粉

每亩50 g，或50%多菌灵可湿性粉剂75 ~ 100 g兑水喷雾。也可用25%氰烯菌酯悬乳剂亩用100 mL兑水喷雾。喷药时重点对准小麦穗部均匀喷雾。

小麦中后期病虫害还有麦蚜、麦蜘蛛、吸浆虫、白粉病、锈病等。防治麦蜘蛛，可用1.8%阿维菌素3 000倍液喷雾防治；防治小麦吸浆虫，可在小麦抽穗至扬花初期的成虫发生盛期，亩用5%高效氯氰菊酯乳油20 ~ 30 mL兑水喷雾，兼治一代棉铃虫；穗蚜可用50%辟蚜雾每亩8 ~ 10 g喷雾，或10%吡虫啉药剂10 ~ 15 g喷雾，还可兼治灰飞虱。白粉病、锈病可用20%粉锈宁乳油每亩50 ~ 75 mL喷雾防治；叶枯病和颖枯病可用50%多菌灵可湿性粉剂每亩75 ~ 100 g喷雾防治。喷施叶面肥可在小麦灌浆期喷0.2% ~ 0.3%的磷酸二氢钾溶液，或0.2%的植物细胞膜稳态剂溶液，每亩喷50 ~ 60 kg。“一喷三防”喷洒时间最好在晴天无风9—11时，16时以后喷洒，每亩喷水量不得少于30 kg，要注意喷洒均匀。小麦扬花期喷药时，应避开授粉时间，一般在10时以后进行喷洒。在喷施前应留意天气预报，避免在喷施后24 h内下雨，导致小麦“一喷三防”效果降低。高产麦田要力争喷施2 ~ 3遍，间隔时间7 ~ 10 d。要严格遵守农药使用安全操作规程，做好人员防护工作，防止农药中毒，并做好施药器械的清洁工作。

第六节　天气及管理措施对小麦产量及构成要素的影响

一、滨州市小麦生产情况和主要特点

（一）生产情况

1. 滨州市小麦生产总体情况

2016年，滨州市小麦收获面积386.86万亩，单产497.06 kg，总产192.29万t。与上年相比，面积增加7.97万亩，增幅2.1%；单产增加11.4 kg，增幅2.3%；总产增加8.28万t，增幅4.5%。

2. 小麦产量构成

表现为“两减一增”，即亩穗数、穗粒数比2015年略减，千粒重比2015年增加。平均亩穗数40.36万穗，减少0.25万穗，减幅为0.6%；穗粒数35.36粒，减少0.44粒，减幅1.2%；千粒重40.98 g，增加1.67 g，增幅4.2%（表6-2）。

表6-2　2016年小麦产量结构对比

年份	面积（万亩）	单产（kg）	总产（万t）	亩穗数（万穗）	穗粒数（粒）	千粒重（g）
2015	378.89	485.65	184.01	40.61	35.80	39.31
2016	386.86	497.06	192.29	40.36	35.36	40.98

（续表）

年份	面积（万亩）	单产（kg）	总产（万t）	亩穗数（万穗）	穗粒数（粒）	千粒重（g）
增减	7.97	11.41	8.28	−0.25	−0.44	1.67
增减百分比（%）	2.1	2.3	4.5	−0.6	−1.2	4.2

3. 小麦单产分布情况

单产200 kg以下2.97万亩，占收获总面积的0.77%；单产201～300 kg17.59万亩，占4.55%；单产301～400 kg51.58万亩，占13.33%；单产401～500 kg126.48万亩，占32.69%；单产501～600 kg153.51万亩，占39.68%；单产600 kg以上34.73万亩，占8.98%（表6–3）。

表6–3 2016年小麦单产分布情况

项目	亩产（kg）					
	<200	201～30	301～400	401～500	501～600	>600
面积（万亩）	2.97	17.59	51.58	126.48	153.51	34.73
占比（%）	0.77	4.55	13.33	32.69	39.68	8.98

（二）主要特点

1. 播种质量好

由于机械化在农业生产中的普及，特别是秸秆还田、深耕深松面积的扩大，以及宽幅播种、规范化播种技术的大面积推广，滨州市小麦播种质量明显提高，加之2015年土壤底墒尚可、播期适宜，小麦基本实现了一播全苗。精量半精量播种面积287.24万亩，规范化播种技术204.59万亩；宽幅播种技术84.4万亩；深耕面积42.3万亩，深松面积118.72万亩，播后镇压310.8万亩。

2. 良种覆盖率高

借助小麦统一供种这一平台，滨州市加大高产优质小麦品种的宣传推广力度，重点推广了济麦22、师栾02-1、鲁原502、潍麦8、济南17等优良品种。良种覆盖率达到了99%以上。2015年滨州市小麦统一供种面积277.25万亩，占播种面积的71.19%，种子包衣面积339.6万亩，占播种面积的87.19%。

3. 冬前苗情总体较好

冬前积温高，利于小麦生长发育，实现了苗全、苗匀、苗壮；但10月中旬后，阴雨、雾霾天气较多，影响小麦光合作用，不利于有机物质积累，也不利于分蘖形成，一类苗比例有所下降，二类苗比例有所提高。冬前一、二类苗面积占总播种面积的八成（表6–4）。

表6-4　冬前苗情情况对比

年份	一类苗		二类苗		三类苗		旺苗	
	面积（万亩）	比例（%）	面积（万亩）	比例（%）	面积（万亩）	比例（%）	面积（万亩）	比例（%）
2014	180.8	47.66	164.7	43.42	33.39	8.80	0.43	0.11
2015	127.86	33.00	198.85	51.34	60.15	15.53	0.48	0.12
增减	-52.94	-14.66	34.15	7.92	26.76	6.73	0.05	0.01

4. 春季苗情特点

小麦越冬期间降水一直偏少，受2016年1月下旬低温寒潮影响，少部分麦田受到冻害影响，导致小麦返青期一类苗减少，二类苗、三类苗增加、旺苗面积增加，苗情差于2015年同期（表6-5）。

表6-5　返青期苗情情况对比

年份	一类苗		二类苗		三类苗		旺苗	
	面积（万亩）	比例（%）	面积（万亩）	比例（%）	面积（万亩）	比例（%）	面积（万亩）	比例（%）
2015	179.35	47.51	161.84	42.87	32.56	8.62	3.7	0.98
2016	144.26	37.29	181.86	47.01	57.76	14.93	2.98	0.77
增减	-35.09	-10.22	20.02	4.14	25.2	6.29	-0.72	-0.21

拔节期苗情转化升级快，整体较好，群体适宜，个体健壮，一、二类苗面积增大，占到总播种面积的近九成，旺苗及小弱苗麦田面积小，缺苗断垄面积小（表6-6）。

表6-6　拔节期苗情情况对比

生长期	一类苗		二类苗		三类苗		旺苗	
	面积（万亩）	比例（%）	面积（万亩）	比例（%）	面积（万亩）	比例（%）	面积（万亩）	比例（%）
返青期	144.26	37.29	181.86	47.01	57.76	14.93	2.98	0.77
拔节期	156.87	40.55	184.49	47.69	45.43	11.74	0.07	0.02
增减	12.61	3.26	2.63	0.68	-12.23	-3.2	-2.91	-0.75

5. 灌浆时间长

小麦拔节孕穗期气温偏高，生育进程加快，开花较常年提前5 d左右，灌浆时间延长，加之灌浆期间气温和降水适宜，昼夜温差大，后期没有出现干热风，千粒重增加，有利于小麦产量的形成。

6. 病虫草害轻

小麦冬季及春季返青前干旱，加之冬季极端低温天气，不利于病虫害的发生；冬季化学除草较少，导致春季田间草害增加；拔节期间温度偏高，部分地块纹枯病、红蜘蛛、蚜虫等有不同程度发生；个别品种部分地块后期锈病发病较重，总体病虫害为害较轻。

7. 优势品种逐渐形成规模

具体面积：济麦22面积119.11万亩，是滨州市种植面积最大的品种；鲁原502面积48.6万亩；师栾02-1面积39.95万亩；泰农18面积28万亩；济南17面积24.12万亩；鲁麦23面积22.65万亩；临麦2号19.5万亩；潍麦8号11.1万亩。以上几大主栽品种计313.03万亩，占滨州市小麦播种总面积的80.9%。

8. “一喷三防”及统防统治技术到位

小麦“一喷三防”技术是小麦生长后期防病、防虫、防干热风的关键技术，是经实践证明的小麦后期管理的一项最直接、最有效的关键增产措施。2016年滨州市大力推广小麦“一喷三防”及统防统治技术，提高了防治效果，小麦病虫害得到了有效控制，未发生干热风危害，为小麦丰产打下了坚实基础。

9. 收获集中，机收率高

2016年小麦集中收获时间在6月8—14日，收获面积占总面积的90%以上；机收率高，机收面积占总收获面积的98%以上，累计投入机具1.02万台。

二、气象条件对小麦生长发育影响分析

（一）有利因素

1. 气温偏高，冬前基础好

（1）播种后温度适中，有利于小麦出苗和生长。10月平均气温15.53℃，较常年偏高1.1℃。11月上中旬平均气温8.25℃，较常年偏高0.75℃。滨州市小麦冬前影响壮苗所需积温为500～700℃，10月至11月中旬大于0℃积温为632.1℃，较常年偏多44.9℃。总体来看，气温变化平稳，小麦正常生长发育非常有利，促使小麦早分蘖、多分蘖，个体健壮。

（2）光照条件。10月上旬光照76.4 h，比常年偏多5.9 h，有利于小麦出苗和生长；10月中旬后，阴雨、雾霾天气较多，10月中旬至11月中旬，光照136.1 h，比常年偏少125.9 h。光照不足，影响小麦光合作用，不利于有机物质形成，也不利于分蘖形成。

（3）降水。小麦播种以来，降水持续偏少，滨州市10月25日土壤墒情监测结果表明，冬小麦水浇地0～20 cm土层，土壤含水量平均为17.15%，土壤相对含水量平均为73.60%，20～40 cm土壤含水量平均为17.30%，土壤相对含水量平均为74.03%；冬小麦旱地0～20 cm土层，土壤含水量平均为15.43%，土壤相对含水量平均为66.87%，20～40 cm土壤含水量平均为15.29%，土壤相对含水量平均为66.48%。棉田0～20 cm土层，土壤含水量平均为16.38%，土壤相对含水量平均为71.07%，20～40 cm土壤含水量平均为17.50%，土壤相对含水量平均为74.64%。从监测来看，各地墒情均较好，没有出现明显缺水现象，适宜小麦冬前生长。11月降水较多，平均降水量56.7 mm，比常年多45.5 mm。尤其是11月

5—8日的降水，平均降水量达34.2 mm。有效缓解了麦田旱情，有利于小麦生长发育。11月24日早晨至傍晚出现了一次明显的降雪过程，滨州市气象站平均降水量3.5 mm，最大降水量6.7 mm，滨州市均有不同深度的积雪，最大积雪深度4 cm。此次降雪有利于土壤增墒保墒，对小麦越冬有明显的积极作用（表6-7）。

表6-7 2015年10—11月气象资料

时间		气温（℃）				降水量（mm）		日照时数（h）	
		2015年	常年	积温	常年积温	2015年	常年	2015年	常年
10月	上旬	18.4	17.2	184.1	172.3	3.6	8.4	76.4	70.5
	中旬	17.1	14.6	171.3	145.9	0.4	14.5	58.0	63.8
	下旬	11.1	11.9	110.8	119.2	3.0	6.4	45.0	74.8
11月	上旬	8.5	9.3	85.2	93.1	39.4	5.8	28.7	63.9
	中旬	8.0	5.7	80.7	56.7	17.3	5.4	4.4	59.5

2. 春季气温高，光照充足

2月平均气温1.5℃，较常年偏高1℃；降水量22.1 mm，偏多14.4 mm；日照194.7 h，偏多19.6 h。3月平均气温9.7℃，较常年偏高3.2℃；降水量2.6 mm，偏少8.9 mm；日照240.5 h，偏多24.7 h。气候条件有利于小麦生长。返青后的3—4月，降水偏少，抑制了基部一、二节间伸长，降低了株高，增强了抗倒能力（表6-8）。

表6-8 2016年2—3月气象资料表

月份	气温（℃）		降水量（mm）		日照时数（h）	
	2016年	常年	2016年	常年	2016年	常年
2月	1.5	0.5	22.1	7.7	194.7	175.1
3月	9.7	6.5	2.6	11.5	240.5	215.8

3. 小麦生长后期气候适宜，非常有利于小麦灌浆

4月气温比常年偏高2.5℃，日照偏少13.3 h，虽然整体降水偏少，但由于滨州市的大部分麦田普浇了1～2遍水，土壤水分有保证，加之4月16—17日（9.4 mm）和5月2—3日（11.9 mm）的2次降水为小麦的孕穗和灌浆提供了水分保障。灌浆期间昼夜温差大，未出现干热风天气，十分有利于小麦产量的影响（表6-9）。

表6-9 2016年4—5月气象资料

时间		气温（℃）	距平（℃）	降水量（mm）	距平（mm）	日照（h）	距平（h）
4月	上旬	15.5	3.2	0.1	−3.3	87.7	7.6
	中旬	15.7	1.2	10.7	0.2	65.4	−15.3
	下旬	19.4	3.0	0	−11.0	79.8	−4.7

（续表）

时间		气温（℃）	距平（℃）	降水量（mm）	距平（mm）	日照（h）	距平（h）
5月	上旬	19.7	1.0	17.0	-0.3	72.4	-12.0
	中旬	19.7	-0.2	21.0	3.2	93.3	7.5
	下旬	21.8	-0.3	0.0	-14.9	71.3	-26.8
6月	上旬	23.8	0.0	0.3	-13.3	73.0	-12.3

（二）不利因素

1. 低温冻害

1月22日滨州市普遍降雪降温，滨州市平均降雪3.2 mm，积雪深度3～7 cm，各县区最低温极值为-22.6～-17℃，少部分麦田受到冻害影响。滨州市小麦受害面积44.66万亩，基本是一、二级冻害。主要品种有矮抗58、鲁麦23、临麦2号、师栾02-1。小麦叶片有不同程度冻害现象。

2. 春季持续干旱，气温偏高

小麦返青以来，滨州市大部分地区缺乏有效降水，部分地块出现了一定程度的旱情，滨州市小麦受旱面积12万亩，影响小麦穗分化，亩穗数和穗粒数都有所减少。

三、小麦增产采取的主要措施

1. 大力开展高产创建示范方建设，提高粮食增产能力

滨州市以“吨粮市”建设为平台，结合各县区粮食生产发展的实际，大力开展高产创建活动。在滨州市范围内规划了23个粮食高产创建示范方建设区域，示范方选择在地块集中连片、地势平坦、土层深厚、基础设施较为完善的乡镇。示范方总建设面积87.4万亩，涉及滨州市五县两区。其中，建设10万亩以上的高产创建示范方2个；3万亩以上的高产创建示范方21个。在示范方内积极推广秸秆还田、深耕深松、规范化播种、宽幅精播、配方施肥、氮肥后移等先进实用新技术，熟化集成了一整套高产稳产技术，辐射带动了大面积平衡增产。

2. 大力开展政策性农业保险，促进粮食稳产增产

农业保险在提高农业抵御自然灾害的能力，减轻农民损失，保护农民利益，调动和保护广大农民的种粮积极性，稳定粮食生产等方面起到了积极的推动作用。2016年滨州市十个县区全部开展了政策性农业保险工作。2016年滨州市小麦完成投保面积213万亩，占滨州市小麦播种面积的55%。

3. 加强了关键环节管理

在小麦冬前、返青、抽穗、灌浆等关键时期，组织专家搞好苗情会商，针对不同麦田研究制定翔实可行的管理措施，指导群众不失时机地做好麦田管理。

4. 加强技术指导

通过组织千名科技人员下乡活动、春风计划、农业科技入户工程，加强农民技术培训，组织专家和农技人员深入生产一线，结合利用电视台、报纸、网络、手机等现代媒体手段，积极应对突发灾害性天气，有针对性地搞好技术指导，帮助农民解决麦田管理中遇到的实际困难和问题。

5. 加强病虫害及自然灾害监测预警

及时发布病虫害信息，指导农民进行科学防治，降低病虫为害；与气象部门密切配合及时做好自然灾害预警预防，提早做好防“倒春寒”、防倒、防干热风等准备工作。

6. 大力推行粮食生产“十统一”工作，促进粮食高产栽培技术的集成推广

为切实有效推广小麦、玉米高产栽培集成技术，早日实现吨粮市，以市政府名义下发了文件，在滨州市实施以抓“秸秆禁烧、深耕（松）和统防统治”为重点环节的粮食生产“统一玉米机收和秸秆还田、统一旋耕、统一深耕、统一再旋耕、统一施肥、统一小麦供种、统一小麦播种、统一病虫害防治、统一小麦收获、统一夏玉米机械播种”的十项统一服务工作。市级财政每年安排预算资金500万元对粮食生产“十统一”工作进行扶持。2015—2016年度，滨州市共有博兴、邹平、滨城、惠民、阳信、无棣、沾化7个县区开展了粮食生产“十统一”工作，实施总面积70.7万亩，较上年增加44.9万亩，增幅173%。

四、新技术引进、试验、示范情况

借助小麦高产创建示范方和农技推广项目及粮食生产“十统一”为载体，滨州市近几年加大对新技术新产品的示范推广力度，通过试验对比探索出适合滨州市的新技术新品种，其中，推广面积较大的有：玉米秸秆还田349.45万亩，规范化播种技术204.59万亩；宽幅播种技术84.4万亩；深耕面积42.3万亩，深松面积118.72万亩，播后镇压310.8万亩，氮肥后移189.1万亩，“一喷三防”技术386.86万亩。从近几年的推广情况看，规范化播种技术、宽幅精播技术、机械深松技术、“一喷三防”技术、化控防倒技术、秸秆还田技术效果明显，且技术较为成熟，推广前景好；免耕栽培技术要因地制宜推广；随着机械化程度的提高农机农艺的融合对小麦的增产作用越来越明显，加大和农机部门的合作。品种方面滨州市主推品种为：济麦22、师栾02-1、鲁原502、泰农18、济南17、临麦2号等。

五、小面积高产攻关主要技术措施和做法、经验

（一）采取的主要技术措施和做法

1. 选用良种

依据气候条件、土壤基础、耕作制度等选择高产潜力大、抗逆性强的多穗性优良品种，如济麦22号、鲁原502等品种进行集中攻关、展示、示范。

2. 培肥地力

采用小麦、玉米秸秆全量还田技术，同时每亩施用土杂肥3～5 m^3，提高土壤有机质含量和保蓄肥水能力，增施商品有机肥100 kg，并适当增施锌、硼等微量元素肥料。

3. 种子处理

选用包衣种子或用敌委丹、适乐时进行拌种，促进小麦次生根生长，增加分蘖数，有效控制小麦纹枯病、金针虫等苗期病虫害。

4. 适期适量播种并播前播后镇压

小麦播种日期于10月5日左右，采用精量播种机精量播种，基本苗10万～12万株，冬前总茎数为计划穗数的1.2倍，春季最大总茎数为计划穗数的1.8～2.0倍，采用宽幅播种技术。镇压提高播种质量，对苗全苗壮作用大。

5. 冬前管理

一是于11月下旬浇灌冬水，保苗越冬、预防冬春连旱；二是喷施除草剂，春草冬治，提高防治效果。

6. 氮肥后移延衰技术

将氮素化肥的底肥比例减少到50%，追肥比例增加到50%，土壤肥力高的麦田底肥比例为30%～50%，追肥比例为50%～70%；春季第一次追肥时间由返青期或起身期后移至拔节期。

7. 后期肥水管理

于5月上旬浇灌40 m^3左右灌浆水，后期采用“一喷三防”，连喷3次，延长灌浆时间，防早衰、防干热风，提高粒重。

8. 病虫草害综合防控技术

前期以杂草及根部病害、红蜘蛛为主，后期以白粉病、赤霉病、蚜虫等为主，进行综合防控。

（二）主要经验

1. 要选择土壤肥力高（有机质1.2%以上）、水浇条件好的地块

培肥地力是高产攻关的基础，实现小麦高产攻关必须以较高的土壤肥力和良好的土、肥、水条件为保障，要求土壤有机质含量高，氮、磷、钾等养分含量充足，比例协调。

2. 选择具有高产能力的优良品种，如济麦22号、鲁原502等

高产良种是攻关的内因，在较高的地力条件下，选用增产潜力大的高产良种，实行良种良法配套，就能达到高产攻关的目标。

3. 深耕深松，提高整地和播种质量

有了肥沃的土壤和高产潜力大的良种，在适宜播期内，做到足墒下种，保证播种深浅一致，下种均匀，确保一播全苗，是高产攻关的基础。

4. 采用宽幅播种技术

通过试验和生产实践证明，在同等条件下采用宽幅播种技术比其他播种方式产量高，

因此在高产攻关和大田生产中值得大力推广。

5. 狠抓小麦“三期”管理，即冬前、春季和小麦中后期管理

栽培管理是高产攻关的关键，良种良法必须配套，才能充分发挥良种的增产潜力，达到高产的目的。

6. 相关配套技术要运用好

集成小麦精播半精播、种子包衣、冬春控旺防冻、氮肥后移延衰、病虫草害综防、后期“一喷三防”等技术，确保各项配套技术措施落实到位。

六、小麦生产存在的主要问题

1. 整地质量问题

以旋代耕面积较大，许多地块只旋耕而不耕翻，犁底层变浅、变硬，影响根系下扎。滨州市386.86万亩小麦，深耕深松面积161.02万亩，仅占四成。玉米秸秆还田粉碎质量不过关，且只旋耕一遍，不能完全掩埋秸秆，影响小麦苗全、苗匀。根本原因是机械受限和成本因素。通过滨州市粮食生产“十统一”工作深入开展，深耕松面积将不断扩大，以旋代耕问题将逐步解决，耕地质量将会大大提升。

2. 施肥不够合理

部分群众底肥重施化肥，轻施有机肥，重施磷肥，不施钾肥。偏重追施化肥，年后追氮肥量过大，少用甚至不追施钾肥，追肥喜欢撒施“一炮轰”，肥料利用率低且带来面源污染。究其原因为图省工省力。

3. 镇压质量有待提高

仍有部分秸秆还田地片播后镇压质量不过关，存在着早春低温冻害和干旱灾害的隐患。原因为播种机械供给不足或人为因素。

4. 杂草防治不太给力

2016年特殊的气候条件，赤霉病、白粉病、根腐病、蚜虫等小麦病虫害发生较轻，但部分地区雀麦、野燕麦、节节麦有逐年加重的趋势，发生严重田块出现草荒，部分防治不当地块出现除草剂药害。主观原因是对草害发生与防治的认识程度不够，冬前除草面积小。客观原因是缺乏防治节节麦高效安全的除草剂，加之冬前最佳施药期降水较多除草作业困难，春季防治适期温度不稳定等因素。

5. 品种多乱杂的情况仍然存在

“二层楼”甚至“三层楼”现象仍存在。原因为自留种或制种去杂不彻底或执法不严等。2016年秋种将取消统一供种，对品种纯度及整齐度会更为不利。

6. 部分地块小麦不结实

部分地区插花式分布小麦不结实现象，面积虽小，但影响群众种植效益及积极性。初步诊断为小麦穗分化期受冷害或花期喷药所致。

7. 盐碱地粮食高产稳产难度大

盐碱程度高，引黄灌溉水利工程基础差，小麦高产栽培技术不配套，农民多年习惯植

棉，缺乏小麦种植管理知识和经验。小麦生产面积增加潜力大，但高产稳产难度大。2016年春季干旱，黄河引水不足，无棣、沾化北部新增小麦地块一水未浇，纯粹靠天吃饭，幸亏降水虽不多，但每次都非常及时，5月2日、5月14日两次降水起到了灌浆水的作用，否则该地区小麦产量会大受损失，甚至部分绝产。

七、2016年秋种在技术措施方面应做的主要工作

1. 搞好技术培训，确保关键增产技术落实

结合小麦高产创建示范方、财政支持农技推广项目、农技体系建设培训等，大力组织各级农技部门开展技术培训，加大种粮大户、种植合作社、家庭农场及种粮现代农业园区等新型经营主体的培训，使农民及种植从业人员熟练掌握新技术，确保技术落地。

2. 加大滨州市粮食生产“十统一”推进力度

大力推广秸秆还田、深耕深松等关键技术的集成推广。疏松耕层，降低土壤容重，增加孔隙度，改善通透性，促进好气性微生物活动和养分释放；提高土壤渗水、蓄水、保肥和供肥能力。

3. 因地制宜，搞好品种布局

继续搞好主推技术及主推品种的宣传引导，如在高肥水地块加大济麦22、泰农18等多穗型品种的推广力度，并推广精播半精播、适期晚播技术，良种精选、种子包衣、防治地下害虫、根病。盐碱地种粮地块以德抗961、青农6号等品种为主。

4. 加大宣传力度，切实搞好播后镇压

近几年来，滨州市连续冬春连旱，播后镇压对小麦安全越冬起着非常关键的作用，对防御冬季及早春低温冻害和干旱灾害意义重大。关键是镇压质量要过关。我们将利用各种媒体及手段推广好播后镇压技术的落实。

5. 继续搞好小麦种植试验研究

我们将在近几年种植小麦试验的基础上，尤其是认真总结2015年进行的小麦播量试验和鲁虹肥料试验基础上，继续细化试验方案，认真探索研究不同地力条件下小麦种植的高产栽培模式。2016年计划在北部盐碱地继续进行小麦全幅播种试验及品种筛选试验，在南部井灌区继续进行小麦高低畦种植试验等。

第七章 2016—2017年度小麦产量主要影响因素分析

第一节　2016年播种基础及秋种技术措施

2016年小麦秋种工作总的思路是：以绿色高产高效为目标，以规范化播种、宽幅精播、播后镇压为主推技术，进一步优化种植结构，全面提高播种质量，奠定小麦丰收基础。重点抓好以下6个关键环节。

一、进一步优化品种布局，搞好种植结构调整

品种是小麦增产的内因，选好品种非常重要。要按照"品种类型与生态区域相配套，地力与品种产量水平相配套，早中晚熟品种与适宜播期相配套，水浇条件与品种抗旱性能相配套，高产与优质相配套"的原则，搞好品种布局。随着优质专用小麦需求量的增加和种植效益的提高，各地在进行品种布局时，要适当扩大优质专用小麦的种植面积。为预防小麦冬春旺长、冻害和后期倒伏、早衰，秋种时应尽量不要种植春性较强、抗倒伏能力差的品种。2016年建议总的品种布局如下。

（一）种植优质专用小麦地区

重点选用以下品种：师栾02-1、泰山27、烟农19号、济麦20、济麦23、济南17、洲元9369、济麦229等。

（二）水浇条件较好地区

重点种植以下品种：济麦22、鲁原502、鲁麦23、泰农18、良星99、临麦4号、烟农999、山农29号、泰山28、汶农14、山农22、山农23、山农24号、泰农19、汶农17、良星66、山农28号、泰农33、山农32号、山农20等。

（三）水浇条件较差的旱地

主要种植品种：青麦6号、烟农19、烟农21、山农16、鲁麦21号、烟农0428、青麦7号、阳光10号、垦星一号、齐民6号、济麦262、山农25、红地166、HF8324等。

（四）中度盐碱地（土壤含盐量2‰~3‰）

主要种植品种：济南18、德抗961、山融3号、青麦6号等。

二、精准科学施肥，提高肥料利用率

土壤地力是小麦高产的基础，为培肥地力，要重点落实好增施有机肥和测土配方精准施肥等措施。

各地要在推行玉米联合收获和秸秆还田的基础上，广辟肥源、增施农家肥，努力改善土壤结构，提高土壤耕层的有机质含量。一般高产田亩施有机肥2 500~3 000 kg；中低产田亩施有机肥3 000~4 000 kg。

测土配方精准施肥是节约肥料、增加小麦产量的重要手段。各地要结合配方施肥项目，因地制宜合理确定化肥基施比例，优化氮磷钾配比。根据生产经验，不同地力水平的适宜施肥量参考值为：产量水平在每亩200~300 kg的低产田，每亩施用纯氮（N）6~10 kg，磷（P_2O_5）3~5 kg，钾（K_2O）2~4 kg，肥料可以全部底施，或氮肥80%底施，20%起身期追肥。产量水平在每亩300~400 kg的中产田，每亩施用纯氮（N）10~12 kg，磷（P_2O_5）4~6 kg，钾（K_2O）4~6 kg，磷肥、钾肥底施，氮肥60%底施，40%起身期追肥。产量水平在每亩400~500 kg的高产田，每亩施用纯氮（N）12~14 kg，磷（P_2O_5）6~7 kg，钾（K_2O）5~6 kg，磷肥、钾肥底施，氮肥50%底施，50%起身期或拔节期追肥。产量水平在每亩500~600 kg的超高产田，每亩施用纯氮（N）14~16 kg，磷（P_2O_5）7~8 kg，钾（K_2O）6~8 kg，磷肥底施，氮肥、钾肥40%~50%底施，50%~60%拔节期追肥。缺少微量元素的地块，要注意补施锌肥、硼肥等。要大力推广化肥深施技术，坚决杜绝地表撒施。

小麦专用缓控释肥可以在小麦播种时一次施肥，肥效逐步释放，具有节本增效的作用，有条件的地方要加大示范推广力度。

三、以提高秸秆还田质量为突破口，切实提高整地水平

在影响整地水平的诸因素中，秸秆还田质量起主要作用。因此，各地要通过强化秸秆还田、深耕深松等措施，切实提高整地质量。

（一）尽量打碎打细还田秸秆

一是要根据玉米种植规格、品种、所具备的动力机械、收获要求等条件，分别选择悬挂式、自走式和割台互换式等适宜的玉米联合收获机；二是秸秆还田机械要选用甩刀式、直刀式、铡切式等秸秆粉碎性能高的机具，确保作业质量；三是最好在玉米联合收获机粉碎秸秆的基础上，再用玉米秸秆还田机打1~2遍，尽量将玉米秸秆打碎打细，秸秆长度最好在5 cm以下。

（二）因地制宜确定深耕、深松或旋耕

对土壤实行大犁深耕或深松，均可疏松耕层，降低土壤容重，增加孔隙度，改善通透

性，促进好气性微生物活动和养分释放，提高土壤渗水、蓄水、保肥和供肥能力。各地要根据当地实际，因地制宜地选用深耕和深松作业。

对秸秆还田量较大的高产地块，尤其是高产创建地块，一般要尽量扩大机械深耕面积。土层深厚的高产田，耕深要达到25 cm左右，中产田23 cm左右，对于耕作层较浅的地块，耕深要逐年增加。深耕作业前要对玉米根茬进行破除作业，耕后用旋耕机进行整平并进行压实作业。为减少开闭垄，有条件的地方应尽量选用翻转式深耕犁，深耕犁要配备合墒器，以提高耕作质量。对于秸秆还田量比较少的地块，尤其是连续3年以上免耕播种的地块，可以采用机械深松作业。根据土壤条件和作业时间，深松方式可选用局部深松或全面深松，作业深度要大于犁底层，要求25～40 cm。为避免深松后土壤水分快速散失，深松后要用旋耕机及时整理表层，或者用镇压器多次镇压沉实土壤，然后及时进行小麦播种作业。有条件的地区，要大力示范推广集深松、旋耕、施肥、镇压于一体的深松整地联合作业机，或者集深松、旋耕、施肥、播种、镇压于一体的深松整地播种一体机，以便减少耕作次数，节本增效。

大犁深耕和深松工序复杂，耗能较大，在干旱年份还会因土壤失墒而影响小麦产量。因此，不必年年深耕或深松，可深耕（松）1年，旋耕2～3年。旋耕机可选择耕幅1.8 m以上、中间传动单梁旋耕机，配套60马力以上拖拉机。为提高动力传动效率和作业质量，旋耕机可选用框架式、高变速箱旋耕机。对于水浇条件较差，或者播种时墒情较差的地块，建议采用小麦免耕播种（保护性耕作）技术。

（三）搞好耕翻或旋耕后的耙耢镇压工作

耕翻后耙耢、镇压可使土壤细碎，消灭坷垃，上松下实，底墒充足。因此，各类耕翻地块都要及时耙耢。尤其是秸秆还田和旋耕地块，由于耕层土壤暄松，容易造成小麦播种过深，形成深播弱苗，影响小麦分蘖的发生，造成穗数不足，降低产量，所以必须耕翻后尽快耙耢、镇压2～3遍，以破碎土垡，耙碎土块，疏松表土，平整地面，上松下实，减少蒸发，抗旱保墒；使耕层紧密，种子与土壤紧密接触，保证播种深度一致，出苗整齐健壮。

四、农机农艺紧密结合，科学确定畦田种植规格

实行小麦畦田化栽培，有利于浇水和省肥省水。因此，各地要根据当地实际和种植习惯积极引导、推广。打埂筑畦时应充分考虑农机农艺结合的要求，按照下茬玉米机械种植规格的要求，确定好适宜的畦宽和小麦播种行数和行距。滨州市重点推荐以下两种种植规格。

第一种：畦宽2.4 m，其中，畦面宽2 m，畦埂0.4 m，畦内播种8行小麦，采用宽幅播种，苗带宽8～10 cm，畦内小麦行距0.28 m，平均行距0.3 m。下茬在畦内种4行玉米，玉米行距0.6 m左右。

第二种：畦宽1.8 m，其中，畦面宽1.4 m，畦埂0.4 m，畦内播种6行小麦，采用宽幅播种，苗带宽8～10 cm，畦内小麦行距0.28 m，平均行距0.3 m。下茬在畦内种3行玉米，玉米行距0.6 m左右。

具体选用哪种种植规格应充分考虑水浇条件等因素，一般来说，水浇条件好的地块尽量要采用大畦，水浇条件差的采用小畦。

对于小麦玉米一年两熟的地区，要推广麦收后玉米夏直播技术，尽量不要预留玉米套种行。此外，对于花生、棉花、蔬菜主产区，秋种时要留足留好套种行，大力推广麦油、麦棉、麦菜套种技术，努力扩大小麦面积。

五、采用宽幅精量播种，提高播种质量

在小麦播种环节中，要特别重视种子包衣、宽幅精播、播后镇压等关键措施。

（一）认真搞好种子处理

提倡用种衣剂进行种子包衣，预防苗期病虫害。没有用种衣剂包衣的种子要用药剂拌种。根病发生较重的地块，选用2%戊唑醇（立克莠）按种子量的0.1%～0.15%拌种，或20%三唑酮（粉锈宁）按种子量的0.15%拌种；地下害虫发生较重的地块，选用40%甲基异柳磷乳油或35%甲基硫环磷乳油，按种子量的0.2%拌种；病、虫混发地块用以上杀菌剂+杀虫剂混合拌种。

（二）足墒播种

小麦出苗的适宜土壤湿度为田间持水量的70%～80%。秋种时若墒情适宜，要在秋作物收获后及时耕翻，并整地播种；墒情不足的地块，要注意造墒播种。在适期内，应掌握“宁可适当晚播，也要造足底墒”的原则，做到足墒下种，确保一播全苗。水浇条件较好的地区，可在前茬作物收获前10～14 d浇水，既有利于秋作物正常成熟，又为秋播创造良好的墒情。秋收前来不及浇水的，可在收后开沟造墒，然后再耕耙整地；或者先耕耙整畦后灌水，待墒情适宜时耘锄耙地，然后播种。也可以采用先整畦播种，后灌水洇实的方法，要注意待地表墒情适宜时及时划锄破土出苗。无水浇条件的旱地麦田，要在前茬收获后，及时进行耕翻，并随耕随耙，保住地下墒。

（三）适期播种

温度是决定小麦播种期的主要因素。小麦从播种至越冬开始，以0℃以上积温570～650℃为宜。各地要在试验示范的基础上，因地制宜地确定适宜播期。滨州市的小麦适宜播期一般为10月1—10日，最佳播期为10月3—8日。如不能在适期内播种，要注意适当加大播量，做到播期播量相结合。

（四）适量播种

采用精量、半精量播种技术是小麦生产节本增效的关键措施之一，各地要进一步加大推广力度。在目前玉米晚收、小麦适期晚播的条件下，要以推广半精播技术为主，但要注意播量不能过大。在适期播种情况下，分蘖成穗率低的大穗型品种，每亩适宜基本苗15万～18万株；分蘖成穗率高的中多穗型品种，每亩适宜基本苗12万～16万株。在此

范围内，高产田宜少，中产田宜多。晚于适宜播种期播种，每晚播2 d，每亩增加基本苗1万～2万株。

（五）宽幅精量播种

实行宽幅精量播种，改传统小行距（15～20 cm）密集条播为等行距（22～25 cm）宽幅播种，改传统密集条播籽粒拥挤一条线为宽播幅（8～10 cm）种子分散式粒播，有利于种子分布均匀，减少缺苗断垄、疙瘩苗现象，克服了传统播种机密集条播、籽粒拥挤、争肥、争水、争营养、根少、苗弱的生长状况。因此，各地要大力推行小麦宽幅播种机械播种。要注意使播种机械加装镇压装置，播种深度3～5 cm，播种机不能行走太快，以每小时5 km为宜，以保证下种均匀、深浅一致、行距一致、不漏播、不重播。

（六）播后镇压

从近几年的生产经验看，小麦播后镇压是提高小麦苗期抗旱能力和出苗质量的有效措施。因此，各地要选用带镇压装置的小麦播种机械，在小麦播种时随种随压，然后，在小麦播种后用专门的镇压器镇压两遍，提高镇压效果。尤其是对于秸秆还田地块，一定要在小麦播种后用镇压器多遍镇压，才能保证小麦出苗后根系正常生长，提高抗旱能力。

六、及时查苗补种，确保苗匀苗齐

小麦要高产，苗全苗匀是关键。因此，小麦播种后，要及时到地里查看墒情和出苗情况，玉米秸秆还田地块在墒情不足时，要在小麦播种后立即浇“蒙头水”，墒情适宜时搂划破土，辅助出苗。这样，有利于小麦苗全、苗齐、苗壮。小麦出苗后，对于有缺苗断垄地块，要尽早进行补种。补种方法：选择与该地块相同品种的种子，进行种子包衣或药剂拌种后，开沟均匀撒种，墒情差的要结合浇水补种。

第二节　天气及管理措施对小麦冬前苗情的影响

一、基本苗情

滨州市小麦播种面积407.09万亩，比上年增加17.64万亩，大田平均基本苗21.73万株，比上年减少0.14万株；亩茎数62.44万株，比上年增加4.29万株；单株分蘖3.1个，比上年增加0.49个；单株主茎叶片数4.78个，比上年增加0.45个；三叶以上大蘖1.88个，比上年增加0.37个；单株次生根4.37条，比上年增加0.9条。一类苗面积172.4万亩，占总播种面积的42.35%，较上年上升9.3个百分点；二类苗面积189.95万亩，占总播种面积的46.66%，较上年下降4.74个百分点；三类苗面积42.04万亩，占总播种面积的10.33%，较上年下降

5.09个百分点；旺苗面积2.7万亩，较上年增加2.22万亩。总体上看，由于播期适宜，播种质量高，2016年小麦整体较好，群体适宜，个体健壮，一、二类苗面积大，占到总播种面积的八成，旺苗及“一根针”面积小，缺苗断垄面积小。

二、因素分析

1. 播种质量好

由于机械化在农业生产中的普及，特别是秸秆还田、深耕深松面积的扩大，以及宽幅播种、规范化播种技术的大面积推广，滨州市小麦播种质量明显提高，加之土壤底墒尚可、播期适宜，小麦基本实现了一播全苗。滨州市小麦播种，玉米秸秆还田面积376.71万亩，造墒面积38.61万亩，深耕面积46.7万亩，深松面积98.9万亩，规范化播种面积270.46万亩，宽幅精播面积75.1万亩，播后镇压面积346.11万亩。滨州市旱地面积小，旱肥地5.15万亩，旱薄地面积1.78万亩。

2. 良种覆盖率高

借助小麦统一供种等平台，滨州市加大高产优质小麦品种的宣传推广力度，重点推广了济麦22、师栾02-1、鲁原502、山农20、济南17等优良品种。良种覆盖率达到了95%以上。2016年滨州市小麦统一供种面积153.10万亩，占播种面积的37.6%，种子包衣面积354.97万亩，占播种面积的87.2%。

3. 科技服务到位，带动作用明显

通过开展“千名农业科技人员下乡”活动和“科技特派员农村科技创业行动”“新型农民科技培训工程”等方式，组织大批专家和科技人员开展技术培训和指导服务。一是重点抓了农机农艺结合，扩大先进实用技术面积。以农机化为依托，大力推广小麦宽幅精播高产栽培技术、秸秆还田技术、小麦深松镇压节水栽培技术。二是以测土配方施肥补贴项目的实施为依托，大力推广测土配方施肥和化肥深施技术，广辟肥源，增加有机肥的施用量，培肥地力。三是充分发挥高产创建平台建设示范县和小麦规范化播种项目的示范带动作用。通过十亩高产攻关田、新品种和新技术试验展示田，将成熟的小麦高产配套栽培技术以样本的形式展示给种粮农民，提高了新技术的推广速度和应用面积。

4. 气象因素

（1）气温。播种后温度适中，有利于小麦出苗和生长。10月平均气温15.7℃，较常年偏高1.27℃。11月上中旬平均气温9.05℃，较常年偏高1.55℃。滨州市小麦冬前影响壮苗所需积温为500～700℃，10月至11月中旬大于0℃积温为663.4℃，较常年偏多76.2℃。总体看，气温变化平稳，小麦正常生长发育非常有利，促使小麦早分蘖、多分蘖，个体健壮。

从11月21日开始，滨州市出现一次大范围降水降温天气过程，最低温度降至−8～−3℃。本次降温，伴随着降水过程，对减轻小麦低温冻害比较有利。但由于降温之前的一周各县区平均气温在9.0～10.9℃，较常年偏高4.6～5.3℃，小麦前期没有经过低温锻炼，突然大幅降温对部分旺长麦田和土壤松暄、镇压不实麦田造成不同程度的冻害，冻害级别主要是一级冻害，少部分二级冻害。

（2）光照条件。10月上旬光照61 h，有利于小麦出苗和生长；10月中旬至11月中旬，光照189.2 h，比常年偏少72.8 h。光照较常年偏少但总体较足，利于小麦光合作用及有机物质影响，利于分蘖影响。

（3）降水。小麦播种后，降水量适宜，有利于小麦生长发育。尤其是10月下旬降水量23.4 mm，比常年偏多17 mm。滨州市11月25日土壤墒情监测结果表明，冬小麦已灌溉水浇地0～20 cm土层，土壤含水量平均为17.90%，土壤相对含水量平均为74.57%，20～40 cm土壤含水量平均为17.81%，土壤相对含水量平均为74.97%；冬小麦未灌溉水浇地0～20 cm土层，土壤含水量平均为17.84%，土壤相对含水量平均为70.37%，20～40 cm土壤含水量平均18.90%，土壤相对含水量平均为75.23%；冬小麦旱地0～20 cm土层，土壤含水量平均为16.58%，土壤相对含水量平均为73.06%，20～40 cm土壤含水量平均为16.47%，土壤相对含水量平均为72.17%。对照冬小麦越冬期适宜相对含水量（65%～85%），滨州市麦田土壤墒情适宜（表7-1）。

表7-1　10—11月气象资料

时间		气温（℃）				降水量（mm）		日照时数（h）	
		2016年	常年	积温	常年积温	2016年	常年	2016年	常年
10月	上旬	18.6	17.2	186	172.3	2.8	8.4	61.0	70.5
	中旬	17.1	14.6	171	145.9	4.6	14.5	52.3	63.8
	下旬	11.4	11.9	125.4	119.2	23.4	6.4	36.5	74.8
11月	上旬	8.0	9.3	80	93.1	6.1	5.8	51.9	63.9
	中旬	10.1	5.7	101	56.7	0.6	5.4	48.5	59.5

三、存在的问题

一是有机肥施用不足，造成地力下降。二是深耕松面积有所增加但总体相对偏少，连年旋耕造成耕层变浅，根系难以下扎。三是部分秸秆还田地块秸秆还田质量不高，秸秆量大，打不碎，埋不深，镇压不实，易造成冻苗、死苗。四是部分麦田存在牲畜啃青现象。五是农机农艺措施结合推广经验不足，缺乏统一组织协调机制；农机手个体分散、缺乏统一组织、培训，操作技能良莠不齐，造成机播质量不高。六是部分地区为防止秸秆焚烧，播种过早，导致旺长。七是北部部分盐碱地麦田水浇条件所限，播种晚、墒情差，苗情弱。八是农田水利设施老化、薄弱，防御自然灾害的能力还需提高。

四、冬前与越冬期麦田管理措施

1. 及时防除麦田杂草

冬前，选择日平均气温6℃以上晴天中午前后（喷药时温度10℃左右）进行喷施除草剂，防除麦田杂草。为防止药害发生，要严格按照说明书推荐剂量使用。喷施除草剂用药量要准、加水量要足，应选用扇形喷头，做到不重喷、不漏喷，以提高防效，避免药害。

2. 适时浇好越冬水

适时浇好越冬水是保证麦苗安全越冬和春季肥水后移的一项重要措施。因此，各县区要抓紧时间利用现有水利条件浇好越冬水，时间掌握在日平均气温下降到3～5℃，在麦田地表土壤夜冻昼消时浇越冬水较为适宜。

3. 控旺促弱促进麦苗转化升级

对于各类旺长麦田，采取喷施“壮丰安”“麦巨金”等生长抑制剂控叶蘖过量生长；适当控制肥水，以控水控旺长；运用麦田镇压，抑上促下，促根生长，以达到促苗转壮、培育冬前壮苗的目标。播期偏晚的晚茬麦田，积温不够是影响年前壮苗的主要因素，田间管理要以促为主。对于墒情较好的晚播弱苗，冬前一般不要追肥浇水，以免降低地温，影响发苗，可浅锄2～3遍，以松土、保墒、增温。对于整地质量差、地表坷垃多、秸秆还田量较大的麦田，可在冬前及越冬期镇压1～2次，压后浅锄，以压碎坷垃，弥实裂缝、踏实土壤，使麦根和土壤紧实结合，提墒保墒，促进根系发育。但盐碱地不宜反复镇压。

针对2016年11月下旬小麦突然遭遇低温及旺长面积有所增加的实际，滨州市农业局专门下发了《关于进一步加强小麦冬前管理技术指导的紧急通知》，要求各级农业技术人员切实搞好受冻麦田的灾后补救及旺长麦田的控旺指导工作。

4. 严禁放牧啃青

要进一步提高对放牧啃青危害性的认识，整个越冬期都要禁止放牧啃青。

五、春季麦田管理意见

（一）适时划锄镇压，增温保墒促早发

划锄具有良好的保墒、增温、灭草、促苗早发等效果。各类麦田，不论弱苗、壮苗或旺苗，返青期间都应抓好划锄。早春划锄的有利时机为“顶凌期”，就是表土化冻2 cm时开始划锄。划锄要看苗情采取不同的方法：①晚茬麦田，划锄要浅，防止伤根和坷垃压苗；②旺苗麦田，应视苗情，于起身至拔节期进行深锄断根，控制地上部生长，变旺苗为壮苗；③盐碱地麦田，要在“顶凌期”和雨后及时划锄，以抑制返盐，减少死苗。另外，要特别注意，早春第一次划锄要适当浅些，以防伤根和寒流冻害。以后随气温逐渐升高，划锄逐渐加深，以利根系下扎。到拔节前划锄3遍。尤其浇水或雨后，更要及时划锄。

（二）科学施肥浇水

三类麦田春季肥水管理应以促为主。三类麦田春季追肥应分两次进行，第一次在返青期5 cm地温稳定于5℃时开始追肥浇水，一般在2月下旬至3月初，每亩施用5～7 kg尿素和适量的磷酸二铵，促进春季分蘖，巩固冬前分蘖，以增加亩穗数。第二次在拔节中期施肥，提高穗粒数。二类麦田春季肥水管理的重点是巩固冬前分蘖，适当促进春季分蘖发生，提高分蘖的成穗率。地力水平一般，亩茎数45万～50万株的二类麦田，在小麦起身初

期追肥浇水，结合浇水亩追尿素10 ~ 15 kg；地力水平较高，亩茎数50万 ~ 60万株的二类麦田，在小麦起身中期追肥浇水；一类麦田属于壮苗麦田，应控促结合，提高分蘖成穗率，促穗大粒多。一是起身期喷施“壮丰安”等调节剂，缩短基部节间，控制植株旺长，促进根系下扎，防止生育后期倒伏。二是在小麦拔节期追肥浇水，亩追尿素12 ~ 15 kg；旺苗麦田植株较高，叶片较长，主茎和低位分蘖的穗分化进程提前，早春易发生冻害。拔节期以后，易造成田间郁蔽、光照不良和倒伏。春季肥水管理应以控为主。一是起身期喷施调节剂，防止生育后期倒伏。二是无脱肥现象的旺苗麦田，应早春镇压蹲苗，避免过多春季分蘖发生。在拔节期前后施肥浇水，每亩施尿素10 ~ 15 kg。

（三）防治病虫草害

白粉病、锈病、纹枯病是春季小麦的主要病害。纹枯病在小麦返青后就发病，麦田表现点片发黄或死苗，小麦叶鞘出现梭形病斑或地图状病斑，应在起身期至拔节期用井冈霉素兑水喷根。白粉病、锈病一般在小麦挑旗后发病，可用粉锈宁在发病初期喷雾防治。小麦虫害主要有麦蚜、麦叶蜂、红蜘蛛等，要及时防治。

（四）密切关注天气变化，预防早春冻害

防止早春冻害最有效措施是密切关注天气变化，在降温之前灌水。由于水的热容量比空气和土壤大，因此早春寒流到来之前浇水能使近地层空气中水汽增多，在发生凝结时，放出潜热，以减小地面温度的变幅。因此，有浇灌条件的地区，在寒潮来前浇水，可以调节近地面层小气候，对防御早春冻害有很好的效果。

小麦是具有分蘖特性的作物，遭受早春冻害的麦田不会冻死全部分蘖，另外还有小麦蘖芽可以长成分蘖成穗。只要加强管理，仍可获得好的收成。因此，早春一旦发生冻害，就要及时进行补救。主要补救措施：一是抓紧时间，追施肥料。对遭受冻害的麦田，根据受害程度，抓紧时间，追施速效化肥，促苗早发，提高2 ~ 4级高位分蘖的成穗率。一般每亩追施尿素10 kg左右。二是中耕保墒，提高地温。及时中耕，蓄水提温，能有效增加分蘖数，弥补主茎损失。三是叶面喷施植物生长调节剂。小麦受冻后，及时叶面喷施天达2116植物细胞膜稳态剂、复硝酚钠、己酸二乙氨基醇酯等植物生长调节剂，可促进中、小分蘖的迅速生长和潜伏芽的快发，明显增加小麦成穗数和千粒重，显著增加小麦产量。

第三节 2017年春季田间管理技术措施

由于秋种期间墒情适宜，播种进度快，适播面积大，播种基础好，再加上冬前及冬季积温充足，光照好，当前苗情明显好于上年和常年，是近几年来苗情较好的一年。主要特点：一是群体合理，个体比较健壮。滨州市平均亩茎数69.17万株，单株分蘖3.45个，三叶以上大蘖2.1个，单株次生根4.64条，分别比2016年增加6.73万株，0.35个，0.22个，0.27

条。二是一类苗面积扩大，二类、三类苗面积减少。滨州市407.09万亩小麦，一类苗所占比例为43.75%，比2016年增加6.46个百分点；二类苗比例为44.47%，比2016年减少2.55个百分点；三类苗比例为9.7%，比2016年减少5.23个百分点；旺苗面积8.4万亩，比冬前增加5.7万亩，比2016年同期增加5.42万亩。

目前存在的不利因素主要有：一是旺长面积较大。2016年秋种以来，滨州市平均气温偏高，10月至11月中旬大于0℃积温为663.4℃，较常年偏多76.2℃。12月平均气温1.53℃，较常年偏高2℃；1月平均气温-1.8℃，较常年偏高2.17℃。导致部分播种偏早、播量偏大的地块出现旺长。二是受2016年11月下旬大幅降温天气的影响，部分地块出现不同程度的冻害。三是去冬今春气温偏高，降水较少，部分麦田墒情较差，特别是秸秆还田未镇压或镇压不实、未浇越冬水的地块，已不同程度出现旱情。四是部分地块病虫草害较重，尤其是个别地块地下害虫和杂草发生程度较重。

针对目前滨州市小麦苗情特点，春季田间管理应立足于“控旺长，防春冻，早除草，巧施肥”的指导思想，突出分类管理，构建各类麦田的合理群体结构，搭好丰产架子。重点应抓好以下几个方面的技术措施。

一、镇压划锄，保墒抗旱控旺长

春季镇压可压碎土块，弥封裂缝，使经过冬季冻融疏松了的土壤表土层沉实，使土壤与根系密接起来，有利于根系吸收养分，减少水分蒸发。因此，对于吊根苗和耕种粗放、坷垃较多、秸秆还田导致土壤暄松的地块，一定要在早春土壤化冻后进行镇压，以沉实土壤，弥合裂缝，减少水分蒸发和避免冷空气侵入分蘖节附近冻伤麦苗；对没有水浇条件的旱地麦田，在土壤化冻后及时镇压，促使土壤下层水分向上移动，起到提墒、保墒、抗旱的作用；对长势过旺麦田，在起身期前后镇压，可以抑制地上部生长，起到控旺转壮作用。

划锄具有良好的保墒、增温、灭草等效果。早春划锄最好和镇压结合起来，一般是先压后锄，以达到上松下实、提墒保墒增温抗旱的作用。

二、适时进行化学除草，控制杂草为害

麦田除草最好在冬前进行，但受冬前降水、降温天气的影响，滨州市冬前化学除草面积相对较少。因此，适时搞好春季化学除草工作尤为重要。春季化学除草的有利时机是在2月下旬至3月中旬，要在小麦返青初期及早除草。杂草越小除草效果越好。早春气温波动大，除草前应关注气象预报，喷药前后3 d不宜有强降温天气（最低温0℃以下）。白天喷施除草剂时气温要高于10℃（日平均气温8℃以上），这不仅利于除草剂药效的发挥，也可避免发生药害。某些除草剂春季施用过晚，易产生药害和残留，春天化学除草不要晚于3月底。要严格按照农药标签上记载的防除对象和推荐剂量使用除草剂，过量使用易产生药害。针对滨州市麦田杂草群落结构，可选择如下除草剂。

双子叶杂草中，以播娘蒿、荠菜、藜为主的麦田，可亩用50 g/L双氟磺草胺悬浮剂6 g，或者亩用56%2甲4氯钠可溶粉剂100～140 g。以猪殃殃为主的麦田，可亩用20%氯氟吡氧乙酸乳油50～70 mL或5.8%双氟·唑嘧胺乳油10 mL，也可选用氟氯吡啶酯、麦草畏、唑草酮或苄嘧磺隆等。

单子叶杂草中，玉米茬麦田以雀麦、节节麦为主。防除雀麦可亩用7.5%啶磺草胺水分散粒剂9～12.5 g，或者30 g/L甲基二磺隆悬浮剂25～30 g，或者70%氟唑磺隆水分散粒剂3～4 g。防除节节麦可亩用30 g/L甲基二磺隆悬浮剂25～30 g。

以上药剂进行茎叶喷雾防治。双子叶和单子叶杂草混合发生的麦田可用以上药剂混合使用，或者选用含有以上成分的复配制剂。春季麦田化学除草易对后茬作物产生药害，禁止使用长残效除草剂，如氯磺隆、甲磺隆等药剂。

三、分类指导，科学施肥浇水

春季肥水管理是调控群体和个体的关键措施，各地一定要因地因苗管理，突出分类指导。

（一）旺长麦田

旺苗麦田一般年前亩茎数达80万以上。这类麦田由于群体较大，叶片细长，拔节期以后，容易造成田间郁蔽、光照不良，从而引起倒伏。主要应采取以下措施。

1. 镇压

返青期至起身期镇压可有效抑制分蘖增生和基部节间过度伸长，调节群体结构合理，提高小麦抗倒伏能力，是控旺苗转壮的重要技术措施。注意在上午霜冻消除露水消失后再镇压。旺长严重地块可每隔一周左右镇压1次，共镇压2～3次。

2. 喷施化控剂

过旺麦田，在小麦起身期前后喷施“壮丰安”“麦巨金”等化控剂，可抑制基部节间伸长，控制植株过旺生长，促进根系下扎，防止生育后期倒伏。一般亩用量30～40 mL，兑水30 kg，叶面喷雾。

3. 因苗确定春季追肥浇水时间

对于年前植株营养体生长过旺，地力消耗过大，有“脱肥”现象的麦田，可在起身期追肥浇水，防止过旺苗转弱苗；对于没有出现脱肥现象的过旺麦田，早春不要急于施肥浇水，应在镇压和喷施化控剂等控制措施的基础上，将追肥时期推迟到拔节后期，一般施肥量为亩追尿素15 kg左右。

（二）一类麦田

一类麦田的冬前群体一般为每亩60万～80万株，多属于壮苗麦田。在管理措施上，要突出氮肥后移。

对地力水平较高，群体70万～80万株的一类麦田，要在小麦拔节中后期追肥浇水，以获得更高产量；对地力水平一般，群体60万～70万株的一类麦田，要在小麦拔节初期进行肥水管理。一般结合浇水亩追尿素15 kg左右。

（三）二类麦田

二类麦田的冬前群体一般为每亩45万～60万株，属于弱苗和壮苗之间的过渡类型。春季田间管理的重点是促进春季分蘖的发生，巩固冬前分蘖，提高冬春分蘖的成穗率。

地力水平较高，群体55万～60万株的二类麦田，在小麦起身以后、拔节以前追肥浇水；地力水平一般，群体45万～55万株的二类麦田，在小麦起身期进行肥水管理。

（四）三类麦田

三类麦田一般每亩群体小于45万株，多属于晚播弱苗。春季田间管理应以促为主。一般在早春表层土化冻2 cm时开始划锄，拔节前力争划锄2～3遍，增温促早发。同时，在早春土壤化冻后及早追施氮素化肥和磷肥，促根增蘖保穗数。只要墒情尚可，应尽量避免早春浇水，以免降低地温，影响土壤透气性，延缓麦苗生长发育。

（五）受旱麦田

对有水浇条件的但没浇越冬水、受旱严重、分蘖节处于干土层、次生根长不出来或很短的重旱麦田，要早浇水、早施肥、促早发。在小麦返青期，掌握“冷尾暖头、夜冻日消、有水即浇、小水为主”的原则，于中午前后抓紧浇水保苗，确保麦苗返青生长有足够的养分，促进春生分蘖和次数根早生快长，促进分蘖成穗，争取较多的亩穗数。灌水不宜过多，亩灌30～40 m^3即可，同时适量施用化肥。

对没水浇条件的旱地麦田，应在早春土壤化冻后抓紧进行镇压划锄、顶凌耙耱等，以提墒、保墒。弱苗麦田，要在土壤返浆后，借墒施入氮素化肥，促苗早发；一般壮苗麦田，应在小麦起身至拔节期间降水后，抓紧借雨追肥。一般亩追施尿素12～15 kg。对底肥没施磷肥的要在氮肥中配施磷酸二铵，促根下扎，提高抗旱能力。

（六）冻害麦田

对于冬前和越冬期冻害较重的麦田，要立足“早管促早发”的原则，采取以下管理措施：一是早春适时搂麦或划锄，去除枯叶，改善麦田通风透光条件，促进新生叶加快生长。二是在土壤解冻后及时追肥，一般每亩施尿素15 kg左右，缺磷地块亩施氮磷复合肥20 kg左右，促进小分蘖成穗。三是在返青期叶面喷施植物细胞膜稳态剂、复硝酚钠等植物生长调节剂，促进分蘖的发生，提高分蘖成穗率。四是在拔节期再根据苗情酌情追施氮肥或氮磷复合肥，提高穗粒数。

四、精准用药，绿色防控病虫害

返青拔节期是麦蜘蛛、地下害虫的为害盛期，也是纹枯病、茎基腐病、根腐病等根茎部病害的侵染扩展高峰期，要抓住这一多种病虫混合集中发生的关键时期，根据当地病虫发生情况，以主要病虫为目标，选用适宜的杀虫剂与杀菌剂混用，一次施药兼治多种病虫。要精准用药，尽量做到绿色防控。麦蜘蛛在10时以前或16时以后活动旺盛，此时防治效果较好，可亩用5%阿维菌素悬浮剂4～8 g或4%联苯菊酯微乳剂30～50 mL；防治纹枯病、根腐病可选用18.7%丙环·嘧菌酯悬乳剂每亩50～70 mL兑水75～100 kg或24%噻呋酰胺悬浮剂，每亩20 mL兑水75～100 kg喷麦茎基部防治，间隔10～15 d再喷1次；防治地下害虫可用48%乐斯本乳油或40%毒死蜱乳油每亩40～50 mL兑水75～100 kg喷麦茎基部；防治小麦吸浆虫可在4月上中旬亩用5%甲基异柳磷颗粒剂1～1.5 kg或40%甲基异柳磷乳油150～200 mL兑细砂或细沙土30～40 kg撒施地面并划锄，施后浇水防治效果更佳。以上病虫混合发生可采用适宜药剂一次混合施药防治。

五、密切关注天气变化，防止早春冻害

早春冻害（倒春寒）是滨州市早春常发灾害。防止早春冻害最有效措施是密切关注天气变化，在降温之前灌水。由于水的热容量比空气和土壤大，因此早春寒流到来之前浇水能使近地层空气中水汽增多，在发生凝结时，放出潜热，以减小地面温度的变幅。因此，有浇灌条件的地区，在寒潮来前浇水，可以调节近地面层小气候，对防御早春冻害有很好的效果。

小麦是具有分蘖特性的作物，遭受早春冻害的麦田不会冻死全部分蘖，另外还有小麦蘖芽可以长成分蘖成穗。只要加强管理，仍可获得好的收成。因此，若早春一旦发生冻害，就要及时进行补救。主要补救措施：一是抓紧时间，追施肥料。对遭受冻害的麦田，根据受害程度，抓紧时间，追施速效化肥，促苗早发，提高2～4级高位分蘖的成穗率。一般每亩追施尿素10 kg左右。二是及时适量浇水，促进小麦对氮素的吸收，平衡植株水分状况，使小分蘖尽快生长，增加有效分蘖数，弥补主茎损失。三是叶面喷施植物生长调节剂。小麦受冻后，及时叶面喷施植物细胞膜稳态剂、复硝酚钠等植物生长调节剂，可促进中、小分蘖的迅速生长和潜伏芽的快发，明显增加小麦成穗数和千粒重，显著增加小麦产量。

第四节　天气及管理措施对小麦春季苗情的影响

一、基本苗情

滨州市小麦播种面积407.09万亩，比上年增加17.64万亩。旱地面积6.93万亩，浇越冬水37.5万亩，播后镇压面积346.11万亩，冬前化学除草面积178.2万亩。大田亩茎数69.17万株，比冬前增加6.73万株，比2016年同期增加5.73万株；单株分蘖3.45个，比冬前增加0.35个，比2016年同期增加0.55个；三叶以上大蘖2.1个，比冬前增加0.22个，比2016年同期增加0.32个；单株次生根4.64条，比冬前增加0.27条，比2016年同期增加0.56条。

一类苗面积178.13万亩，占总播种面积的43.75%，比冬前增加1.4个百分点，比2016年同期增加6.46个百分点；二类苗面积181.02万亩，占总播种面积的44.47%，比冬前减少2.19个百分点，比2016年同期减少2.55个百分点；三类苗面积39.54万亩，占总播种面积的9.7%，比冬前减少0.63个百分点，比2016年同期减少5.23个百分点；旺苗面积8.4万亩，比冬前增加5.7万亩，比2016年同期增加5.42万亩。总体上看，2017年小麦整体较好，群体适宜，个体健壮，一、二类苗面积大，占到总播种面积的八成。但是由于越冬期气温偏高，个别地块播种较早播种量大，旺苗面积比冬前和2016年同期增大。

二、土壤墒情和病虫草害情况

1. 气象情况

（1）10月平均气温15.7℃，较常年偏高1.27℃；11月上中旬平均气温9.05℃，较常年偏高1.55℃。滨州市小麦冬前影响壮苗所需积温为500～700℃，10月至11月中旬大于0℃积温为663.4℃，较常年偏多76.2℃。12月平均气温1.53℃，较常年偏高2℃；1月平均气温-1.8℃，较常年偏高2.17℃。总体看，小麦播种后气温变化平稳，小麦正常生长发育非常有利，促使小麦早分蘖、多分蘖，个体健壮。越冬期气温偏高容易造成小麦旺长。

（2）光照条件。10月上旬光照61 h，有利于小麦出苗和生长；10月中旬至11月中旬，光照189.2 h，比常年偏少72.8 h；12月到翌年1月光照233.5 h，较常年偏少112.6 h。光照较常年偏少但总体较足，利于小麦光合作用及有机物质形成，利于分蘖形成。

（3）降水。小麦播种后，降水量适宜，有利于小麦生长发育。尤其是10月下旬降水量23.4 mm，比常年偏多17 mm。12月到翌年1月平均降水量16.4 mm，较常年偏多7 mm，有利于小麦越冬。

2. 土壤墒情

滨州市11月25日土壤墒情监测结果表明，冬小麦已灌溉水浇地0～20 cm土层，土壤含水量平均为17.90%，土壤相对含水量平均为74.57%，20～40 cm土壤含水量平均为17.81%，土壤相对含水量平均为74.97%；冬小麦未灌溉水浇地0～20 cm土层，土壤含水量平均为17.84%，土壤相对含水量平均为70.37%，20～40 cm土壤含水量平均18.90%，土壤相对含水量平均为75.23%；冬小麦旱地0～20 cm土层，土壤含水量平均为16.58%，土壤相对含水量平均为73.06%，20～40 cm土壤含水量平均为16.47%，土壤相对含水量平均为72.17%。对照冬小麦越冬期适宜相对含水量（65%～85%），目前滨州市麦田土壤墒情适宜。

3. 冻害发生情况

2017年滨州市小麦播种普遍较早，加之播后气温持续偏高，光照充足，小麦发育过快，部分麦田出现旺长现象。从11月21日开始，滨州市出现一次大范围降水降温天气过程，最低温度降至-8～-3℃。本次降温，伴随着降水过程，对减轻小麦低温冻害比较有利。但由于降温之前的一周各县区平均气温在9.0～10.9℃，较常年偏高4.6～5.3℃，小麦前期没有经过低温锻炼，突然大幅降温可能对部分旺长麦田和土壤松暄、镇压不实麦田造成不同程度的冻害。经过技术人员调查统计，滨州市小麦受冻面积64万亩，其中一级冻害面积59万亩，二级冻害面积5万亩。主要发生在早播旺长麦田，各栽培品种均有不同程度的冻害，冻害症状主要表现为叶片受冻。经过积极补救和越冬期麦田管理，据最新统计数据，滨州市小麦冻害面积16.5万亩。

4. 病虫草害情况

目前监测情况比较正常，冬季气温偏高有利于病虫害的发生。冬前未进行化学除草地块杂草较多，需特别重视春季化学除草工作。

三、存在的问题

一是部分秸秆还田旋耕地块，镇压不实，土壤松暄，存在早春低温冻害的隐患。二是部分播量偏大或者播期偏早地块，出现旺长。三是由于2016年10月下旬到11月滨州市降水较多，导致滨州市大部分麦田没有浇越冬水，冬前除草最佳时期因雨难以进地作业导致冬前化学除草面积比较少。四是部分麦田存在牲畜啃青现象。

四、项目实施情况

1. 小麦高产创建平台建设情况

2016—2017年度，在滨州市范围内规划了23个粮食高产创建示范方建设区域，示范方选择在地块集中连片、地势平坦、土层深厚、基础设施较为完善的乡镇。示范方总建设面积87.4万亩，涉及滨州市五县两区。其中，建设10万亩以上的高产创建示范方2个；3万亩以上的高产创建示范方21个。2个10万亩以上粮食高产创建示范方分别安排在阳信县和邹平县。其中阳信县10万亩方涉及流坡坞镇、温店镇、洋湖乡3个乡镇，包括126个村，面积10万亩。邹平县十万亩方涉及焦桥镇、韩店镇2个乡镇，包括81个村，面积为11.8万亩。21个3万亩方分别安排在滨城区5个、惠民县5个、阳信县2个、无棣县1个、沾化区1个、博兴县5个、邹平县2个，涉及22个乡镇，实施面积65.6万亩。目前示范区内小麦群体在70万～80万株，个体健壮，苗全苗匀，长势良好。

2. 小麦新品种对比试验

2016—2017年度承担山东省农技站统一安排的小麦新品种对比试验。试验田安排在无棣县，一共十个品种的对比试验，目前试验田小麦长势良好。

五、春季麦田管理意见

针对滨州市小麦苗情特点，春季田间管理要以“早管促早发”为原则，管理措施适当前移，促弱苗转壮；要突出分类管理，构建各类麦田的合理群体结构，搭好丰产架子。重点应抓好以下几个方面的技术措施。

（一）加大划锄镇压力度，保墒增温促早发

镇压要和划锄结合起来，先压后锄，以达到上松下实、提墒保墒增温的作用。

（二）适时进行化学除草，控制杂草为害

由于冬前化学除草面积较少，要特别重视春季化学除草工作。某些除草剂春季施用过晚，易影响药害和残留。因此，春天化学除草时间要注意在适期内尽量提前。

（三）分类指导，科学肥水管理

2017年滨州市麦田苗情比较复杂，类型较多，肥水管理要因地因苗制宜，突出分类指导。

1. 三类麦田

三类麦田一般每亩群体小于45万株，多属于晚播弱苗。春季田间管理应以促为主。尤其是“一根针”麦田，要通过“早划锄、早追肥”等措施促进苗情转化升级。一般在早春表层土化冻2 cm时开始划锄，拔节前力争划锄2～3遍，增温促早发。同时，在早春土壤化冻后及早追施氮素化肥和磷肥，促根增蘖保穗数。只要墒情尚可，应尽量避免早春浇水，以免降低地温，影响土壤透气性，延缓麦苗生长发育。

2. 二类麦田

二类麦田的冬前群体一般为每亩45万～60万株，属于弱苗和壮苗之间的过渡类型。春季田间管理的重点是促进春季分蘖的发生，巩固冬前分蘖，提高冬春分蘖的成穗率。地力水平较高，群体55万～60万株的二类麦田，在小麦起身以后、拔节以前追肥浇水；地力水平一般，群体45万～55万株的二类麦田，在小麦起身期进行肥水管理。一般结合浇水亩追尿素15 kg。

3. 一类麦田

一类麦田的冬前群体一般为每亩60万～80万株，多属于壮苗麦田。在管理措施上，要突出氮肥后移。对地力水平较高，群体70万～80万株的一类麦田，要在小麦拔节中后期追肥浇水，以获得更高产量；对地力水平一般，群体60万～70万株的一类麦田，要在小麦拔节初期进行肥水管理。一般结合浇水亩追尿素15～20 kg。

4. 旺长麦田

旺苗麦田一般年前亩茎数达80万株以上。这类麦田由于群体较大，叶片细长，拔节期以后，容易造成田间郁蔽、光照不良，从而招致倒伏。因此，春季管理应采取以控为主的措施。

（1）适时镇压。小麦返青期至起身期镇压，是控旺转壮的有效措施。一般每隔7～10 d镇压1次，共镇压2～3次。

（2）喷施化控剂。过旺麦田，在小麦起身期前后喷施“壮丰安”“麦巨金”等化控剂，可抑制基部节间伸长，控制植株过旺生长，促进根系下扎，防止生育后期倒伏。一般亩用量30～40 mL，兑水30 kg，叶面喷雾。

（3）因苗确定春季追肥浇水时间。对于年前植株营养体生长过旺，地力消耗过大，有“脱肥”现象的麦田，可在起身期追肥浇水，防止过旺苗转弱苗；对于没有出现脱肥现象的过旺麦田，早春不要急于施肥浇水，应在镇压、划锄和喷施化控剂等控制措施的基础

上，将追肥时期推迟到拔节后期，一般施肥量为亩追尿素15～20 kg。

5. 旱地麦田

旱地麦田主要是南部山区，由于没有水浇条件，应在早春土壤化冻后抓紧进行镇压划锄、顶凌耙耱等，以提墒、保墒。弱苗麦田，要在土壤返浆后，借墒施入氮素化肥，促苗早发；一般壮苗麦田，应在小麦起身至拔节期间降水后，抓紧借雨追肥。一般亩追施尿素12～15 kg。对底肥没施磷肥的要在氮肥中配施磷酸二铵，促根下扎，提高抗旱能力。

6. 冻害麦田

对于越冬期冻害较重的麦田，要立足“早管促早发”的原则，采取以下管理措施：一是早春适时搂麦或划锄，去除枯叶，改善麦田通风透光条件，促进新生叶加快生长。二是在土壤解冻后及时追肥，一般每亩施尿素20 kg左右，缺磷地块亩施氮磷复合肥30 kg左右，促进麦苗快发快长。三是在返青期叶面喷施植物细胞膜稳态剂、复硝酚钠等植物生长调节剂，促进分蘖的发生，提高分蘖成穗率。四是在拔节期再根据苗情酌情追施氮肥或氮磷复合肥，提高穗粒数。

（四）高度重视预测预报，综合防治病虫害

春季是各种病虫害多发的季节。各地一定要高度重视搞好测报工作，及早备好药剂、药械，实行综合防治。返青拔节期是麦蜘蛛、地下害虫的为害盛期，也是纹枯病、全蚀病、根腐病等根病的侵染扩展高峰期，要抓住这一多种病虫害混合集中发生的关键时期，根据当地病虫害发生情况，以主要病虫害为目标，选用适宜杀虫剂与杀菌剂混合，一次施药兼治多种病虫害。

（五）密切关注天气变化，防止早春冻害

早春冻害（倒春寒）是滨州市早春常发灾害。防止早春冻害最有效措施是密切关注天气变化，在降温之前灌水。早春一旦发生冻害，就要及时进行补救。主要补救措施：一是抓紧时间，追施肥料。对遭受冻害的麦田，根据受害程度，抓紧时间，追施速效化肥，促苗早发，提高2～4级高位分蘖的成穗率。一般每亩追施尿素10 kg左右。二是及时适量浇水，促进小麦对氮素的吸收，平衡植株水分状况，使小分蘖尽快生长，增加有效分蘖数，弥补主茎损失。三是叶面喷施植物生长调节剂。小麦受冻后，及时叶面喷施植物细胞膜稳态剂、复硝酚钠等植物生长调节剂，可促进中、小分蘖的迅速生长和潜伏芽的快发，明显增加小麦成穗数和千粒重，显著增加小麦产量。

第五节　2017年小麦中后期管理技术措施

2017年小麦中后期田间管理的指导思想是“水肥调控，穗大粒多，预防冷害，防止倒伏，绿色植保，防病治虫”。各地要因地因苗制宜，突出分类指导，切实抓好以下管理措施的落实。

一、分类搞好拔节期肥水管理

滨州市大部分地区小麦尚处在起身拔节初期，是肥水管理的关键时期。因此，对前期没有进行春季肥水管理的一、二类麦田，或者早春进行过返青期追肥但追肥量不够的麦田，均应在拔节期追肥浇水。但拔节期肥水管理要做到因地因苗制宜。对地力水平一般、群体偏弱的麦田，可肥水早攻，在拔节初期进行肥水管理，以促弱转壮；对地力水平较高、群体适宜的麦田，要在拔节中期追肥浇水；对地力水平较高、群体偏大的旺长麦田，要尽量肥水后移，在拔节后期追肥浇水，以控旺促壮。一般亩追尿素15 kg左右。群体较大的高产地块，要在追施氮肥的同时，亩追钾肥6～12 kg，以防倒增产。追肥时要注意将肥料开沟深施，杜绝撒施，以提高肥效。

二、因地制宜，酌情浇好扬花灌浆水

小麦开花至成熟期的耗水量约占整个生育期耗水总量的1/4，需要通过灌溉满足供应。干旱不仅会影响抽穗、开花期，还会影响穗粒数。所以，小麦开花期至开花后10 d左右，应适时浇好开花灌浆水，以保证小麦籽粒正常灌浆，同时还可改善田间小气候，抵御干热风的危害，提高籽粒饱满度，增加粒重。此期浇水应特别关注天气变化，不要在风雨天气浇水，以防倒伏。

三、密切关注天气变化，做好“倒春寒”的预防和补救

近些年来，滨州市小麦在拔节期以后常会发生倒春寒冻害（冷害），减少小麦结实粒数，降低产量。因此，各地要提前制定防控“倒春寒”灾害预案，密切关注天气变化，在降温之前及时浇水，可以提高小麦植株下部的温度，可防御早春冻害。一旦发生冻害，要及时施肥浇水补救。小麦是具有分蘖特性的作物，遭受冻害的麦田不会冻死全部分蘖，只要加强管理，促进下部小分蘖成穗，仍可获得好的收成。发生倒春寒冻害的补救措施：一是抓紧时间，追施肥料和浇水。对遭受冻害的麦田，根据受害程度，抓紧时间追施速效化肥，一般每亩追施尿素5～10 kg，接着浇水。二是叶面喷施植物生长调节剂，叶面喷施植物细胞膜稳态剂、复硝酚钠等植物生长调节剂，可促进中、小分蘖的迅速生长和潜伏芽的快发，明显增加小麦成穗数和千粒重，显著增加小麦产量。

四、搞好预测预报，绿色防控病虫害

小麦中后期，尤其穗期是病虫害集中发生盛期，若控制不力，将给小麦产量造成不可挽回的损失。各地要切实搞好预测预报工作，根据当地病虫害的发生特点和趋势，进行科学防治。要增强绿色植保理念，科学选用高效低毒的杀虫杀菌剂。

小麦中后期病虫害主要有麦蚜、麦蜘蛛、吸浆虫、赤霉病、白粉病、锈病等。防治小麦红蜘蛛，可每亩用5%阿维菌素悬浮剂8 g兑水适量喷雾，也可选用15%哒螨酮乳油

2 000～3 000倍液；防治小麦吸浆虫，可在小麦抽穗至扬花初期的成虫发生盛期，亩用5%高效氯氟氰菊酯水乳剂11 g兑水喷雾，兼治一代棉铃虫；穗蚜可每亩用25%噻虫嗪水分散粒剂10 g，或70%吡虫啉水分散粒剂4 g兑水喷雾，还可兼治灰飞虱。白粉病、锈病可用20%三唑酮乳油每亩50～75 mL喷雾防治或30%苯甲·丙环唑乳油1 000～1 200倍喷雾防治；叶枯病和颖枯病可用50%多菌灵可湿性粉剂每亩75～100 g喷雾防治，也可用18.7%杨彩杀菌剂喷雾防治。

2017年滨州市小麦赤霉病发病风险高，要高度重视赤霉病的防控工作。赤霉病要以预防为主，要坚持"主动出击、见花打药"的原则，抓住小麦抽穗扬花这一关键时期，全面喷施适宜药剂进行保护和治疗，减轻病害发生程度。在小麦抽穗至扬花期遇有阴雨、结露或者多雾天气且持续2 d以上时，要抓住小麦扬花初期的关键时期主动施药预防，做到扬花一块防治一块。对高危地区的高感品种，首次施药时间可提前至破口抽穗期。或者在小麦抽穗达到70%、小穗护颖未张开前，进行首次喷药预防，并在小麦扬花期再次喷药。药剂可选用25%氰烯菌酯悬浮剂每亩150 g，或者25%咪鲜胺乳油每亩15 g，或者50%多菌灵可湿性粉剂每亩100 g，或者50%多菌灵可湿性粉剂+45%咪鲜胺1∶1比例混合每亩40～50 g，兑水后对准小麦穗部均匀喷雾。如果施药后3～6 h内遇雨，雨后应及时补治。如遇连阴天气，应赶在下雨前施药。如雨前未及施药，应在雨停麦穗稍晾干时抓紧补喷。

小麦"一喷三防"技术是小麦后期防病、防虫、防干热风，增加粒重、提高单产的关键措施，也是防灾、减灾、增产最直接、最简便、最有效的措施，各地要加强"一喷三防"技术的宣传工作，引导农民逐步将应用该技术变为自觉行为。

五、采取综合措施，搞好后期倒伏的预防和补救

由于滨州市前期旺长面积比例偏高，后期麦田大面积倒伏的风险较大。因此，各地一定要高度重视麦田后期倒伏的预防工作。首先，要通过肥水调控防倒伏。群体较大麦田肥水管理时间要尽量后移，加快分蘖两极分化速度，通过改善群体通风透光状况提高植株抗倒伏能力。其次，要注意灌浆期浇水时间。最好在无风或微风时浇水，遇大风天气要停止浇水。

麦田一旦发生倒伏，要采取以下措施进行补救：一是不扶不绑，顺其自然。小麦倒伏一般都是顺势自然向后倒伏，麦穗、穗茎和上部的1～2片叶都露在表面，由于植株都有自动调节作用，因此小麦倒伏3～5 d后，叶片和穗轴会自然翘起，特别是倒伏不太严重的麦田，植株自动调节能力更强。也可在雨后人工用竹竿轻轻抖落茎叶上的水珠，减轻压力助其抬头。这样不扶不绑，仍能自动直立起来，使麦穗、茎、叶在空间排列达到合理分布。因此小麦倒伏后不论倒伏程度如何都不要人工绑缚或采取其他人工辅助措施。若人工绑缚或采取其他人工辅助措施，会再次造成茎秆损伤或二次折断，减产幅度更大。倒伏程度为倾斜的对产量影响较轻，也不影响机收，但收获方向要与倒伏方向相反；倒伏程度为平铺地面的可以在机械收获前1 d，用杈挑茎秆，使其离开地面，有助于机收。二是喷药防病害，减轻倒伏病害次生危害。小麦倒伏后特别是平铺倒伏的麦田为白粉病等喜湿性病菌繁殖侵染提供了理想场所，小麦倒伏后往往白粉病发生严重。因此对倒伏麦田要及早喷施粉

锈宁等杀菌剂，抑制病菌大量繁殖，有效控制倒伏小麦白粉病的发生程度，减轻倒伏病害次生危害。三是喷肥防早衰，减轻倒伏早衰次生危害。小麦倒伏后茎秆和根系都受到了不同程度的伤害，茎秆输送功能和根系吸收功能都有所下降，要结合喷药混喷速效NPK化肥，为穗光合、穗下节间光合和叶光合提供营养，增加粒重，减轻倒伏早衰次生危害。喷施浓度一般为磷酸二氢钾0.2%～0.3%，尿素1%～2%。

第六节　天气及管理措施对小麦产量及构成要素的影响

一、滨州市小麦生产情况和主要特点

（一）生产情况

1. 滨州市小麦生产总体情况

2017年，滨州市小麦收获面积402.71万亩，单产487.9 kg，总产196.48万t。与上年相比，面积增加15.85万亩，增幅4.1%；单产减少9.16 kg，减幅1.84%；总产增加4.19万t，增幅2.18%。

2. 小麦产量构成

表现为“两减一增”，即穗粒数、千粒重比2016年略减，亩穗数比2016年增加。平均亩穗数42.27万穗，增加1.91万穗，增幅为4.7%；穗粒数33.24粒，减少2.12粒，减幅6.0%；千粒重40.85 g，减少0.13 g，减幅0.32%（表7-2）。

表7-2　2017年小麦产量结构对比

年份	面积（万亩）	单产（kg）	总产（万t）	亩穗数（万穗）	穗粒数（粒）	千粒重（g）
2016	386.86	497.06	192.29	40.36	35.36	40.98
2017	402.71	487.90	196.48	42.27	33.24	40.85
增减	15.85	-9.16	4.19	1.91	-2.12	-0.13
增减百分比（%）	4.1	-1.84	2.18	4.7	-6.0	-0.32

3. 小麦单产分布情况

单产200 kg以下3.55万亩，占收获总面积的0.88%；单产201～300 kg17.66万亩，占4.39%；单产301～400 kg57.65万亩，占14.32%；单产401～500 kg143.39万亩，占35.61%；单产501～600 kg147.84万亩，占36.71%；单产600 kg以上32.62万亩，占8.1%（表7-3）。

表7-3 小麦单产分布情况

项目	亩产（kg）					
	<200	201～300	301～400	401～500	501～600	>600
面积（万亩）	3.55	17.66	57.65	143.39	147.84	32.62
占比（%）	0.88	4.39	14.32	35.61	36.71	8.1

（二）主要特点

1. 播种质量好

由于机械化在农业生产中的普及，特别是秸秆还田、深耕深松面积的扩大，以及宽幅播种、规范化播种技术的大面积推广，滨州市小麦播种质量明显提高，加之播种时土壤底墒尚可、播期适宜，小麦基本实现了一播全苗。精量半精量播种面积299.69万亩，规范化播种技术263.3万亩；宽幅播种技术106.9万亩；深耕面积34.2万亩，深松面积111.3万亩，播后镇压319.78万亩。

2. 良种覆盖率高

借助小麦统一供种等平台，滨州市加大高产优质小麦品种的宣传推广力度，重点推广了济麦22、师栾02-1、鲁原502、山农20、济南17等优良品种。良种覆盖率达到了95%以上。2016年滨州市小麦统一供种面积153.10万亩，占播种面积的37.6%，种子包衣面积354.97万亩，占播种面积的87.2%。

3. 冬前苗情总体较好

由于秋种期间土壤墒情较好，播种后温度适中，有利于小麦出苗和生长，实现了苗全、苗匀、苗壮。冬前气温、光照、降水等均有利于小麦生长，一类苗面积比上年有所提高。冬前一、二类苗面积占总播种面积的八成多。但是部分地块由于播种较早播种量偏大出现旺长现象，滨州市旺苗较往年增加（表7-4）。

表7-4 冬前苗情情况对比

年份	一类苗		二类苗		三类苗		旺苗	
	面积（万亩）	比例（%）	面积（万亩）	比例（%）	面积（万亩）	比例（%）	面积（万亩）	比例（%）
2015	127.86	33.00	198.85	51.34	60.15	15.53	0.48	0.12
2016	172.4	42.35	189.95	46.66	42.04	10.33	2.7	0.66
增减	44.54	9.35	−8.9	−4.68	−18.11	−5.2	2.22	0.54

4. 春季苗情特点

小麦春季生长整体较好，群体适宜，个体健壮，一、二类苗面积大，占到总播种面积的近九成，尤其一类面积比上年增加33.87万亩，总体苗情好于上年。但是部分地块由于冬前群体偏大，加之越冬期气温偏高，旺苗面积比冬前和上年同期增大（表7-5）。

表7-5 返青期苗情情况对比

年份	一类苗		二类苗		三类苗		旺苗	
	面积（万亩）	比例（%）	面积（万亩）	比例（%）	面积（万亩）	比例（%）	面积（万亩）	比例（%）
2016	144.26	37.29	181.86	47.01	57.76	14.93	2.98	0.77
2017	178.13	43.76	181.02	44.47	39.54	9.7	8.4	2.06
增减	33.87	6.47	−0.84	−2.54	−18.22	−5.23	5.42	1.29

拔节期苗情转化升级快，整体较好，群体适宜，个体健壮，一、二类苗面积增大，占到总播种面积的近九成。由于部分地块返青期群体偏大，加之今春气温偏高，光照充足，旺苗面积较返青期和上年同期有所增大（表7-6）。

表7-6 拔节期苗情情况对比

生长期	一类苗		二类苗		三类苗		旺苗	
	面积（万亩）	比例（%）	面积（万亩）	比例（%）	面积（万亩）	比例（%）	面积（万亩）	比例（%）
返青期	178.13	43.76	181.02	44.47	39.54	9.7	8.4	2.06
拔节期	203.52	49.99	162.67	39.96	31.04	7.62	9.9	2.43
增减	25.39	6.23	−18.35	−4.51	−8.5	−2.08	1.5	0.37

5. 灌浆时间长

小麦生长前期气温偏高，生育进程加快，开花较常年提前5 d左右，灌浆时间延长，加之灌浆期间气温和降水适宜，光照充足，昼夜温差大，有利于小麦产量的影响。

6. 病虫害轻

小麦冬季及春季返青前干旱，不利于病虫害的发生；拔节期间温度偏高，部分地块纹枯病、红蜘蛛、蚜虫等有不同程度发生；后期部分地块条锈病发生严重，由于防治及时，未对小麦产量造成影响。白粉病和赤霉病发生较轻，总体病虫为害较轻。

7. 优势品种逐渐形成规模

播种面积：济麦22面积157.27万亩，是滨州市种植面积最大的品种；鲁原502面积56.35万亩；师栾02-1面积43.3万亩；泰农18面积32.14万亩；济南17面积30.5万亩；临麦2号18.3万亩；山农20面积10.9万亩；鲁麦23面积9.25万亩。以上几大主栽品种计358.01万亩，占滨州市小麦播种总面积的88.9%。

8. “一喷三防”及统防统治技术到位

小麦“一喷三防”技术是小麦生长后期防病、防虫、防干热风的关键技术，是经实践证明的小麦后期管理的一项最直接、最有效的关键增产措施。2017年滨州市大力推广小麦“一喷三防”及统防统治技术，提高了防治效果，小麦病虫害得到了有效控制。及时发布了防御小麦干热风的技术应对措施并组织落实，有效地防范了干热风危害，为小麦丰产打下了坚实基础。

9. 小麦倒伏面积较往年大

5月22日晚，滨州市出现了一次较明显的大风降水天气过程，造成滨州市68.95万亩小麦发生不同程度倒伏。倒伏原因，一是大风伴大雨是倒伏主因，倒伏面积大的县区都是大风伴大雨，其他县区有风但降水量很小，所以基本没有倒伏。二是群体过大是倒伏的重要因素，播种时间早和播种量大加之暖冬造成群体过大。三是品种抗倒伏能力有差异，优质麦相对抗倒伏能力差，倒伏率高。四是田间管理措施不到位，尤其氮肥施用不合理造成倒伏。

10. 收获集中，机收率高

2017年小麦集中收获时间在6月4—16日，收获面积占总面积的90%以上；机收率高，机收面积占总收获面积的98%以上，累计投入机具1万台。

二、气象条件对小麦生长发育影响分析

（一）有利因素

1. 气温偏高，冬前基础好

（1）气温。播种后温度适中，有利于小麦出苗和生长。10月平均气温15.7℃，较常年偏高1.27℃。11月上中旬平均气温9.05℃，较常年偏高1.55℃。滨州市小麦冬前影响壮苗所需积温为500～700℃，10月至11月中旬大于0℃积温为663.4℃，较常年偏多76.2℃。总体来看，气温变化平稳，小麦正常生长发育非常有利，促使小麦早分蘖、多分蘖，个体健壮。

（2）光照条件。10月上旬光照61 h，有利于小麦出苗和生长；10月中旬至11月中旬，光照189.2 h，比常年偏少72.8 h。光照较常年偏少但总体较足，利于小麦光合作用及有机物质形成，利于分蘖形成。

（3）降水。小麦播种后，降水量适宜，有利于小麦生长发育。尤其是10月下旬降水量23.4 mm，比常年偏多17 mm。滨州市11月25日土壤墒情监测结果表明，冬小麦已灌溉水浇地0～20 cm土层，土壤含水量平均为17.90%，土壤相对含水量平均为74.57%，20～40 cm土壤含水量平均为17.81%，土壤相对含水量平均为74.97%；冬小麦未灌溉水浇地0～20 cm土层，土壤含水量平均为17.84%，土壤相对含水量平均为70.37%，20～40 cm土壤含水量平均18.90%，土壤相对含水量平均为75.23%；冬小麦旱地0～20 cm土层，土壤含水量平均为16.58%，土壤相对含水量平均为73.06%，20～40 cm土壤含水量平均为16.47%，土壤相对含水量平均为72.17%（表7-7）。

表7-7　2016年10—11月气象资料

时间		气温（℃）				降水量（mm）		日照时数（h）	
		2016	常年	积温	常年积温	2016	常年	2016	常年
10月	上旬	18.6	17.2	186	172.3	2.8	8.4	61.0	70.5
	中旬	17.1	14.6	171	145.9	4.6	14.5	52.3	63.8
	下旬	11.4	11.9	125.4	119.2	23.4	6.4	36.5	74.8

（续表）

时间		气温（℃）				降水量（mm）		日照时数（h）	
		2016	常年	积温	常年积温	2016	常年	2016	常年
11月	上旬	8.0	9.3	80	93.1	6.1	5.8	51.9	63.9
	中旬	10.1	5.7	101	56.7	0.6	5.4	48.5	59.5

2. 春季气温高，光照充足

2月平均气温2.9℃，较常年偏高2.4℃；降水量6.2 mm，偏少1.5 mm；日照174.9 h，偏少0.2 h。3月平均气温8.4℃，较常年偏高1.9℃；降水量15.2 mm，偏多3.7 mm；日照212 h，偏少3.8 h。气象条件有利于小麦生长（表7-8）。

表7-8　2017年2—3月气象资料

月份	气温（℃）		降水量（mm）		日照时数（h）	
	2017年	常年	2017年	常年	2017年	常年
2月	2.9	0.5	6.2	7.7	174.9	175.1
3月	8.4	6.5	15.2	11.5	212	215.8

3. 小麦生长后期气象条件适宜，非常有利于小麦灌浆

4月气温比常年偏高1.8℃，日照偏少12.6 h，虽然整体降水不多，但由于滨州市的大部分麦田普浇了1～2遍水，土壤水分有保证，加之4月19—21日（13.6 mm）和5月3—4日（7.8 mm）的两次降水为小麦的孕穗和灌浆提供了水分保障。灌浆期间昼夜温差大，十分有利于小麦产量的影响（表7-9）。

表7-9　2017年4—5月气象资料

时间	气温（℃）	距平（℃）	降水量（mm）	距平（mm）	日照（h）	距平（h）
4月	16.2	1.8	26.2	1.3	233.6	−12.6
5月	23	2.9	24.6	−25.4	317.5	48.4
6月上旬	23	−0.8	84.7	−0.6	16.8	3.2

（二）不利因素

1. 低温冻害

11月21日开始，滨州市出现一次大范围降水降温天气过程，最低温度降至−8～−3℃。本次降温，伴随着降水过程，对改善麦田墒情比较有利，但由于降温之前的一周各县区平均气温在9.0～10.9℃，较常年偏高4.6～5.3℃，小麦前期没有经过低温锻炼，突然大幅降温对部分旺长麦田和土壤松暄、镇压不实麦田造成不同程度的冻害，冻害级别主要是一级冻害，少部分二级冻害。

2. 春季持续干旱，气温偏高

小麦返青以来，滨州市大部分地区缺乏有效降水，部分地块出现了一定程度的旱情，加之气温高生育进程加快，影响了小麦穗分化，穗粒数有所减少。

3. 干热风危害

5月平均气温23℃，比常年偏高2.9℃。5月下旬出现36～38℃的极端高温天气，部分地块出现干热风，影响小麦灌浆，不利于千粒重的增加。滨州市干热风面积159.9万亩，减产幅度1.52%。

4. 大风降水造成小麦倒伏

5月22日晚，滨州市出现了一次较明显的大风降水天气过程，滨州市平均降水量16.3 mm。由于这次天气过程部分县（区）降水强度较大并伴随短时大风，造成小麦不同程度倒伏。滨州市小麦倒伏68.95万亩，减产幅度20.57%。由于正是滨州市小麦灌浆的关键期，倒伏后田间透风透光差，影响光合作用，水分养分运输受阻，影响小麦千粒重，造成倒伏麦田较大幅度减产。

三、小麦增产采取的主要措施

1. 大力开展高产创建示范方建设，提高粮食增产能力

滨州市以"吨粮市"建设为平台，结合各县区粮食生产发展的实际，大力开展高产创建活动。在滨州市范围内规划了23个粮食高产创建示范方建设区域，示范方选择在地块集中连片、地势平坦、土层深厚、基础设施较为完善的乡镇。示范方总建设面积87.4万亩，涉及滨州市五县两区。在示范方内积极推广秸秆还田、深耕深松、规范化播种、宽幅精播、配方施肥、氮肥后移等先进实用新技术，熟化集成了一整套高产稳产技术，辐射带动了大面积平衡增产。

2. 大力开展政策性农业保险，促进粮食稳产增产

农业保险在提高农业抵御自然灾害的能力，减轻农民损失，保护农民利益，调动和保护广大农民的种粮积极性，稳定粮食生产等方面起到了积极的推动作用。2017年滨州市10个县区全部开展了政策性农业保险工作，滨州市小麦投保面积248万亩，较上年增加34万亩，占播种面积的61%，取得各级财政保费补贴资金2 976万元。

3. 加强关键环节管理

在小麦冬前、返青、抽穗、灌浆等关键时期，组织专家搞好苗情会商，针对不同麦田研究制定翔实可行的管理措施，指导群众不失时机地做好麦田管理。

4. 加强技术指导

通过组织千名科技人员下乡活动、春风计划、农业科技入户工程，加强农民技术培训，组织专家和农技人员深入生产一线，结合利用电视台、报纸、网络、手机等现代媒体手段，积极应对突发灾害性天气，有针对性地搞好技术指导，帮助农民解决麦田管理中遇到的实际困难和问题。与气象部门密切配合及时做好自然灾害预警预防，提早做好防"倒春寒"、抗旱、防倒、防干热风等预案并及时下发各项紧急通知进行积极应对。力争将自

然灾害损失降到最低。同时要求相关承保公司第一时间赶赴受灾现场做好勘灾理赔工作，保护农民收益。

5. 加强病虫害监测防治

及时发布病虫害信息，指导农民进行科学防治，降低病虫为害。2017年滨州市发生了自1990年以来最严重的小麦条锈病重大病情，发生面积达到70多万亩。滨州市农业部门快速有效应对，准确掌握小麦条锈病发生动态，普查中实行“带药侦查”，发现一点，控制一片，及时封锁控制发病中心，并组织群众开展科学防治，滨州市小麦条锈病防控工作取得全面胜利。

四、新技术引进、试验、示范情况

借助小麦高产创建示范方和市财政支持农技推广项目及粮食生产“十统一”等各类项目为载体，滨州市近几年加大对新技术新产品的示范推广力度，通过试验对比探索出适合滨州市的新技术新品种，其中，推广面积较大的有：玉米秸秆还田376.71万亩，规范化播种技术263.万亩；宽幅播种技术106.9万亩；深耕面积34.2万亩，深松面积111.3万亩，播后镇压319.78万亩，氮肥后移247.2万亩，“一喷三防”技术331.29万亩。从近几年的推广情况看，规范化播种技术、宽幅精播技术、机械深松技术、“一喷三防”技术、化控防倒技术、秸秆还田技术效果明显，且技术较为成熟，推广前景好；免耕栽培技术要因地制宜推广；随着机械化程度的提高农机农艺的融合对小麦的增产作用越来越明显，加大和农机部门的合作。品种方面滨州市主推品种为：济麦22、师栾02-1、鲁原502、泰农18、济南17、临麦2号等。

五、小面积高产攻关主要技术措施和做法、经验

（一）采取的主要技术措施和做法

1. 选用良种

依据气候条件、土壤基础、耕作制度等选择高产潜力大、抗逆性强的多穗性优良品种，如济麦22号、鲁原502等品种进行集中攻关、展示、示范。

2. 培肥地力

采用小麦、玉米秸秆全量还田技术，同时每亩施用土杂肥3～5 m^3，提高土壤有机质含量和保蓄肥水能力，增施商品有机肥100 kg，并适当增施锌、硼等微量元素肥。

3. 种子处理

选用包衣种子或用敌委丹、适乐时进行拌种，促进小麦次生根生长，增加分蘖数，有效控制小麦纹枯病、金针虫等苗期病虫害。

4. 适期适量播种并播前播后镇压

小麦播种日期于10月5日左右，采用精量播种机精量播种，基本苗10万～12万株，冬前总茎数为计划穗数的1.2倍，春季最大总茎数为计划穗数的1.8～2.0倍，采用宽幅播种技

术。镇压提高播种质量，对苗全苗壮作用大。

5. 冬前管理

一是于11月下旬浇灌冬水，保苗越冬、预防冬春连旱；二是喷施除草剂，春草冬治，提高防治效果。

6. 氮肥后移延衰技术

将氮素化肥的底肥比例减少到50%，追肥比例增加到50%，土壤肥力高的麦田底肥比例为30%～50%，追肥比例为50%～70%；春季第一次追肥时间由返青期或起身期后移至拔节期。

7. 后期肥水管理

于5月上旬浇灌40 m^3左右灌浆水，后期采用“一喷三防”，连喷3次，延长灌浆时间，防早衰、防干热风，提高粒重。

8. 病虫草害综合防控技术

前期以杂草及根部病害、红蜘蛛为主，后期以白粉病、赤霉病、蚜虫等为主，进行综合防控。

（二）主要经验

要选择土壤肥力高（有机质1.2%以上）、水浇条件好的地块。培肥地力是高产攻关的基础，实现小麦高产攻关必须以较高的土壤肥力和良好的土、肥、水条件为保障，要求土壤有机质含量高，氮、磷、钾等养分含量充足，比例协调。

选择具有高产能力的优良品种，如济麦22号、鲁原502等。高产良种是攻关的内因，在较高的地力条件下，选用增产潜力大的高产良种，实行良种良法配套，就能达到高产攻关的目标。

深耕深松，提高整地和播种质量。有了肥沃的土壤和高产潜力大的良种，在适宜播期内，做到足墒下种，保证播种深浅一致，下种均匀，确保一播全苗，是高产攻关的基础。

采用宽幅播种技术。通过试验和生产实践证明，在同等条件下采用宽幅播种技术比其他播种方式产量高，因此在高产攻关和大田生产中值得大力推广。

狠抓小麦“三期”管理，即冬前、春季和小麦中后期管理。栽培管理是高产攻关的关键，良种良法必须配套，才能充分发挥良种的增产潜力，达到高产的目的。

相关配套技术要运用好。集成小麦精播半精播、种子包衣、冬春控旺防冻、氮肥后移延衰、病虫草害综防、后期“一喷三防”等技术，确保各项配套技术措施落实到位。

六、小麦生产存在的主要问题

一是整地质量问题。以旋代耕面积较大，许多地块只旋耕而不耕翻，犁底层变浅、变硬，影响根系下扎。滨州市402.71万亩小麦，深耕深松面积145.5万亩，不到四成。玉米秸秆还田粉碎质量不过关，且只旋耕一遍，不能完全掩埋秸秆，影响小麦苗全、苗匀。根本原因是机械受限和成本因素。通过滨州市粮食生产“十统一”工作深入开展，深耕松面积将不断扩大，以旋代耕问题将逐步解决，耕地质量将会大大提升。

二是施肥不够合理。部分群众底肥重施化肥，轻施有机肥，重施磷肥，不施钾肥。偏重追施化肥，年后追氮肥量过大，少用甚至不追施钾肥，追肥喜欢撒施“一炮轰”，肥料利用率低且带来面源污染。究其原因为图省工省力。

三是镇压质量有待提高。仍有部分秸秆还田地片播后镇压质量不过关，存在着早春低温冻害和干旱灾害的隐患。原因为播种机械供给不足及群众意识差等因素。

四是杂草防治不太得当。2017年特殊的气候条件，赤霉病、白粉病、根腐病、蚜虫等小麦病虫害发生较轻，但部分地区雀麦、野燕麦、节节麦有逐年加重的趋势，发生严重田块出现草荒，部分防治不当地块出现除草剂药害。主观原因是对草害发生与防治的认识程度不够，冬前除草面积小。客观原因是缺乏防治节节麦高效安全的除草剂，加之冬前最佳施药期降水较多除草作业困难，春季防治适期温度不稳定等因素。

五是品种多乱杂的情况仍然存在。“二层楼”甚至“三层楼”现象仍存在。原因为自留种或制种去杂不彻底或执法不严等。2017年秋种将取消统一供种，对品种纯度及整齐度会更为不利。

六是部分地块小麦不结实。部分地区插花式分布小麦不结实现象，面积虽小，但影响群众种植效益及积极性。初步诊断为小麦穗分化期受冷害或花期喷药所致。

七是盐碱地粮食高产稳产难度大。盐碱程度高，引黄灌溉水利工程基础差，小麦高产栽培技术不配套，农民多年习惯植棉，缺乏小麦种植管理知识和经验。小麦生产面积增加潜力大，但高产稳产难度大。2017年春季干旱，黄河引水不足，无棣、沾化北部新增小麦地块一水未浇，纯粹靠天吃饭，4月20日、5月3日两次降水部分缓解了旱情，否则该地区小麦产量会大受损失，甚至部分绝产。

七、2017年秋种在技术措施方面应做的主要工作

1. 搞好技术培训，确保关键增产技术落实

结合小麦高产创建示范方、财政支持农技推广项目、农技体系建设培训等，大力组织各级农技部门开展技术培训，加大种粮大户、种植合作社、家庭农场及种粮现代农业园区等新型经营主体的培训，使农民及种植从业人员熟练掌握新技术，确保技术落地。

2. 加大滨州市粮食生产“十统一”推进力度

大力推广秸秆还田、深耕深松等关键技术的集成推广。疏松耕层，降低土壤容重，增加孔隙度，改善通透性，促进好气性微生物活动和养分释放；提高土壤渗水、蓄水、保肥和供肥能力。

3. 因地制宜，搞好品种布局

继续搞好主推技术及主推品种的宣传引导，如在高肥水地块加大济麦22、泰农18等多穗型品种的推广力度，并推广精播半精播、适期晚播技术，良种精选、种子包衣、防治地下害虫、根病。盐碱地种粮地块以德抗961、青农6号等品种为主。对2017年倒伏面积较大的品种进行引导更换新品种。

4. 加大宣传力度，确实搞好播后镇压

近几年来，滨州市连续冬春连旱，播后镇压对小麦安全越冬起着非常关键的作用，对防御冬季及早春低温冻害和干旱灾害意义重大。关键是镇压质量要过关。我们将利用各种媒体及手段做好播后镇压技术的落实。

5. 继续搞好小麦种植试验研究

我们将在近几年种植小麦试验的基础上，尤其是认真总结2016年进行的小麦品种集中展示试验和按需补灌水肥一体化试验基础上，继续细化试验方案，认真探索研究不同地力条件下小麦种植的高产栽培模式。2017年秋种计划继续进行小麦全幅播种试验、新品种集中展示筛选试验及小麦高低畦栽培试验等各类试验，为农业生产指导提供科学依据。

第八章　2017—2018年度小麦产量主要影响因素分析

第一节　2017年播种基础及秋种技术措施

2017年小麦秋种工作总的思路是：以绿色高产高效为目标，以规范化播种、宽幅精播、播后镇压为主推技术，进一步优化种植结构，全面提高播种质量，奠定小麦丰收基础。切实抓好6项播种关键技术，示范推广4项绿色节本高效重点技术。

一、播种关键技术

（一）提高整地质量

近几年，小麦受旱、受冻的经验表明，播种前耕翻、深松、旋耕后进行耙地镇压，以及小麦播种后经过镇压的麦田，麦苗生长比较正常，受旱、受冻较轻；反之，旋耕后没有耙压，播种后也没有镇压，造成耕层土壤暄松，失墒快，影响次生根生长，冬季土壤表层透风，根系易受冷受旱，死苗较重。因此，耕后耙地镇压和播种后镇压是保苗安全越冬的重要环节。耕作整地总的原则是：正确掌握宜耕、宜耙作业时机，每2～3年耕翻1次，配套旋耕、耙、耱（耢）、压、起垄、开沟、作畦等作业，合理耕作，以确保作业质量，并减少耕作费用和能源消耗。

一是深耕（松）翻。土壤深耕可以打破犁底层，使土质变松软，土壤保水、保肥能力增强，是抗旱保墒的重要技术措施。耕翻可掩埋有机肥料、作物秸秆、杂草和病虫有机体，疏松耕层，松散土壤；降低土壤容重，增加孔隙度，改善通透性，促进好气性微生物活动和养分释放；提高土壤渗水、蓄水、保肥和供肥能力。近年来，随着翻转犁的出现，解决了土壤深耕出现犁沟的现象；随着机械牵引动力的增加，深耕翻可以达到30 cm左右。因此，有条件的地区，应逐渐加大机械深耕翻的推广面积。

二是少耕免耕。耕翻虽具有掩埋秸秆和有机肥料、控制杂草和减轻病虫害等优点，但每年重复工序复杂，耗费能源较大，在干旱年份还会因土壤失墒较严重而影响小麦产量。由于深耕效果可以维持多年，可以不必年年深耕。因此，播种前的土壤耕作可以2～3年深耕1次，其他年份采用旋耕或浅耕等“少免耕”方式。

三是耙耢镇压。耙耢可破碎土垡、耙碎土块、疏松表土、平整地面、踏实耕层，使耕层上松下实，减少蒸发、抗旱保墒，因此在深耕或旋耕后都应及时耙地。近年来，滨州市部分地区旋耕面积较大，旋耕后的麦田表层土壤松暄，如果不先耙耢镇压再播种，不仅会导致播种过深影响深播弱苗，严重影响小麦分蘖的发生，造成穗数不足；而且还会造成播种后很快失墒，影响次生根的生长和下扎，冬季易受冻导致黄弱苗或死苗。镇压有压实土壤、压碎土块、平整地面的作用，当耕层土壤过于疏松时，镇压可使耕层紧密，提高耕层土壤水分含量，使种子与土壤紧密接触，根系及时喷发与伸长，下扎到深层土壤中，一般深层土壤水分含量较高、较稳定，即使上层土壤干旱，根系也能从深层土壤中吸收到水分，提高麦苗的抗旱能力和田间水分利用效率，麦苗整齐健壮。因此，各类麦田小麦播种后应该及时镇压。

四是科学确定畦田种植规格。滨州市小清河以南地区有实行小麦畦田化栽培的传统，利于浇水和省肥省水。但目前不同地区畦的大小、畦内小麦种植行距千差万别，严重影响了下茬玉米机械种植。因此，2017年秋种，应充分考虑农机农艺结合的要求，按照下茬玉米机械种植规格的要求，确定好适宜的畦宽和小麦播种行数和行距。重点推荐以下两种种植规格，第一种：畦宽2.4 m，其中，畦面宽2 m，畦埂0.4 m，畦内播种8行小麦，采用宽幅播种，苗带宽8～10 cm，畦内小麦行距0.28 m，平均行距0.3 m。下茬在畦内种4行玉米，玉米行距0.6 m左右。第二种：畦宽1.8 m，其中，畦面宽1.4 m，畦埂0.4 m，畦内播种6行小麦，采用宽幅播种，苗带宽8～10 cm，畦内小麦行距0.28 m，平均行距0.3 m。下茬在畦内种3行玉米，玉米行距0.6 m左右。具体选用哪种种植规格应充分考虑水浇条件等因素，一般来说，水浇条件好的地块尽量要采用大畦，水浇条件差的采用小畦。

（二）优化品种布局

品种是小麦增产的内因，选好品种非常重要。要按照“品种类型与生态区域相配套，地力与品种产量水平相配套，早中晚熟品种与适宜播期相配套，水浇条件与品种抗旱性能相配套，高产与优质相配套”的原则，搞好品种布局。随着优质专用小麦需求量的增加和种植效益的提高，各地在进行品种布局时，要适当扩大优质专用小麦的种植面积，并加大订单生产的力度。2017年建议总的品种布局如下。

1. 种植优质专用小麦地区

重点选用以下品种：师栾02-1、济麦229、济南17、红地95、洲元9369、济麦20、藁优9415、泰山27等。

2. 水浇条件较好地区

重点种植以下品种：济麦22、鲁原502、山农20、泰农18、良星99、烟农24、临麦4号、烟农999、山农28号、山农29号、泰山28、山农22、山农23、鑫麦296等。

3. 水浇条件较差的旱地

主要种植品种：青麦6号、烟农19、烟农21、山农16、鲁麦21号、烟农0428、青麦7号等。

4. 中度盐碱地（土壤含盐量2‰～3‰）

主要种植品种：济南18、德抗961、山融3号、青麦6号等。

（三）搞好种子处理

做好种子包衣、药剂拌种，可以防治或推迟白粉病、纹枯病等病害发病时间，减轻秋苗发病，压低越冬菌源，同时控制苗期地下害虫为害。提倡用种衣剂进行种子包衣，预防苗期病虫害。没有用种衣剂包衣的种子要用药剂拌种。根病发生较重的地块，选用4.8%苯醚·咯菌腈（适麦丹）按种子量的0.2%～0.3%拌种，或2%戊唑醇（立克莠）按种子量的0.1%～0.15%拌种，或30 g/L的苯醚甲环唑悬浮种衣剂按照种子量的0.3%拌种；地下害虫发生较重的地块，选用40%辛硫磷乳油按种子量的0.2%拌种；病、虫混发地块用杀菌剂+杀虫剂混合拌种，可选用21%戊唑·吡虫啉悬浮种衣剂按照种子量的0.5%～0.6%拌种，或用27%的苯醚甲环唑·咯菌腈·噻虫嗪按照种子量的0.5%拌种，对早期小麦纹枯病、茎基腐病及麦蚜具有较好的控制效果，还可减少春天杀虫剂的使用次数1～2次。

（四）适墒播种

小麦播种时耕层的适宜墒情为土壤相对含水量的70%～75%。在适宜墒情的条件下播种，能保证一次全苗，使种子根和次生根及时长出，并下扎到深层土壤中，提高小麦抗旱能力，因此播种前墒情不足时要提前浇水造墒。在适期内，应掌握“宁可适当晚播，也要造足底墒”的原则，做到足墒下种，确保一播全苗。水浇条件较好的地区，可在前茬作物收获前10～14 d浇水，既有利于秋作物正常成熟，又为秋播创造良好的墒情。秋收前来不及浇水的，可在收后开沟造墒，然后再耕耙整地；或者先耕耙筑畦后灌水，待墒情适宜时耘锄耙地，然后播种。也可以采用先筑畦播种、后灌水蛩实的方法，要注意待地表墒情适宜时及时划锄破土出苗。无水浇条件的旱地麦田，要在前茬收获后，及时进行耕翻，并随耕随耙镇压，保住地下墒情并根据气象预报确定播期。

（五）适期播种

温度是决定小麦播种期的主要因素。小麦从播种至越冬开始，以0℃以上积温570～650℃为宜。各地要在试验示范的基础上，因地制宜地确定适宜播期。滨州市的小麦适宜播期一般为10月1—10日，最佳播期为10月3—8日。对于播期较早的小麦，要注意适当降低播量，播期推迟的麦田要适当加大播量，做到播期播量相结合。

（六）宽幅精量播种

实行宽幅精量播种，改传统小行距（15～20 cm）密集条播为等行距（22～25 cm）宽幅播种，改传统密集条播籽粒拥挤一条线为宽播幅（8～10 cm）种子分散式粒播，有利于种子分布均匀，减少缺苗断垄、疙瘩苗现象，克服了传统播种机密集条播、籽粒拥挤、争肥、争水、争营养、根少、苗弱的生长状况。因此，各地要大力推行小麦宽幅播种机械播种。要注意给播种机械加装镇压装置，播种深度3～5 cm，播种机不能行走太快，以每小时5 km为宜，以保证下种均匀、深浅一致、行距一致、不漏播、不重播。在适期播种情况下，分蘖成穗率低的大穗型品种，每亩适宜基本苗15万～18万株；分蘖成穗率高的中多穗型品种，每亩适宜基本苗12万～16万株。在此范围内，高产田宜少，中产田宜多。晚于适宜播种期播种，每晚播2 d，每亩增加基本苗1万～2万株。

二、绿色节本高效主要技术

按照新形势下国家小麦产业供给侧结构性改革和新旧动能转化的要求，除了保持小麦高产之外，迫切需要逐步试验示范推广一批省工省事、资源节约、环境友好的小麦绿色增产高效新技术，促进小麦生产与生态环境协调发展，走小麦绿色可持续发展之路，努力实现“一控两减三提高”的目标。“一控”主要是控制灌溉用水总量。“两减”主要是减少化肥和农药使用量，实现“零增长”。“三提高”主要是提高土地产出率，提高劳动生产率，提高投入品利用率。因此，2017年秋种，滨州市除重点推广小麦规范化播种技术、小麦宽幅精播技术、小麦氮肥后移高产栽培技术、小麦“一喷三防”技术等成熟技术外，还要因地制宜地示范推广以下绿色节本高效新技术。

（一）小麦测墒补灌节水栽培技术

该技术是于振文院士率领的课题组经过十余年辛勤探索，研究成功的新技术。这项技术的要点是：首先依据小麦关键生育时期的需水特点，设定关键生育时期的目标土壤相对含水量，再根据目标土壤含水量和实测的土壤含水量，利用公式计算出需要补充的灌水量，然后根据需要给小麦浇水。如此按需浇水，不但可以节约水资源，还能避免过度用水带来的其他问题。

（二）小麦病虫草害绿色防控技术

小麦病虫草害绿色防控技术，重点是加强农作物病虫草害预测预报，把握病虫草害防治的关键时期，采用农业防治、生态控治、生物防治和化学防治相结合，科学选配绿色环保型农药，应用新型施药机械组建植保专业服务队，加大统防统治工作力度。要注意尽可能控制在冬前选择合适的除草剂进行麦田除草。要保护和利用麦田害虫的各种天敌，发挥天敌自然控害作用，示范推广利用频振式杀虫灯等杀虫新技术。大力推广生物农药，严控高毒农药，推荐使用高效、低毒、低残留、绿色环保型农药防治麦田病虫害，减少化学农药使用量。

（三）小麦水肥一体化技术

小麦水肥一体化技术是借助压力灌溉系统，将可溶性固体或液体肥料溶解在灌溉水中，按小麦的水肥需求规律，通过可控管道系统直接输送到小麦根部附近的土壤供给小麦吸收。其特点是能够精确地控制灌水量和施肥量，显著提高水肥利用率。水肥一体化常用形式有微喷、滴灌、渗灌、小管出流等，在山东省小麦上以微喷灌、滴管为主。因其具有节水、节肥、节地、增产、增效等优势，是一项应用前景广阔的现代农业新技术。各地要根据生产实际和农民需求，加大关键技术和配套产品研发力度。特别要进一步加强土壤墒情监测，掌握土壤水分供应和作物需水状况，科学制定灌溉制度，全面推进测墒补灌。

（四）小麦深松施肥播种镇压一体化种植技术

该技术是在玉米秸秆还田环境下，不进行耕翻整地作业，由专门机械一次进地可完成间隔深松、播种带旋耕、分层施肥、精量播种、播后镇压等多项作业，具有显著的节本、增效作用。

第二节 天气及管理措施对小麦冬前苗情的影响

一、基本苗情

滨州市小麦播种面积410.35万亩，比上年增加3.26万亩，大田平均基本苗21.84万株，比上年增加0.11万株；亩茎数62.17万株，比上年减少0.27万株；单株分蘖3.01个，比上年减少0.09个；单株主茎叶片数4.55个，比上年减少0.23个；三叶以上大蘖1.71个，比上年减少0.17个；单株次生根4.17条，比上年减少0.2条。一类苗面积172.44万亩，占总播种面积的42.02%，较上年下降0.33个百分点；二类苗面积194.4万亩，占总播种面积的47.37%，较上年上升0.71个百分点；三类苗面积43.01万亩，占总播种面积的10.48%，较上年上升0.15个百分点；旺苗面积0.5万亩，较上年减少2.2万亩。总体上看，由于播期适宜，播种质量好，2017年小麦整体较好，群体适宜，个体发育良好，一、二类苗面积大，占到总播种面积的近九成，旺苗及“一根针”面积小，缺苗断垄面积小。

二、因素分析

1. 播种质量好，管理措施到位

由于机械化在农业生产中的普及，特别是秸秆还田、深耕深松面积的扩大，以及宽幅播种、规范化播种技术的大面积推广，滨州市小麦播种质量明显提高，加之目前土壤底墒尚可、播期适宜，小麦基本实现了一播全苗。滨州市小麦播种，玉米秸秆还田面积387.16万亩，造墒面积12.9万亩，浇“蒙头水”面积46.3万亩，深耕面积30.45万亩，深松面积103.3万亩，规范化播种面积300.37万亩，宽幅精播面积121万亩，播后镇压面积368.6万亩，浇越冬水面积138.7万亩，化学除草面积212.07万亩。滨州市旱地面积小，旱肥地31.95万亩，旱薄地面积13.78万亩。

2. 良种覆盖率高

借助小麦统一供种等平台，滨州市加大高产优质小麦品种的宣传推广力度，重点推广了济麦22、师栾02-1、鲁原502、山农20、济南17等优良品种。良种覆盖率达到了95%以上。2017年滨州市小麦统一供种面积154.8万亩，占播种面积的37.72%，种子包衣面积347.47万亩，占播种面积的84.67%。

3. 科技服务到位，带动作用明显

通过开展“千名农业科技人员下乡”活动和“科技特派员农村科技创业行动”“新型农民科技培训工程”等方式，组织大批专家和科技人员开展技术培训和指导服务。一是重点抓了农机农艺结合，扩大先进实用技术面积。以农机化为依托，大力推广小麦宽幅精播高产栽培技术、秸秆还田技术、小麦深松镇压节水栽培技术。二是以测土配方施肥补贴项目的实施为依托，大力推广测土配方施肥和化肥深施技术，广辟肥源，增加有机肥的施用量，培肥地力。三是充分发挥高产创建平台建设示范县和小麦规范化播种项目的示范带动作用。通过十亩高产攻关田、新品种和新技术试验展示田，将成熟的小麦高产配套栽培技术以样本的形式展示给种粮农民，提高了新技术的推广速度和应用面积。

4. 气象因素

（1）气温。播种后温度适中，有利于小麦出苗和生长。10月平均气温14.13℃，较常年同期偏低0.3℃。11月平均气温6.4℃，较常年同期偏高0.3℃。滨州市小麦冬前影响壮苗所需积温为500～700℃，10—11月大于0℃积温为615.1℃。总体来看，气温变化平稳，小麦正常生长发育非常有利，促使小麦早分蘖、多分蘖，个体健壮。

10月29日和11月3日滨州市有两次降温过程（最低温度分别为1℃、-1℃），由于小麦前期没有经过低温锻炼，突然大幅降温对部分旺长麦田和土壤松暄、镇压不实麦田的小麦1～2片叶造成低温冷害。

（2）光照条件。10月光照138.6 h，比常年偏少70.5 h，阴天寡照日较多（10月22日至11月3日共有8 d阴天或多云天气），导致小麦光合作用不充分，消耗营养多，积累干物质少，糖分积累少，叶片幼嫩，抗逆性差；11月光照196.5 h，比常年偏多19.5 h。总体光照较常年偏少，不利于小麦光合作用及有机物质形成，不利于分蘖形成，因此2017年小麦单株分蘖比2016年减少。

（3）降水。小麦播种后，降水量适宜，有利于小麦生长发育。10月上旬降水量46.9 mm，比常年偏多38.5 mm。10月中旬到11月底，滨州市降水偏少，平均降水量仅0.7 mm，部分水浇条件差的麦田出现干旱情况。

滨州市11月25日土壤墒情监测结果表明，冬小麦已灌溉水浇地0～20 cm土层，土壤含水量平均为17.81%，土壤相对含水量平均为75.96%，20～40 cm土壤含水量平均为18.09%，土壤相对含水量平均为77.31%；冬小麦未灌溉水浇地0～20 cm土层，土壤含水量平均为17.13%，土壤相对含水量平均为73.04%，20～40 cm土壤含水量平均17.20%，土壤相对含水量平均为72.82%；冬小麦旱地0～20 cm土层，土壤含水量平均为16.38%，土壤相对含水量平均为72.70%，20～40 cm土壤含水量平均为16.40%，土壤相对含水量平均为72.83%。棉田0～20 cm土层，土壤含水量平均为17.10%，土壤相对含水量平均为72.36%，20～40 cm土壤含水量平均17.12%，土壤相对含水量平均为72.44%。对照冬小麦苗期适宜相对含水量（65%～85%），滨州市麦田土壤墒情适宜（表8-1）。

表8-1　10—11月气象资料

时间		气温（℃）	距平（℃）	积温（℃）	距平（℃）	降水量（mm）	距平（mm）	日照（h）	距平（h）
10月	上旬	16.4	−0.8	164.2	−7.9	46.9	38.5	29.0	−41.5
	中旬	14.0	−0.6	139.8	−6.3	0.2	−14.3	36.7	−27.1
	下旬	12.0	0.1	120.1	1.2	0.0	−6.4	72.9	−1.9
11月	上旬	11.1	1.8	110.8	18.1	0.5	−5.3	63.7	−0.2
	中旬	4.8	−0.9	47.9	−8.8	0.0	−5.4	64.7	5.2
	下旬	3.2	−0.3	32.3	−3.2	0.0	−2.9	68.1	14.5

三、存在的问题

一是有机肥施用不足，造成地力下降。二是深耕松面积有所增加但总体相对偏少，连年旋耕造成耕层变浅，根系难以下扎。三是部分秸秆还田地块秸秆还田质量不高，秸秆量大，打不碎，埋不深，镇压不实，易造成冻苗、死苗。四是部分麦田播期过早，加上11月以来气温高，导致部分小麦冬前地上部分苗茎较高，在越冬或早春时难以抵御严寒，容易发生冻害。五是部分麦田存在牲畜啃青现象。六是农机农艺措施结合推广经验不足，缺乏统一组织协调机制；农机手个体分散、缺乏统一组织、培训，操作技能良莠不齐，造成机播质量不高。七是部分地区为防止秸秆焚烧，播种过早，导致旺长。八是北部部分盐碱地麦田水浇条件所限，播种晚、墒情差，苗情弱。九是农田水利设施老化、薄弱，防御自然灾害的能力还需提高。

四、冬前与越冬期麦田管理措施

1. 及时防除麦田杂草

冬前，选择日平均气温6℃以上晴天中午前后（喷药时温度10℃左右）进行喷施除草剂，防除麦田杂草。为防止药害发生，要严格按照说明书推荐剂量使用。喷施除草剂用药量要准、加水量要足，应选用扇形喷头，做到不重喷、不漏喷，以提高防效，避免药害。

2. 适时浇好越冬水

适时浇好越冬水是保证麦苗安全越冬和春季肥水后移的一项重要措施。因此，各县区要抓紧时间利用现有水利条件浇好越冬水，时间掌握在日平均气温下降到3～5℃，在麦田地表土壤夜冻昼消时浇越冬水较为适宜。

3. 控旺促弱促进麦苗转化升级

对于各类旺长麦田，采取喷施“壮丰安”“麦巨金”等生长抑制剂控叶蘖过量生长；适当控制肥水，以控水控旺长；运用麦田镇压，抑上促下，促根生长，以达到促苗转壮、培育冬前壮苗的目标。播期偏晚的晚茬麦田，积温不够是影响年前壮苗的主要因素，田间管理要以促为主。对于墒情较好的晚播弱苗，冬前一般不要追肥浇水，以免降低地温，影响发苗，可浅锄2～3遍，以松土、保墒、增温。对于整地质量差、地表坷垃多、秸秆还田量较大的麦田，可在冬前及越冬期镇压1～2次，压后浅锄，以压碎坷垃，弥实裂缝、踏实土壤，使麦根和土壤紧实结合，提墒保墒，促进根系发育。但盐碱地不宜反复镇压。

4. 严禁放牧啃青

要进一步提高对放牧啃青危害性的认识，整个越冬期都要禁止放牧啃青。

五、春季麦田管理意见

（一）适时划锄镇压，增温保墒促早发

划锄具有良好的保墒、增温、灭草、促苗早发等效果。各类麦田，不论弱苗、壮苗或旺苗，返青期间都应抓好划锄。早春划锄的有利时机为“顶凌期”，就是表土化冻2 cm时开始划锄。划锄要看苗情采取不同的方法：①晚茬麦田，划锄要浅，防止伤根和坷垃压苗；②旺苗麦田，应视苗情，于起身至拔节期进行深锄断根，控制地上部生长，变旺苗为壮苗；③盐碱地麦田，要在“顶凌期”和雨后及时划锄，以抑制返盐，减少死苗。另外要特别注意，早春第一次划锄要适当浅些，以防伤根和寒流冻害。以后随气温逐渐升高，划锄逐渐加深，以利根系下扎。到拔节前划锄3遍。尤其浇水或雨后，更要及时划锄。

（二）科学施肥浇水

三类麦田春季肥水管理应以促为主。三类麦田春季追肥应分两次进行，第一次在返青期5 cm地温稳定于5℃时开始追肥浇水，一般在2月下旬至3月初，每亩施用5～7 kg尿素和适量的磷酸二铵，促进春季分蘖，巩固冬前分蘖，以增加亩穗数。第二次在拔节中期施肥，提高穗粒数。二类麦田春季肥水管理的重点是巩固冬前分蘖，适当促进春季分蘖发生，提高分蘖的成穗率。地力水平一般，亩茎数45万～50万株的二类麦田，在小麦起身初期追肥浇水，结合浇水亩追尿素10～15 kg；地力水平较高，亩茎数50万～60万株的二类麦田，在小麦起身中期追肥浇水。一类麦田属于壮苗麦田，应控促结合，提高分蘖成穗率，促穗大粒多。一是起身期喷施“壮丰安”等调节剂，缩短基部节间，控制植株旺长，促进根系下扎，防止生育后期倒伏。二是在小麦拔节期追肥浇水，亩追尿素12～15 kg。旺苗麦田植株较高，叶片较长，主茎和低位分蘖的穗分化进程提前，早春易发生冻害。拔节期以后，易造成田间郁蔽、光照不良和倒伏。春季肥水管理应以控为主。一是起身期喷施调节剂，防止生育后期倒伏。二是无脱肥现象的旺苗麦田，应早春镇压蹲苗，避免过多春季分蘖发生。在拔节期前后施肥浇水，每亩施尿素10～15 kg。

（三）防治病虫草害

白粉病、锈病、纹枯病是春季小麦的主要病害。纹枯病在小麦返青后就发病，麦田表现点片发黄或死苗，小麦叶鞘出现梭形病斑或地图状病斑，应在起身期至拔节期用井冈霉素兑水喷根。白粉病、锈病一般在小麦挑旗后发病，可用粉锈宁在发病初期喷雾防治。小麦虫害主要有麦蚜、麦叶蜂、红蜘蛛等，要及时防治。

（四）密切关注天气变化，预防早春冻害

防止早春冻害最有效措施是密切关注天气变化，在降温之前灌水。由于水的热容量比空气和土壤大，因此早春寒流到来之前浇水能使近地层空气中水汽增多，在发生凝结时，放出潜热，以减小地面温度的变幅。因此，有浇灌条件的地区，在寒潮来前浇水，可以调节近地面层小气候，对防御早春冻害有很好的效果。

小麦是具有分蘖特性的作物，遭受早春冻害的麦田不会冻死全部分蘖，另外还有小麦蘖芽可以长成分蘖成穗。只要加强管理，仍可获得好的收成。因此，早春一旦发生冻害，就要及时进行补救。主要补救措施：一是抓紧时间，追施肥料。对遭受冻害的麦田，根据受害程度，抓紧时间，追施速效化肥，促苗早发，提高2～4级高位分蘖的成穗率。一般每亩追施尿素10 kg左右。二是中耕保墒，提高地温。及时中耕，蓄水提温，能有效增加分蘖数，弥补主茎损失。三是叶面喷施植物生长调节剂。小麦受冻后，及时叶面喷施天达2116植物细胞膜稳态剂、复硝酚钠、己酸二乙氨基醇酯等植物生长调节剂，可促进中、小分蘖的迅速生长和潜伏芽的快发，明显增加小麦成穗数和千粒重，显著增加小麦产量。

第三节　2018年春季田间管理技术措施

2018年滨州市小麦生产，受播种期间连续降水影响，部分地区小麦播期推迟，加上播种以来滨州市平均气温较常年偏低，降水和日照时数均偏少，11月上旬两次剧烈降温对小麦生长产生不利影响，滨州市小麦冬前苗情较去年偏弱。主要特点：一是滨州市平均群体、个体指标均低于2017年。据调查，滨州市冬前平均亩茎数62.17万，单株分蘖3.01个，主茎叶片数4.55个，单株次生根4.17条，分别比2017年同期减少0.27万，0.09个，0.23片和0.2条。二是一类苗和旺苗面积减少，二类、三类苗面积扩大。滨州市410.35万亩小麦，一类苗所占比例为42.02%，比2017年下降0.33个百分点；二类苗所占比例为47.37%，比2017年上升0.71个百分点；三类苗所占比例为10.48%，比2017年增加0.15个百分点；旺苗面积0.5万亩，较2017年减少2.2万亩。三是部分地块旱象已经显现。从2017年小麦播种至今，滨州市基本没有有效降水。虽然1月出现了几次降雪，在一定程度上缓解了浅层墒情不足的问题，但总体降水量不大，部分地块特别是没有浇越冬水的地块旱象已经显现。四是部

分地块病虫草害发生较重。受降温较早和地表干旱的影响，导致滨州市冬前化学除草面积相对较少。部分地块病虫越冬基数高，地下害虫为害较重。

针对目前滨州市小麦苗情特点，春季田间管理应按照“以促为主、促控结合”的原则，因地制宜、因苗施策，搞好分类管理，促二、三类苗转化升级，增分蘖促生根保穗数，减少小花退化增粒数。重点应抓好以下几个方面的技术措施。

一、及早镇压，保墒增温促早发

春季镇压可压碎土块，弥封裂缝，使经过冬季冻融疏松了的土壤表土层沉实，使土壤与根系密接起来，有利于根系吸收养分，减少水分蒸发。因此，对于吊根苗和耕种粗放、坷垃较多、秸秆还田导致土壤暄松的地块，一定要在早春土壤化冻后进行镇压，沉实土壤，减少水分蒸发和避免冷空气侵入分蘖节附近冻伤麦苗；对没有水浇条件的旱地麦田，在土壤化冻后及时镇压，促使土壤下层水分向上移动，起到提墒、保墒、增温、抗旱的作用。早春镇压要和划锄结合起来，先压后锄，以达到上松下实、提墒保墒、增温抗旱促早发的作用。

二、适时进行化学除草，控制杂草为害

麦田除草最好在冬前进行，但受冬前干旱、降温较早等因素的影响，滨州市冬前化学除草面积相对较少。因此，适时搞好春季化学除草工作尤为重要。春季化学除草的有利时机是在2月下旬至3月中旬，要在小麦返青初期及早化学除草。但要避开倒春寒天气，喷药前后3 d内日平均气温在6℃以上，日低温不能低于0℃，白天喷药时气温要高于10℃。针对滨州市麦田杂草群落结构，可选择如下除草剂。

双子叶杂草中，以播娘蒿、荠菜等为主的麦田，可选用双氟磺草胺、2甲4氯钠、2,4-滴异辛酯等药剂；以猪殃殃为主的麦田，可选用氯氟吡氧乙酸、氟氯吡啶酯·双氟磺草胺、双氟·唑嘧胺等；对于猪殃殃、荠菜、播娘蒿等阔叶杂草混生麦田，建议选用复配制剂，如氟氯吡啶酯+双氟磺草胺，或双氟磺草胺+氯氟吡氧乙酸，或双氟磺草胺+唑草酮等，可扩大杀草谱，提高防效。

单子叶杂草中，以雀麦为主的小麦田，可选用啶磺草胺+专用助剂，或氟唑磺隆、甲基二磺隆+专用助剂等防治；以野燕麦为主的麦田，可选用炔草酯，或精噁唑禾草灵等防治；以节节麦为主的麦田，可选用甲基二磺隆+专用助剂等防治；以看麦娘、硬草为主的麦田可选用炔草酯，或精噁唑禾草灵等防治。

双子叶和单子叶杂草混合发生的麦田可用以上药剂混合进行茎叶喷雾防治，或者选用含有以上成分的复配制剂。要严格按照药剂推荐剂量喷施除草剂，避免随意增大剂量对小麦及后茬作物造成药害，禁止使用长残效除草剂如氯磺隆、甲磺隆等药剂。

三、分类指导，科学施肥浇水

2018年滨州市麦田苗情比较复杂，类型较多，肥水管理要因地因苗制宜，突出分类指导。

（一）三类麦田

三类麦田多属于晚播弱苗，春季田间管理应以促为主。尤其是“一根针”或“土里捂”麦田，要通过“早划锄、早追肥”等措施促进苗情转化升级。一般在早春表层土化冻2 cm时开始划锄，拔节前力争划锄2～3遍，增温促早发。同时，在早春土壤化冻后及早追施氮素化肥和磷肥，促根增蘖保穗数。只要墒情尚可，应尽量避免早春浇水，以免降低地温，影响土壤透气性等导致麦苗生长发育延缓。待日平均气温稳定在5℃时，三类苗可以同时施肥浇水，每亩施5～8 kg尿素，促三类苗转化升级；到拔节期每亩再施8 kg尿素，促进穗花发育，增加每穗粒数。

（二）二类麦田

二类麦田属于弱苗和壮苗之间的过渡类型，春季田间管理的重点是促进春季分蘖的发生，巩固冬前分蘖，提高冬春分蘖的成穗率。一般在小麦起身期进行肥水管理，结合浇水亩追尿素15 kg左右。

（三）一类麦田

一类麦田多属于壮苗麦田，在管理措施上要突出氮肥后移。对地力水平较高，群体70万～80万株的一类麦田，要在小麦拔节中后期追肥浇水，以获得更高产量；对地力水平一般，群体60万～70万株的一类麦田，要在小麦拔节初期进行肥水管理。一般结合浇水亩追尿素15～20 kg。

（四）旺长麦田

旺苗麦田由于群体较大，叶片细长，拔节期以后，容易造成田间郁蔽、光照不良，从而造成倒伏。主要应采取以下管理措施。

1. 镇压

返青期至起身期镇压可有效抑制分蘖增生和基部节间过度伸长，调节群体结构合理，提高小麦抗倒伏能力，是控旺苗转壮的重要技术措施。注意在上午霜冻消除露水消失后再镇压。旺长严重地块可每隔一周左右镇压1次，共镇压2～3次。

2. 因苗确定春季追肥浇水时间

对于年前植株营养体生长过旺，地力消耗过大，有“脱肥”现象的麦田，可在起身期追肥浇水，防止过旺苗转弱苗；对于没有出现脱肥现象的过旺麦田，早春不要急于施肥浇水，应在镇压的基础上，将追肥时期推迟到拔节后期，一般施肥量为亩追尿素12～15 kg。

（五）旱地麦田

旱地麦田由于没有水浇条件，应在早春土壤化冻后抓紧进行镇压划锄、顶凌耙耱等，以提墒、保墒。弱苗麦田，可在土壤返浆后，借墒施入氮素化肥，促苗早发；一般壮苗麦田，应在小麦起身至拔节期间降水后，抓紧借雨追肥。一般亩追施尿素12 kg。对底肥没施磷肥的要在氮肥中配施磷酸二铵，促根下扎，提高抗旱能力。

（六）水肥一体化麦田

实施水肥一体化的麦田，一定要选择使用速溶性和全溶性好的肥料，小水勤浇，少食多餐，浇水总量掌握以刚好浇透为宜，比常规用水量减少1/3～1/2，施肥总量一般比常规施肥应减少1/3左右。

四、精准用药，绿色防控病虫害

返青拔节期是麦蜘蛛的为害盛期，也是纹枯病、茎基腐病、根腐病等根茎部病害的侵染扩展高峰期，要抓住这一多种病虫害混合集中发生的关键时期，根据当地病虫害发生情况，以主要病虫害为目标，选用适宜杀虫剂与杀菌剂混用，一次施药兼治多种病虫害。要精准用药，尽量做到绿色防控。防治纹枯病、根腐病可选用250 g/L丙环唑乳油每亩30～40 mL，或300 g/L苯醚甲环唑·丙环唑乳油每亩20～30 mL，或240 g/L噻呋酰胺悬浮剂每亩20 mL喷小麦茎基部，间隔10～15 d再喷1次；防治麦蜘蛛宜在10时以前或16时以后进行，可亩用5%阿维菌素悬浮剂4～8 g或4%联苯菊酯微乳剂30～50 mL。以上病虫害混合发生可采用对路药剂一次混合施药防治。

五、密切关注天气变化，防止早春冻害

早春冻害（倒春寒）是滨州市早春常发灾害。防止早春冻害最有效措施是密切关注天气变化，在降温之前灌水。由于水的热容量比空气和土壤大，因此早春寒流到来之前浇水能使近地层空气中水汽增多，在发生凝结时，放出潜热，以减小地面温度的变幅。因此，有浇灌条件的地区，在寒潮来前浇水，可以调节近地面层小气候，对防御早春冻害有很好的效果。

小麦是具有分蘖特性的作物，遭受早春冻害的麦田不会冻死全部分蘖，另外还有小麦蘖芽可以长成分蘖成穗。只要加强管理，仍可获得好的收成。因此，早春一旦发生冻害，就要及时进行补救。主要补救措施：一是抓紧时间，追施肥料。对遭受冻害的麦田，根据受害程度，抓紧时间，追施速效化肥，促苗早发，提高2～4级高位分蘖的成穗率。一般每亩追施尿素10 kg左右。二是及时适量浇水，促进小麦对氮素的吸收，平衡植株水分状况，使小分蘖尽快生长，增加有效分蘖数，弥补主茎损失。三是叶面喷施植物生长调节剂。小麦受冻后，及时叶面喷施植物细胞膜稳态剂、复硝酚钠等植物生长调节剂，可促进中、小分蘖的迅速生长和潜伏芽的快发，明显增加小麦成穗数和千粒重，显著增加冻害麦田小麦产量。

第四节 天气及管理措施对小麦春季苗情的影响

一、小麦春季苗情及田间管理情况

滨州市小麦播种面积416.22万亩，比2017年增加9.13万亩。大田平均亩茎数85.52万，比2017年同期增加16.35万；单株分蘖4.31个，比2017年同期增加0.86个；单株主茎叶片数6.13个，比2017年同期减少0.53个；三叶以上大蘖2.8个，比2017年同期增加0.7个；单株次生根6.35条，比2017年同期增加1.71条。

一类苗面积170.09万亩，占总播种面积的40.87%，比2017年同期减少2.88个百分点；二类苗面积191.37万亩，占总播种面积的45.98%，比2017年同期增加1.51个百分点；三类苗面积54.06万亩，占总播种面积的12.99%，比2017年同期增加3.29个百分点；旺苗面积0.7万亩，比2017年同期减少7.7万亩。总体上看，苗情分化严重，总体偏弱。一、二类苗面积大，占到总播种面积的近九成，旺苗面积较往年偏小。

滨州市小麦返青时间在3月5—16日，比2017年晚4～10 d；起身期在3月15—23日，与2017年接近；拔节期在4月3—10日，比2017年晚5～7 d。截至4月3日，滨州市小麦受旱面积由返青期的116.98万亩减少到拔节期的5万亩。冻害面积由返青前的49.1万亩，随着管理及生长，全部解除。划锄面积17.8万亩。春季镇压面积34.8万亩。春季化学除草面积252.3万亩。喷化控剂面积23万亩。叶面喷肥面积7万亩。浇水面积313.09万亩次，追肥面积321.1万亩次，病害防治面积14.36万亩次，虫害防治面积25.5万亩次。

二、土壤墒情和病虫草害情况

1. 气象情况

返青以来，气温偏高，降水适宜，光照偏弱。3月平均气温9.16℃，较常年偏高6.86℃；降水量13.8 mm，比常年偏多2.3 mm；日照205.8 h，比常年偏少8 h。小麦返青以来，滨州市大部分地区气温偏高，部分地块出现了旺长，群体偏大，个体偏弱，不利于中后期生长。

2. 土壤墒情

滨州市3月10日土壤墒情监测结果表明，冬小麦已灌溉水浇地0～20 cm土层，土壤含水量平均为18.08%，土壤相对含水量平均为77.52%，20～40 cm土壤含水量平均为18.32%，土壤相对含水量平均为78.51%；冬小麦未灌溉水浇地0～20 cm土层，土壤含水量平均为14.82%，土壤相对含水量平均为62.49%，20～40 cm土壤含水量平均15.32%，土壤相对含水量平均为64.55%；冬小麦旱地0～20 cm土层，土壤含水量平均为14.50%，土壤相对含水量平均为62.28%，20～40 cm土壤含水量平均为14.88%，土壤相对含水量平均为63.86%。棉田0～20 cm土层，土壤含水量平均为18.58%，土壤相对含水量平均为

77.05%，20～40 cm土壤含水量平均18.45%，土壤相对含水量平均为75.77%。浇过水的麦田墒情正常，未浇过水的麦田旱情发展迅速。

3. 病虫草害情况

小麦纹枯病发生面积155万亩左右，防治面积60万亩，发生程度1级，平均病株率为5.3%。红蜘蛛发生面积75万亩，防治面积25万亩，发生程度1级，平均每尺（1尺≈33.33 cm）单行62.8头。麦叶蜂幼虫每平方米0.5头，最高地块1头/m^2。麦蚜平均百株1.8头。

三、存在的问题

一是受2017年播种期间连续降水影响，部分地区小麦播期推迟，加上播种后滨州市平均气温较常年偏低，降水和日照时数均偏少，有机物积累少，小麦发育偏弱。二是2017年11月上旬和今春两次剧烈降温部分小麦出现冷害，尤其弱苗冻害严重。三是播种晚仅浇过越冬水或返青水的地块，长势正常，但个体分蘖少，群体小地表裸露，失墒快，旱情发展迅速。急需浇水补墒。四是播种早，受冻害严重至今尚未浇水的地块，目前叶色枯黄，干枯严重的发生死苗。五是播种晚，受冻害严重至今尚未浇水的地块，麦苗瘦弱、枯黄尚未完全返青，返碱严重的发生死苗。六是至今尚未进行化学除草和发生除草剂药害地块较多。

四、田间管理措施

（一）分类搞好拔节期肥水管理

目前滨州市小麦已陆续进入拔节期，是肥水管理的关键时期。因此，对前期没有进行春季肥水管理的一、二类麦田，或者早春进行过返青期追肥但追肥量不够的麦田，均应在拔节期追肥浇水。但拔节期肥水管理要做到因地因苗制宜。对地力水平一般、群体偏弱的麦田，可肥水早攻，在拔节初期进行肥水管理，以促弱转壮；对地力水平较高、群体适宜的麦田，要在拔节中期追肥浇水；对地力水平较高、群体偏大的旺长麦田，要尽量肥水后移，在拔节后期追肥浇水，以控旺促壮。一般亩追尿素15 kg左右。群体较大的高产地块，要在追施氮肥的同时，亩追钾肥6～12 kg，以防倒增产。追肥时要注意将肥料开沟深施，杜绝撒施，以提高肥效。

（二）因地制宜，酌情浇好扬花灌浆水

小麦开花至成熟期的耗水量约占整个生育期耗水总量的1/4，需要通过灌溉满足供应。干旱不仅会影响抽穗、开花期，还会影响穗粒数。所以，小麦开花期至开花后10 d左右，应适时浇好开花灌浆水，以保证小麦籽粒正常灌浆，同时还可改善田间小气候，抵御干热风的危害，提高籽粒饱满度，增加粒重。此期浇水应特别关注天气变化，不要在风雨天气浇水，以防倒伏。

（三）密切关注天气变化，做好“倒春寒”的预防和补救

密切关注天气变化，在降温之前及时浇水，防御早春冻害。一旦发生冻害，要及时

施肥浇水补救。发生倒春寒冻害的补救措施：一是抓紧时间，追施肥料和浇水。对遭受冻害的麦田，根据受害程度，抓紧时间追施速效化肥，一般每亩追施尿素5～10 kg，接着浇水。二是叶面喷施植物生长调节剂，促进中、小分蘖的迅速生长和潜伏芽的快发，增加小麦成穗数和千粒重，增加小麦产量。

（四）搞好预测预报，绿色防控病虫害

小麦中后期病虫害主要有麦蚜、麦蜘蛛、吸浆虫、赤霉病、白粉病、锈病等。防治小麦红蜘蛛，可用5%阿维菌素悬浮剂、15%哒螨酮乳油；防治小麦吸浆虫，可在小麦抽穗至扬花初期的成虫发生盛期，用5%高效氯氟氰菊酯水乳剂，兼治一代棉铃虫；穗蚜可用25%噻虫嗪水分散粒剂，或70%吡虫啉水分散粒剂喷雾，还可兼治灰飞虱。白粉病、锈病可用20%三唑酮乳油喷雾防治或30%苯甲·丙环唑乳油喷雾防治；叶枯病和颖枯病可用50%多菌灵可湿性粉剂喷雾防治。

要高度重视赤霉病的防控工作。抓住小麦抽穗扬花这一关键时期，全面喷施对路药剂进行防治，减轻病害发生程度。如果施药后3～6 h内遇雨，雨后应及时补治。如遇连阴天气，应赶在下雨前施药。如雨前未及施药，应在雨停麦穗稍晾干时抓紧补喷。

要向群众做好取消“一喷三防”项目的解释宣传，发动群众积极主动开展防治工作，引导农民逐步将“一喷三防”技术变为自觉行为。

（五）采取综合措施，搞好后期倒伏的预防和补救

由于滨州市前期旺长面积比例偏高，后期麦田大面积倒伏的风险较大。因此，各地一定要高度重视麦田后期倒伏的预防工作。首先，要通过肥水调控防倒伏。群体较大麦田肥水管理时间要尽量后移，加快分蘖两极分化速度，通过改善群体通风透光状况提高植株抗倒伏能力。其次，要注意灌浆期浇水时间。最好在无风或微风时浇水，遇大风天气要停止浇水。

对于一旦发生倒伏的麦田，要采取以下措施进行补救：一是不扶不绑，顺其自然。二是喷药防病害。小麦倒伏后往往白粉病、锈病发生严重。要及早喷施粉锈宁等杀菌剂进行防治。三是喷肥防早衰。喷施浓度一般为磷酸二氢钾0.2%～0.3%，尿素1%～2%。喷施时间应掌握在无风的晴天16时以后，以减少肥液的蒸发量，提高叶片对液肥的吸收。

第五节　2018年小麦中后期管理技术措施

一、酌情浇好扬花灌浆水

小麦开花至成熟期干旱不仅会影响抽穗、开花，还会影响穗粒数。若墒情不适宜的话，应适时浇好开花灌浆水，以保证小麦籽粒正常灌浆，同时还可改善田间小气候，抵御

干热风的危害，提高籽粒饱满度，增加粒重。此期浇水应特别关注天气变化，不要在风雨天气前浇水，以防倒伏。

二、做好“倒春寒”的预防和补救工作

2018年频繁的寒潮已给滨州市的小麦生长造成不利影响。目前滨州市正经历一次剧烈降温寒潮，预计会对滨州市小麦再次产生不利影响。因此，各地要提前制定防控“倒春寒”灾害预案，密切关注天气变化，在降温之前及时浇水，防御“倒春寒”冻害。一旦发生冻害，要及时采取减灾措施。小麦是具有分蘖特性的作物，遭受“倒春寒”冻害的麦苗不会整株死亡，只要及早采取减灾措施，加强管理，促进中、小蘖成穗，仍可获得较好收成。减灾措施一是抓紧追肥浇水。对遭受冻害的麦田抓紧追施速效化肥，一般结合浇水每亩追施尿素5～10 kg；二是叶面喷施植物细胞膜稳态剂、复硝酚钠等植物生长调节剂，促进中、小蘖迅速生长和潜伏蘖早发快长，减轻亩穗数和穗粒数的下降幅度。

三、搞好病虫害绿色防治

小麦中后期，尤其抽穗期以后是病虫害集中发生盛期，若控制不力，将给小麦产量造成不可挽回的损失。各地要切实搞好预测预报工作，根据当地病虫害的发生特点和趋势，进行科学防治。要增强绿色植保理念，科学选用高效低毒的杀虫杀菌剂。

小麦中后期病虫害主要有赤霉病、白粉病、锈病、麦蚜、麦蜘蛛、吸浆虫等。防治小麦红蜘蛛，可每亩用5%阿维菌素悬浮剂8 mL兑水适量喷雾，也可选用4%联苯菊酯微乳剂每亩30～50 mL；防治小麦吸浆虫，可在小麦抽穗至扬花初期的成虫发生盛期，亩用5%高效氯氟氰菊酯水乳剂11 g兑水喷雾，兼治一代棉铃虫；穗蚜可每亩用25%噻虫嗪水分散粒剂10 g，或70%吡虫啉水分散粒剂4 g兑水喷雾，还可兼治灰飞虱。白粉病、锈病可用20%三唑酮乳油每亩50～75 mL喷雾防治或250 g/mL丙环唑乳油35 mL喷雾防治。

由于近几年山东省小麦赤霉病菌源量较大，2018年要高度重视对该病的防控工作。赤霉病要以预防为主，在小麦抽穗至扬花期若遇降水或持续2 d以上的阴天、结露、多雾天气时，要施药预防。对高危地区的高感品种，首次施药时间可提前至破口抽穗期。或者在小麦抽穗达到70%、小穗护颖未张开前，进行首次喷药预防，并在小麦扬花期再次喷药。药剂可选用25%氰烯菌酯悬浮剂每亩100～200 mL，或者25%咪鲜胺乳油每亩50～60 g，或者50%多菌灵可湿性粉剂每亩100～150 g，兑水后对准小麦穗部均匀喷雾。如果施药后3～6 h内遇雨，雨后应及时补治。如遇连阴天气，应赶在下雨前施药。如雨前未及时施药，应在雨停麦穗晾干时抓紧补喷。

小麦“一喷三防”技术是小麦后期防病、防虫、防干热风，增加粒重、提高单产的关键措施，也是防灾、减灾、增产最直接、最简便、最有效的措施，各地要结合“一喷三防”项目，加大“一喷三防”技术的推广力度。“一喷三防”喷洒时间最好在晴天无风9—11时，16时以后喷洒，每亩喷水量不得少于30 kg，要注意喷洒均匀。小麦扬花期喷药

时，应避开开花授粉时间，一般在10时以后进行喷洒。在喷施前应留意天气预报，避免在喷施后24 h内下雨，导致小麦“一喷三防”效果降低。

第六节　天气及管理措施对小麦产量及构成要素的影响

一、滨州市小麦生产情况和主要特点

（一）生产情况

1. 滨州市小麦生产总体情况

2018年，滨州市小麦收获面积424.02万亩，单产458.62 kg，总产194.46万t。与上年相比，面积增加21.31万亩，增幅5.29%；单产减少29.28 kg，减幅6%；总产减少2.02万t，减幅1.03%。

2. 小麦产量构成

表现为“两减一增”，即亩穗数、千粒重比2017年略减，穗粒数比2017年增加。平均亩穗数38.07万穗，减少4.2万穗，减幅为9.94%；穗粒数35.43粒，增加2.19粒，增幅6.59%；千粒重40 g，减少0.85 g，减幅2.08%（表8-2）。

表8-2　2018年小麦产量结构对比

年份	面积（万亩）	单产（kg）	总产（万t）	亩穗数（万穗）	穗粒数（粒）	千粒重（g）
2017	402.71	487.90	196.48	42.27	33.24	40.85
2018	424.02	458.62	194.46	38.07	35.43	40.00
增减	21.31	−29.28	−2.02	−4.20	2.19	−0.85
增减百分比（%）	5.29	−6.00	−1.03	−9.94	6.59	−2.08

3. 小麦单产分布情况

单产200 kg以下19.54万亩，占收获总面积的4.61%；单产201～300 kg46.9万亩，占11.06%；单产301～400 kg100.81万亩，占23.77%；单产401～500 kg148.93万亩，占35.12%；单产501～600 kg95.24万亩，占22.46%；单产600 kg以上12.6万亩，占2.97%（表8-3）。

表8-3　小麦单产分布情况

项目	亩产（kg）					
	<200	201～300	301～400	401～500	501～600	>600
面积（万亩）	19.54	46.90	100.81	148.93	95.24	12.60
占比（%）	4.61	11.06	23.77	35.12	22.46	2.97

（二）主要特点

1. 播种质量好

由于机械化在农业生产中的普及，特别是秸秆还田、深耕深松面积的扩大，以及宽幅播种、规范化播种技术的大面积推广，滨州市小麦播种质量明显提高，加之播种时土壤底墒尚可、播期适宜，小麦基本实现了一播全苗。精量半精量播种面积286.65万亩，规范化播种技术374.11万亩；宽幅播种技术137.7万亩；深耕面积27万亩，深松面积81.9万亩，播后镇压350.9万亩。

2. 良种覆盖率高

借助小麦统一供种等平台，滨州市加大高产优质小麦品种的宣传推广力度，重点推广了济麦22、师栾02-1、鲁原502、济南17、泰农18等优良品种。良种覆盖率达到了95%以上。2017年滨州市小麦统一供种面积154.8万亩，占播种面积的37.72%，种子包衣面积347.47万亩，占播种面积的84.67%。

3. 冬前苗情总体较好

由于秋种期间土壤墒情较好，播种后温度适中，有利于小麦出苗和生长，实现了苗全、苗匀、苗壮。冬前气温、光照、降水等均有利于小麦生长，一、二类苗面积占总播种面积的九成（表8-4）。

表8-4　冬前苗情情况对比

年份	一类苗		二类苗		三类苗		旺苗	
	面积（万亩）	比例（%）	面积（万亩）	比例（%）	面积（万亩）	比例（%）	面积（万亩）	比例（%）
2016	172.4	42.35	189.95	46.66	42.04	10.33	2.7	0.66
2017	172.44	42.02	194.4	47.37	43.01	10.48	0.5	0.12
增减	0.04	−0.33	4.45	0.71	0.97	0.15	−2.2	−0.54

4. 春季苗情特点

受冬春干旱和低温影响，小麦春季生长整体偏弱，一、二类苗面积大，占到总播种面积的九成，滨州市平均群体、个体指标均低于2017年（表8-5）。

表8-5　返青期苗情情况对比

年份	一类苗		二类苗		三类苗		旺苗	
	面积（万亩）	比例（%）	面积（万亩）	比例（%）	面积（万亩）	比例（%）	面积（万亩）	比例（%）
2017	178.13	43.76	181.02	44.47	39.54	9.7	8.4	2.06
2018	175.61	42.80	197.23	48.06	36.99	9.01	0.52	0.13
增减	−2.52	−0.96	16.21	3.59	−2.55	−0.69	−7.88	−1.93

春季气温持续偏高，加速了小麦生育进程，使小麦提前抽穗扬花，增加了小麦灌浆时间。4、5月小麦生长的关键期降水充沛，为小麦拔节、孕穗、灌浆提供了良好墒情。小麦灌浆期特别是5月16日后光照良好，昼夜温差大，利于小麦灌浆（表8-6）。

表8-6　拔节期苗情情况对比

生长期	一类苗		二类苗		三类苗		旺苗	
	面积（万亩）	比例（%）	面积（万亩）	比例（%）	面积（万亩）	比例（%）	面积（万亩）	比例（%）
返青期	175.61	42.80	197.23	48.06	36.99	9.01	0.52	0.13
拔节期	170.09	40.87	191.37	45.98	54.06	12.99	0.7	0.17
增减	−5.52	−1.93	−5.86	−2.08	17.07	3.98	0.18	0.04

5. 病虫害轻

小麦冬季及春季返青前干旱，不利于病虫害的发生；拔节期间温度偏高，部分地块纹枯病、红蜘蛛、蚜虫等有不同程度发生；后期部分地块赤霉病发生严重，由于防治及时，未对小麦产量造成影响。白粉病和条锈病发生较轻，总体病虫为害较轻。

6. 优势品种逐渐形成规模

具体面积：济麦22面积142.1万亩，是滨州市种植面积最大的品种；鲁原502面积56.8万亩；师栾02-1面积52.4万亩；济南17面积33.3万亩；泰农18面积28.54万亩；临麦4号面积18万亩；临麦2号面积10万亩。以上几大主栽品种计341.14万亩，占滨州市小麦播种总面积的80.45%。

7. “一喷三防”及统防统治技术到位

小麦“一喷三防”技术是小麦生长后期防病、防虫、防干热风的关键技术，是经实践证明的小麦后期管理的一项最直接、最有效的关键增产措施。2018年滨州市大力推广小麦“一喷三防”及统防统治技术，提高了防治效果，小麦病虫害得到了有效控制。及时发布了防御小麦干热风的技术应对措施并组织落实，有效地防范了干热风危害，为小麦丰产打下了坚实基础。

8. 小麦受灾情况较往年严重

冬春持续干旱少雨，造成滨州市130.03万亩小麦发生不同程度旱情，影响小麦生长发育；冬前两次降温和春季两次寒潮造成滨州市58.2万亩小麦发生冻害，严重影响小麦返青和拔节抽穗；5月中旬和6月初两次大风降水冰雹造成12.19万亩小麦倒伏，9.68万亩小麦雹灾，减产都达到10%；6月上中旬持续高温和连续降水造成滨州市141.3万亩小麦遭受干热风危害，影响了小麦产量。

9. 收获集中，机收率高

2018年小麦集中收获时间在6月4—16日，收获面积占总面积的90%以上；机收率高，机收面积占总收获面积的98%以上，累计投入机具1万台。

二、气象条件对小麦生长发育影响分析

（一）有利因素

1. 气温降水适宜，冬前基础好

（1）气温。播种后温度适中，有利于小麦出苗和生长。10月平均气温14.13℃，较常年同期偏低0.3℃。11月平均气温6.4℃，较常年同期偏高0.3℃。滨州市小麦冬前影响壮苗所需积温为500～700℃，10—11月大于0℃积温为615.1℃。总体看，气温变化平稳，小麦正常生长发育非常有利，促使小麦早分蘖、多分蘖，个体健壮。

（2）降水。小麦播种后，降水量适宜，有利于小麦生长发育。10月上旬降水量46.9 mm，比常年偏多38.5 mm。10月中旬到11月底，滨州市降水偏少，平均降水量仅0.7 mm，部分水浇条件差的麦田出现干旱情况。滨州市11月25日土壤墒情监测结果表明，冬小麦已灌溉水浇地0～20 cm土层，土壤含水量平均为17.90%，土壤相对含水量平均为74.57%，20～40 cm土壤含水量平均为17.81%，土壤相对含水量平均为74.97%；冬小麦未灌溉水浇地0～20 cm土层，土壤含水量平均为17.84%，土壤相对含水量平均为70.37%，20～40 cm土壤含水量平均18.90%，土壤相对含水量平均为75.23%；冬小麦旱地0～20 cm土层，土壤含水量平均为16.58%，土壤相对含水量平均为73.06%，20～40 cm土壤含水量平均为16.47%，土壤相对含水量平均为72.17%（表8-7）。

表8-7 2017年10—11月气象资料

时间		气温（℃）	距平（℃）	积温（℃）	距平（℃）	降水量（mm）	距平（mm）	日照（h）	距平（h）
10月	上旬	16.4	−0.8	164.2	−7.9	46.9	38.5	29.0	−41.5
	中旬	14.0	−0.6	139.8	−6.3	0.2	−14.3	36.7	−27.1
	下旬	12.0	0.1	120.1	1.2	0.0	−6.4	72.9	−1.9
11月	上旬	11.1	1.8	110.8	18.1	0.5	−5.3	63.7	−0.2
	中旬	4.8	−0.9	47.9	−8.8	0.0	−5.4	64.7	5.2
	下旬	3.2	−0.3	32.3	−3.2	0.0	−2.9	68.1	14.5

2. 春季气温持续偏高，加速了小麦生育进程，使小麦提前抽穗扬花，增加了小麦灌浆时间

3月气温异常偏高，尤其下旬偏高6.3℃，4月滨州市平均气温16.2℃，较常年同期偏高1.8℃。

3. 4—5月小麦生长的关键期降水充沛，为小麦拔节、孕穗、灌浆提供了良好墒情

4月，滨州市平均降水量53.6 mm，较常年同期偏多28.7 mm；5月，滨州市平均降水量118.1 mm，较常年同期偏多68.1 mm。

4. 小麦灌浆期

特别是5月16日后光照良好，昼夜温差大，利于灌浆提高千粒重（表8-8）。

表8-8 2018年4—6月气象资料

时间		气温（℃）	距平（℃）	积温（℃）	距平（℃）	降水量（mm）	距平（mm）	日照（h）	距平（h）
4月	上旬	12.7	0.4	127.1	4.1	5.4	2.0	62.2	−17.9
	中旬	17.9	3.4	178.9	33.9	1.5	−9.0	94.8	14.1
	下旬	18.0	1.6	180.2	16.2	46.8	35.8	74.4	−10.1
5月	上旬	18.7	0.0	186.8	0.2	33.0	15.7	85.8	1.4
	中旬	22.0	2.1	220.3	21.2	61.0	43.2	59.9	25.9
	下旬	22.8	0.7	227.6	6.9	24.1	9.2	109.9	11.8
6月	上旬	26.0	2.2	259.9	21.8	43.0	29.4	84.1	−1.2
	中旬	24.7	−0.5	247.2	−5.1	26.6	0.7	78.5	−4.4
	下旬	28.0	1.7	280.1	17.2	68.3	33.2	90.7	12.0

（二）不利因素

1. 低温冻害

10月29日和11月3日滨州市有两次降温过程（最低温度分别为1℃、−1℃），由于小麦前期没有经过低温锻炼，突然大幅降温对部分旺长麦田和土壤松暄、镇压不实麦田的小麦1～2片叶造成低温冷害。3月15日和4月5日的两次寒潮影响了小麦的生长，减低了小麦的生物产量，进而影响了小麦的产量。

2. 冬前光照时间少

10月光照138.6 h，比常年偏少70.5 h，阴天寡照日较多（10月22日至11月3日共有8 d阴天或多云天气），导致小麦光合作用不充分，消耗营养多，积累干物质少，糖分积累少，叶片幼嫩，抗逆性差；11月光照196.5 h，比常年偏多19.5 h。总体光照较常年偏少，不利于小麦光合作用及有机物质形成，不利于分蘖形成，因此2018年小麦单株分蘖比2017年减少。

3. 春季持续干旱，影响了小麦的转化升级

2018年春季滨州市大部分地区缺乏有效降水，部分地块出现了一定程度的旱情，加之气温高生育进程加快，不利于小麦的转化升级，影响了亩穗数。

4. 干热风危害

5月平均气温21.16℃，比常年偏高2.8℃。5月下旬出现36～38℃的极端高温天气，部分地块出现干热风，影响小麦灌浆，不利于千粒重的增加。滨州市干热风面积141.3万亩，减产幅度1.69%。

5. 病害

滨州市小麦的抽穗扬花期正好与阴雨天气相遇，致使颖枯病、赤霉病发生严重。但由于应对及时有效，大大降低了病害损失。

6. 5月中旬的阴雨天气对小麦灌浆产生不利影响

中旬日照59.9 h，比常年偏少25.9 h，较常年偏少43%，影响了小麦的光合作用和灌浆。

7. 大风降水造成小麦倒伏

5月16日和6月9日，滨州市出现了2次较明显的大风降水天气过程，由于这次天气过程部分县（区）降水强度较大并伴随短时大风，造成小麦不同程度倒伏。滨州市小麦倒伏12.19万亩，减产幅度12.27%。由于正是滨州市小麦灌浆的关键期，倒伏后田间透风透光差，影响光合作用，水分养分运输受阻，影响小麦千粒重，造成倒伏麦田较大幅度减产。

三、小麦增产采取的主要措施

1. 大力开展高产创建平台建设，提高粮食增产能力

滨州市以“吨粮市”建设为平台，结合各县区粮食生产发展的实际，大力开展高产创建活动。在沾化、博兴、阳信3个平台县区内积极推广秸秆还田、深耕深松、规范化播种、宽幅精播、配方施肥、氮肥后移等先进实用新技术，熟化集成了一整套高产稳产技术，辐射带动了大面积平衡增产。

2. 大力开展政策性农业保险，促进粮食稳产增产

农业保险在提高农业抵御自然灾害的能力，减轻农民损失，保护农民利益，调动和保护广大农民的种粮积极性，稳定粮食生产等方面起到了积极的推动作用。2017年滨州市10个县区全部开展了政策性农业保险工作，滨州市小麦投保面积248.38万亩，较上年增加34万亩，占播种面积的61%，取得各级财政保费补贴资金2 976万元。

3. 加强关键环节管理

在小麦冬前、返青、抽穗、灌浆等关键时期，组织专家搞好苗情会商，针对不同麦田研究制定翔实可行的管理措施，指导群众不失时机地做好麦田管理。

4. 加强技术指导

通过组织千名科技人员下乡活动、春风计划、农业科技入户工程，加强农民技术培训，组织专家和农技人员深入生产一线，结合利用电视台、报纸、网络、手机等现代媒体手段，积极应对突发灾害性天气，有针对性地搞好技术指导，帮助农民解决麦田管理中遇到的实际困难和问题。与气象部门密切配合及时做好自然灾害预警预防，提早做好防“倒春寒”、抗旱、防倒、防干热风等预案并及时下发各项紧急通知进行积极应对。力争将自然灾害损失降到最低。同时要求相关承保公司第一时间赶赴受灾现场做好勘灾理赔工作，保护农民收益。

5. 加强病虫害监测防治

及时发布病虫害信息，指导农民进行科学防治，降低病虫为害。

四、新技术引进、试验、示范情况

借助小麦高产创建示范方和市财政支持农技推广项目及粮食生产“十统一”等各类项目为载体，滨州市近几年加大对新技术新产品的示范推广力度，通过试验对比探索出适合滨州市的新技术新品种，其中，推广面积较大的有：玉米秸秆还田387.16万亩，规范化播种技术374.11万亩；宽幅播种技术137.7万亩；深耕面积27万亩，深松面积81.9万亩，播后

镇压350.9万亩，氮肥后移249.3万亩，“一喷三防”技术342.14万亩。从近几年的推广情况看，规范化播种技术、宽幅精播技术、机械深松技术、“一喷三防”技术、化控防倒技术、秸秆还田技术效果明显，且技术较为成熟，推广前景好；免耕栽培技术要因地制宜推广；随着机械化程度的提高农机农艺的融合对小麦的增产作用越来越明显，要加大和农机部门的合作。品种方面滨州市主推品种为：济麦22、师栾02-1、鲁原502、泰农18、济南17、临麦2号等。

五、小面积高产攻关主要技术措施和经验、做法

（一）采取的主要技术措施和做法

1. 选用良种

依据气候条件、土壤基础、耕作制度等选择高产潜力大、抗逆性强的多穗性优良品种，如济麦22号、鲁原502等品种进行集中攻关、展示、示范。

2. 培肥地力

采用小麦、玉米秸秆全量还田技术，同时每亩施用土杂肥3～5 m^3，提高土壤有机质含量和保蓄肥水能力，增施商品有机肥100 kg，并适当增施锌、硼等微量元素。

3. 种子处理

选用包衣种子或用敌委丹、适乐时进行拌种，促进小麦次生根生长，增加分蘖数，有效控制小麦纹枯病、金针虫等苗期病虫害。

4. 适期适量播种并播前播后镇压

小麦播种日期于10月5日左右，采用精量播种机精量播种，基本苗10万～12万株，冬前总茎数为计划穗数的1.2倍，春季最大总茎数为计划穗数的1.8～2.0倍，采用宽幅播种技术。镇压提高播种质量，对苗全苗壮作用大。

5. 冬前管理

一是于11月下旬浇灌冬水，保苗越冬、预防冬春连旱；二是喷施除草剂，春草冬治，提高防治效果。

6. 氮肥后移延衰技术

将氮素化肥的底肥比例减少到50%，追肥比例增加到50%，土壤肥力高的麦田底肥比例为30%～50%，追肥比例为50%～70%；春季第一次追肥时间由返青期或起身期后移至拔节期。

7. 后期肥水管理

于5月上旬浇灌40 m^3左右灌浆水，后期采用“一喷三防”，连喷3次，延长灌浆时间，防早衰、防干热风，提高粒重。

8. 病虫草害综合防控技术

前期以杂草及根部病害、红蜘蛛为主，后期以白粉病、赤霉病、蚜虫等为主，进行综合防控。

（二）主要经验

要选择土壤肥力高（有机质1.2%以上）、水浇条件好的地块。培肥地力是高产攻关的基础，实现小麦高产攻关必须以较高的土壤肥力和良好的土、肥、水条件为保障，要求土壤有机质含量高，氮、磷、钾等养分含量充足，比例协调。

选择具有高产能力的优良品种，如济麦22号、鲁原502等。高产良种是攻关的内因，在较高的地力条件下，选用增产潜力大的高产良种，实行良种良法配套，就能达到高产攻关的目标。

深耕深松，提高整地和播种质量。有了肥沃的土壤和高产潜力大的良种，在适宜播期内，做到足墒下种，保证播种深浅一致，下种均匀，确保一播全苗，是高产攻关的基础。

采用宽幅播种技术。通过试验和生产实践证明，在同等条件下采用宽幅播种技术比其他播种方式产量高，因此在高产攻关和大田生产中值得大力推广。

狠抓小麦“三期”管理，即冬前、春季和小麦中后期管理。栽培管理是高产攻关的关键，良种良法必须配套，才能充分发挥良种的增产潜力，达到高产的目的。

相关配套技术要运用好。集成小麦精播半精播、种子包衣、冬春控旺防冻、氮肥后移延衰、病虫草害综防、后期“一喷三防”等技术，确保各项配套技术措施落实到位。

六、小麦生产存在的主要问题

1. 整地质量问题

以旋代耕面积较大，许多地块只旋耕而不耕翻，犁底层变浅、变硬，影响根系下扎。滨州市424.02万亩小麦，深耕深松面积108.9万亩，不到四成。玉米秸秆还田粉碎质量不过关，且只旋耕1遍，不能完全掩埋秸秆，影响小麦苗全、苗匀。根本原因是机械受限和成本因素。通过滨州市粮食生产“十统一”工作深入开展，深耕松面积将不断扩大，以旋代耕问题将逐步解决，耕地质量将会大大提升。

2. 施肥不够合理

部分群众底肥重施化肥，轻施有机肥，重施磷肥，不施钾肥。偏重追施化肥，年后追氮肥量过大，少用甚至不追施钾肥，追肥喜欢撒施“一炮轰”，肥料利用率低且带来面源污染。究其原因为图省工省力。

3. 镇压质量有待提高

仍有部分秸秆还田地片播后镇压质量不过关，存在着早春低温冻害和干旱灾害的隐患。原因为播种机械供给不足及群众意识差等因素。

4. 杂草防治不太给力

2018年特殊的气象条件，赤霉病、白粉病、根腐病、蚜虫等小麦病虫害发生较轻，但部分地区雀麦、野燕麦、节节麦有逐年加重的趋势，发生严重田块出现草荒，部分防治不当地块出现除草剂药害。主观原因是对草害发生与防治的认识程度不够，冬前除草面积小。客观原因是缺乏防治节节麦高效安全的除草剂，加之冬前最佳施药期降水较多除草作业困难，春季防治适期温度不稳定等因素。

5. 品种多乱杂的情况仍然存在

“二层楼”甚至“三层楼”现象仍存在。原因为自留种或制种去杂不彻底或执法不严等。2018年秋种将取消统一供种，对保持品种纯度及整齐度会更为不利。

6. 部分地块小麦不结实

部分地区插花式分布小麦不结实现象，面积虽小，但影响群众种植效益及积极性。初步诊断为小麦穗分化期受冷害或花期喷药所致。

7. 盐碱地粮食高产稳产难度大

盐碱程度高，引黄灌溉水利工程基础差，小麦高产栽培技术不配套，农民多年习惯植棉，缺乏小麦种植管理知识和经验。小麦生产面积增加潜力大，但高产稳产难度大。2018年春季干旱，黄河引水不足，无棣、沾化北部新增小麦地块一水未浇，纯粹靠天吃饭，4—5月2次降水部分缓解了旱情，否则该地区小麦产量会大受损失，甚至部分绝产。

七、2018年秋种在技术措施方面应做的主要工作

1. 搞好技术培训，确保关键增产技术落实

结合小麦高产创建示范方、财政支持农技推广项目、农技体系建设培训等，大力组织各级农技部门开展技术培训，加大对种粮大户、种植合作社、家庭农场及种粮现代农业园区等新型经营主体的培训，使农民及种植从业人员熟练掌握新技术，确保技术落地。

2. 加大滨州市粮食生产“十统一”推进力度

大力推广秸秆还田、深耕深松等关键技术的集成推广。疏松耕层，降低土壤容重，增加孔隙度，改善通透性，促进好气性微生物活动和养分释放；提高土壤渗水、蓄水、保肥和供肥能力。

3. 因地制宜，搞好品种布局

继续搞好主推技术及主推品种的宣传引导，如在高肥水地块加大济麦22、泰农18等多穗型品种的推广力度，并推广精播半精播、适期晚播技术，良种精选、种子包衣、防治地下害虫、根病。盐碱地种粮地块以德抗961、青农6号等品种为主。对2018年倒伏面积较大的品种进行引导更换新品种。

4. 加大宣传力度，确实搞好播后镇压

近几年来，滨州市连续冬春连旱，播后镇压对小麦安全越冬起着非常关键的作用，对防御冬季及早春低温冻害和干旱灾害意义重大。关键是镇压质量要过关。我们将利用各种媒体及手段做好播后镇压技术的落实。

5. 继续搞好小麦种植试验研究

我们将在近几年种植小麦试验的基础上，尤其是认真总结2017年进行的小麦品种集中展示试验和按需补灌水肥一体化试验基础上，继续细化试验方案，认真探索研究不同地力条件下小麦种植的高产栽培模式。2018年秋种计划继续进行小麦全幅播种试验、新品种集中展示筛选试验及小麦高低畦栽培试验等各类试验，为农业生产指导提供科学依据。

第九章 2018—2019年度小麦产量主要影响因素分析

第一节 2018年播种基础及秋种技术措施

2018年小麦秋种工作总的思路是：以绿色高质高效为目标，以规范化播种、宽幅精播、播后镇压为关键技术，进一步优化种植结构，全面提高播种质量，奠定小麦丰收基础。重点抓好以下关键环节。

一、优化品种布局，逐步扩大优质专用小麦种植面积

（一）因地制宜选择优良品种

1. 种植优质专用小麦地区

重点选用以下品种：济南17、师栾02-1、藁优5766、藁优9415、泰山27、烟农19号、泰科麦33、科农2009、裕田麦119、淄麦28等。

2. 水浇条件较好地区

重点种植以下品种：济麦22、鲁原502、太麦198、山农28号、鑫麦296、山农20、泰农18、良星99、山农30、峰川9号、济麦23、山农29号、菏麦19、烟农999、泰山28、山农24号、汶农17、儒麦1号、青农2号、烟2415、山农32号、山农31号、烟1212、登海202、菏麦20、郯麦98、汶农14、山农23、烟农24等。

3. 水浇条件较差的旱地

主要种植品种：青麦6号、烟农21、山农16、山农25、烟农0428、青麦7号、阳光10号、菏麦17、济麦262、红地166、齐民7号等。

4. 中度盐碱地（土壤含盐量2‰～3‰）

主要种植品种：济南18、德抗961、山融3号、青麦6号、山农25等。

（二）搞好种子处理

做好种子包衣、药剂拌种，可以防治或推迟小麦根腐病、茎基腐病、纹枯病等病害的发病时间，减轻秋苗发病，压低越冬菌源，同时控制苗期地下害虫为害。提倡用种衣剂进行种子包衣，预防苗期病虫害。没有用种衣剂包衣的种子要用药剂拌种。根茎部病害发生

较重的地块，可选用4.8%苯醚·咯菌腈按种子量的0.2%～0.3%拌种，或2%戊唑醇按种子量的0.1%～0.15%拌种，或30 g/L的苯醚甲环唑悬浮种衣剂按照种子量的0.3%拌种；地下害虫发生较重的地块，选用40%辛硫磷乳油按种子量的0.2%拌种，或者30%噻虫嗪种子处理悬浮剂按种子量的0.23%～0.46%拌种。病、虫混发地块用杀菌剂+杀虫剂混合拌种，可选用32%戊唑·吡虫啉悬浮种衣剂按照种子量的0.5%～0.75%拌种，或用27%的苯醚甲环唑·咯菌腈·噻虫嗪悬浮种衣剂按照种子量的0.5%拌种，对早期小麦根腐病、茎基腐病及麦蚜具有较好的控制效果。

二、提高整地质量

多年的实践证明，秸秆还田地块常年旋耕或者深松，容易加重病虫草害的发生程度，也不利于提高整地质量。因此，2018年秋种，各地要以深耕翻为突破口，切实提高整地质量。

（一）确保打碎打细还田秸秆

一是要根据玉米种植规格、品种、所具备的动力机械、收获要求等条件，分别选择悬挂式、自走式和割台互换式等适宜的玉米联合收获机；二是秸秆还田机械要选用甩刀式、直刀式、铡切式等秸秆粉碎性能高的机具，确保作业质量；三是最好在玉米联合收获机粉碎秸秆的基础上，再用玉米秸秆还田机打1～2遍，确保将玉米秸秆打碎打细，秸秆长度最好在5 cm以下。

（二）施足基肥

各地要在推行玉米联合收获和秸秆还田的基础上，广辟肥源、增施农家肥，努力改善土壤结构，提高土壤耕层的有机质含量。一般高产田亩施有机肥2 500～3 000 kg；中低产田亩施有机肥3 000～4 000 kg。不同地力水平化肥的适宜施用量参考值如下。

产量水平在每亩300～400 kg的中产田，每亩施用纯氮（N）10～12 kg，磷（P_2O_5）4～6 kg，钾（K_2O）4～6 kg，磷肥、钾肥底施，氮肥50%底施，50%起身期追肥。

产量水平在每亩400～500 kg的高产田，每亩施用纯氮（N）12～14 kg，磷（P_2O_5）6～7 kg，钾（K_2O）5～6 kg，磷肥、钾肥底施，氮肥40%～50%底施，50%～60%起身期或拔节期追肥。

产量水平在每亩500～600 kg的超高产田，每亩施用纯氮（N）14～16 kg，磷（P_2O_5）7～8 kg，钾（K_2O）6～8 kg，磷肥底施，氮肥、钾肥40%～50%底施，50%～60%拔节期追肥。缺少微量元素的地块，要注意补施锌肥、硼肥等。要大力推广化肥深施技术，坚决杜绝地表撒施。

（三）大犁深耕

首先，土壤深耕可以掩埋有机肥料、作物秸秆、杂草和病虫有机体，能够有效减轻病虫草害的发生程度；其次，可以打破犁底层，使土质变松软，提高土壤渗水、蓄水、保肥和供肥能力，是抗旱保墒的重要技术措施；第三，可以疏松耕层，松散土壤，降低土壤容重，增加孔隙度，改善通透性，促进好气性微生物活动和养分释放。近年来，翻转犁的出现解决了土壤深耕出现犁沟的现象；随着机械牵引动力的增加，深耕翻可以达到30 cm左右。因此，有条件的地区应逐渐加大机械深耕翻的推广面积。

由于深耕效果可以维持多年，从节本增效角度考虑，可以每隔2～3年深耕1次，其他年份采用旋耕或免耕等保护性耕作播种技术。

（四）耙耢镇压

耙耢可破碎土垡、耙碎土块、疏松表土、平整地面、踏实耕层，使耕层上松下实，减少蒸发、抗旱保墒，因此在深耕或旋耕后都应及时耙地。近年来，滨州市部分地区旋耕面积较大，旋耕后的麦田表层土壤松暄，如果不先耙耢镇压再播种，不仅会导致播种过深影响深播弱苗，严重影响小麦分蘖的发生，造成穗数不足；而且还会造成播种后很快失墒，影响次生根的生长和下扎，冬季易受冻导致黄弱苗或死苗。镇压有压实土壤、压碎土块、平整地面的作用，当耕层土壤过于疏松时，镇压可使耕层紧密，提高耕层土壤水分含量，使种子与土壤紧密接触，根系及时喷发与伸长，下扎到深层土壤中，一般深层土壤水分含量较高、较稳定，即使上层土壤干旱，根系也能从深层土壤中吸收到水分，提高麦苗的抗旱能力和田间水分利用效率，麦苗整齐健壮。因此，各类麦田都要注意镇压环节。

（五）科学确定畦田种植规格

实行小麦畦田化栽培，有利于浇水和省肥省水。因此，各类有水浇条件的麦田，一定要在整地时打埂筑畦。但目前山东省不同地区畦的大小、畦内小麦种植行距千差万别，严重影响了下茬玉米机械种植。因此，2018年秋种，各地应充分考虑农机农艺结合的要求，按照下茬玉米机械种植规格的要求，确定好适宜的畦宽和小麦播种行数和行距。全省重点推荐以下两种种植规格。

第一种：畦宽2.4 m，其中，畦面宽2 m，畦埂0.4 m，畦内播种8行小麦，采用宽幅播种，苗带宽8～10 cm，畦内小麦行距0.28 m。下茬在畦内种4行玉米，玉米行距0.6 m左右。

第二种：畦宽1.8 m，其中，畦面宽1.4 m，畦埂0.4 m，畦内播种6行小麦，采用宽幅播种，苗带宽8～10 cm，畦内小麦行距0.28 m。下茬在畦内种3行玉米，玉米行距0.6 m左右。具体选用哪种种植规格应充分考虑水浇条件等因素，一般水浇条件好的地块尽量要采用大畦，水浇条件差的采用小畦。

三、提高播种质量

在小麦播种环节中，要特别重视适量播种、宽幅精播、播后镇压等关键措施。

（一）适墒播种

小麦播种时耕层的适宜墒情为土壤相对含水量的70%～75%。在适宜墒情的条件下播种，能保证一次全苗，使种子根和次生根及时长出，并下扎到深层土壤中，提高小麦抗旱能力，因此播种前墒情不足时要提前浇水造墒。在适期内，应掌握“宁可适当晚播，也要造足底墒”的原则，做到足墒下种，确保一播全苗。水浇条件较好的地区，可在前茬作物收获前10～14 d浇水，既有利于秋作物正常成熟，又为秋播创造良好的墒情。秋收前来不及浇水的，可在收后开沟造墒，然后再耕耙整地；或者先耕耙筑畦后灌水，待墒情适宜时耘锄耙地，然后播种。也可以采用先筑畦播种、后灌水踅实的方法，要注意待地表墒情适宜时及时划锄破土出苗。无水浇条件的旱地麦田，要在前茬收获后，及时进行耕翻，并随耕随耙镇压，保住地下墒情并根据气象预报确定播期。

（二）适期播种

温度是决定小麦播种期的主要因素。小麦从播种至越冬开始，以0℃以上积温570～650℃为宜。各地要在试验示范的基础上，因地制宜地确定适宜播期。鲁东、鲁中、鲁北的小麦适宜播期一般为10月1—10日，最佳播期为10月3—8日；鲁西的适宜播期为10月3—12日，最佳播期为10月5—10日；鲁南、鲁西南为10月5—15日，最佳播期为10月7—12日。如不能在适期内播种，要注意适当加大播量，做到播期播量相结合。

（三）宽幅精量播种

实行宽幅精量播种，改传统小行距（15～20 cm）密集条播为等行距（22～25 cm）宽幅播种，改传统密集条播籽粒拥挤一条线为宽播幅（8～10 cm）种子分散式粒播，有利于种子分布均匀，减少缺苗断垄、疙瘩苗现象，克服了传统播种机密集条播、籽粒拥挤、争肥、争水、争营养、根少、苗弱的生长状况。因此，各地要大力推行小麦宽幅播种机械播种。要注意给播种机械加装镇压装置，播种深度3～5 cm，播种机不能行走太快，以每小时5 km为宜，以保证下种均匀、深浅一致、行距一致、不漏播、不重播。在适期播种情况下，分蘖成穗率低的大穗型品种，每亩适宜基本苗15万～18万株；分蘖成穗率高的中多穗型品种，每亩适宜基本苗12万～16万株。在此范围内，高产田宜少，中产田宜多。晚于适宜播种期播种，每晚播2 d，每亩增加基本苗1万～2万株。

对于小麦规模化种植面积较大的农户，提倡采用小麦多功能一体机宽幅播种技术。该技术是在玉米秸秆还田环境下，不进行耕翻整地作业，由专门机械一次进地可完成间隔深松、播种带旋耕、分层施肥、宽幅精量播种、播后镇压等多项作业，具有显著的节本、增效作用。

（四）播后镇压

从近几年的生产经验看，小麦播后镇压是提高小麦苗期抗旱能力和出苗质量的有效措施。因此，各地要选用带镇压装置的小麦播种机械，在小麦播种时随种随压，然后，在小麦播种后用专门的镇压器镇压两遍，提高镇压效果。尤其是对于秸秆还田地块，一定要在小麦播种后用镇压器多遍镇压，才能保证小麦出苗后根系正常生长，提高抗旱能力。

四、及时查苗补种，确保苗匀苗齐

小麦要高产，苗全苗匀是关键。因此，小麦播种后，要及时到地里查看墒情和出苗情况，玉米秸秆还田地块在墒情不足时，要在小麦播种后立即浇“蒙头水”，墒情适宜时搂划破土，辅助出苗。这样，有利于小麦苗全、苗齐、苗壮。小麦出苗后，对于有缺苗断垄地块，要尽早进行补种。补种方法：选择与该地块相同品种的种子，进行种子包衣或药剂拌种后，开沟均匀撒种，墒情差的要结合浇水补种。

第二节　天气及管理措施对小麦冬前苗情的影响

一、基本苗情

滨州市小麦播种面积426.43万亩，比上年增加16.08万亩，大田平均基本苗21.7万，比上年减少0.14万；亩茎数64.99万株，比上年增加2.82万株；单株分蘖3.15个，比上年增加0.14个；单株主茎叶片数4.93个，比上年增加0.38个；三叶以上大蘖1.96个，比上年增加0.25个；单株次生根4.43条，比上年增加0.26条。一类苗面积186.84万亩，占总播种面积的43.81%，较上年上升1.79个百分点；二类苗面积192.79万亩，占总播种面积的45.21%，较上年下降2.16个百分点；三类苗面积43.09万亩，占总播种面积的10.1%，较上年下降0.38个百分点；旺苗面积3.71万亩，较上年增加3.21万亩。总体上看，由于播期适宜，播种质量好，2018年小麦整体较好，群体适宜，个体发育良好，一、二类苗面积大，占到总播种面积的近九成，旺苗及“一根针”麦田面积小，缺苗断垄面积小。

二、因素分析

1. 播种质量好，管理措施到位

由于机械化在农业生产中的普及，特别是秸秆还田、深耕深松面积的扩大，以及宽幅播种、规范化播种技术的大面积推广，滨州市小麦播种质量明显提高，加之2018年土壤底墒尚可、播期适宜，小麦基本实现了一播全苗。滨州市小麦播种，玉米秸秆还田面积403.71亩，造墒面积87.3万亩，浇“蒙头水”面积77万亩，深耕面积33.2万亩，深松面积90.3万亩，规范化播种面积330.04万亩，宽幅精播面积145万亩，播后镇压面积340.11万亩，浇越冬水面积169.5万亩，化学除草面积238.07万亩。滨州市旱地面积小，旱肥地面积38.95万亩，旱薄地面积13.78万亩。

2. 良种覆盖率高

借助小麦统一供种等平台，滨州市加大高产优质小麦品种的宣传推广力度，重点推广了济麦22、师栾02-1、鲁原502、山农20、济南17等优良品种。良种覆盖率达到了95%以上。2018年滨州市小麦统一供种面积15万亩，占播种面积的3.51%，药剂拌种面积248.3万亩，占播种面积的58.22%。

3. 科技服务到位，带动作用明显

通过开展“千名农业科技人员下乡”活动和“科技特派员农村科技创业行动”“新型农民科技培训工程”等方式，组织大批专家和科技人员开展技术培训和指导服务。一是重点抓了农机农艺结合，扩大先进实用技术面积。以农机化为依托，大力推广小麦宽幅精播高产栽培技术、秸秆还田技术、小麦深松镇压节水栽培技术。二是以测土配方施肥补贴项目的实施为依托，大力推广测土配方施肥和化肥深施技术，广辟肥源，增加有机肥的施用量，培肥地力。三是充分发挥高产创建平台建设示范县和小麦规范化播种项目的示范带动作用。通过十亩高产攻关田、新品种和新技术试验展示田，将成熟的小麦高产配套栽培技术以样本的形式展示给种粮农民，提高了新技术的推广速度和应用面积。

4. 气象因素

（1）气温。播种后温度适中，有利于小麦出苗和生长。10月平均气温13.8℃，较去年同期偏低0.8℃。11月平均气温7.7℃，较去年同期偏高1.3℃。滨州市小麦冬前影响壮苗所需积温为500～700℃，10—11月大于0℃积温为659.6℃。总体看，气温变化平稳，小麦正常生长发育非常有利，促使小麦早分蘖、多分蘖，个体健壮。

（2）光照条件。10月光照237.1 h，比2018年偏多98.5 h，有利于小麦的出苗和生长发育；11月光照138.6 h，比2018年偏少57.9 h。总体光照较2018年偏多，有利于小麦光合作用及有机物质形成，有利于分蘖形成，因此2018年小麦单株分蘖比2017年增多。由于气温高、光照多，部分麦田出现旺长现象。

（3）降水。小麦播种后，降水量偏少。10月降水量19.1 mm，比2017年偏少27.8 mm。11月降水量4.8 mm，比2017年偏多4.1 mm。总体降水偏少，部分水浇条件差的麦田出现干旱情况。

滨州市11月26日土壤墒情监测结果表明，冬小麦已灌溉水浇地0～20 cm土层，土壤含水量平均为17.92%，土壤相对含水量平均为76.14%，20～40 cm土壤含水量平均为18.02%，土壤相对含水量平均为76.55%；冬小麦未灌溉水浇地0～20 cm土层，土壤含水量平均为16.76%，土壤相对含水量平均为72.52%，20～40 cm土壤含水量平均16.90%，土壤相对含水量平均为73.51%；冬小麦旱地0～20 cm土层，土壤含水量平均为16.62%，土壤相对含水量平均为73.69%，20～40 cm土壤含水量平均为17.07%，土壤相对含水量平均为75.71%。对照冬小麦苗期适宜相对含水量（65%～85%），滨州市麦田土壤墒情适宜，利于小麦苗期生长发育（表9-1）。

表9-1 10—11月气象资料

时间	气温（℃）	距平（℃）	积温（℃）	距平（℃）	降水量（mm）	距平（mm）	日照（h）	距平（h）
10月	13.8	-0.6	428.2	-18.6	19.1	-10.2	237.1	28.1
11月	7.7	1.6	231.4	48.5	4.8	-9.3	138.6	-39.3

三、存在的问题

一是有机肥施用不足，造成地力下降。二是深耕松面积有所增加但总体相对偏少，连年旋耕造成耕层变浅，根系难以下扎。三是部分秸秆还田地块秸秆还田质量不高，秸秆量大，打不碎，埋不深，镇压不实，易造成冻苗、死苗。四是部分麦田播期过早，加上11月以来气温高，导致部分小麦冬前地上部分苗茎较高，在越冬或早春时难以抵御严寒，容易发生冻害。五是部分麦田存在牲畜啃青现象。六是农机农艺措施结合推广经验不足，缺乏统一组织协调机制；农机手个体分散、缺乏统一组织、培训，操作技能良莠不齐，造成机播质量不高。七是部分地区为防止秸秆焚烧，播种过早，导致旺长。八是北部部分盐碱地麦田水浇条件所限，播种晚、墒情差，苗情弱。九是农田水利设施老化、薄弱，防御自然灾害的能力还需提高。

四、冬前与越冬期麦田管理措施

1. 及时防除麦田杂草

冬前，选择日平均气温6℃以上晴天中午前后（喷药时温度10℃左右）进行喷施除草剂，防除麦田杂草。为防止药害发生，要严格按照说明书推荐剂量使用。喷施除草剂用药量要准、加水量要足，应选用扇形喷头，做到不重喷、不漏喷，以提高防效，避免药害。

2. 适时浇好越冬水

适时浇好越冬水是保证麦苗安全越冬和春季肥水后移的一项重要措施。因此，各县区要抓紧时间利用现有水利条件浇好越冬水，时间掌握在日平均气温下降到3～5℃，在麦田地表土壤夜冻昼消时浇越冬水较为适宜。

3. 控旺促弱促进麦苗转化升级

对于各类旺长麦田，采取喷施“壮丰安”“麦巨金”等生长抑制剂控叶蘖过量生长；适当控制肥水，以控水控旺长；运用麦田镇压，抑上促下，促根生长，以达到促苗转壮、培育冬前壮苗的目标。播期偏晚的晚茬麦田，积温不够是影响年前壮苗的主要因素，田间管理要以促为主。对于墒情较好的晚播弱苗，冬前一般不要追肥浇水，以免降低地温，影响发苗，可浅锄2～3遍，以松土、保墒、增温。对于整地质量差、地表坷垃多、秸秆还田量较大的麦田，可在冬前及越冬期镇压1～2次，压后浅锄，以压碎坷垃，弥实裂缝、踏实土壤，使麦根和土壤紧实结合，提墒保墒，促进根系发育。但盐碱地不宜反复镇压。

4. 严禁放牧啃青

要进一步提高对放牧啃青危害性的认识，整个越冬期都要禁止放牧啃青。

五、春季麦田管理意见

（一）适时划锄镇压，增温保墒促早发

划锄具有良好的保墒、增温、灭草、促苗早发等效果。各类麦田，不论弱苗、壮苗或旺苗，返青期间都应抓好划锄。早春划锄的有利时机为“顶凌期”，就是表土化冻2 cm时开始划锄。划锄要看苗情采取不同的方法：①晚茬麦田，划锄要浅，防止伤根和坷垃压苗；②旺苗麦田，应视苗情，于起身至拔节期进行深锄断根，控制地上部生长，变旺苗为壮苗；③盐碱地麦田，要在“顶凌期”和雨后及时划锄，以抑制返盐，减少死苗。另外要特别注意，早春第一次划锄要适当浅些，以防伤根和寒流冻害。以后随气温逐渐升高，划锄逐渐加深，以利根系下扎。到拔节前划锄3遍。尤其浇水或雨后，更要及时划锄。

（二）科学施肥浇水

三类麦田春季肥水管理应以促为主。三类麦田春季追肥应分两次进行，第一次在返青期5 cm地温稳定于5℃时开始追肥浇水，一般在2月下旬至3月初，每亩施用5～7 kg尿素和适量的磷酸二铵，促进春季分蘖，巩固冬前分蘖，以增加亩穗数。第二次在拔节中期施肥，提高穗粒数。二类麦田春季肥水管理的重点是巩固冬前分蘖，适当促进春季分蘖发生，提高分蘖的成穗率。地力水平一般，亩茎数45万～50万株的二类麦田，在小麦起身初期追肥浇水，结合浇水亩追尿素10～15 kg；地力水平较高，亩茎数50万～60万株的二类麦田，在小麦起身中期追肥浇水。一类麦田属于壮苗麦田，应控促结合，提高分蘖成穗率，促穗大粒多。一是起身期喷施“壮丰安”等调节剂，缩短基部节间，控制植株旺长，促进根系下扎，防止生育后期倒伏。二是在小麦拔节期追肥浇水，亩追尿素12～15 kg。旺苗麦田植株较高，叶片较长，主茎和低位分蘖的穗分化进程提前，早春易发生冻害。拔节期以后，易造成田间郁蔽，光照不良和倒伏。春季肥水管理应以控为主。一是起身期喷施调节剂，防止生育后期倒伏。二是无脱肥现象的旺苗麦田，应早春镇压蹲苗，避免过多春季分蘖发生。在拔节期前后施肥浇水，每亩施尿素10～15 kg。

（三）防治病虫草害

白粉病、锈病、纹枯病是春季小麦的主要病害。纹枯病在小麦返青后就发病，麦田表现点片发黄或死苗，小麦叶鞘出现梭形病斑或地图状病斑，应在起身期至拔节期用井冈霉素兑水喷根。白粉病、锈病一般在小麦挑旗后发病，可用粉锈宁在发病初期喷雾防治。小麦虫害主要有麦蚜、麦叶蜂、红蜘蛛等，要及时防治。

（四）密切关注天气变化，预防早春冻害

防止早春冻害最有效措施是密切关注天气变化，在降温之前灌水。由于水的热容量比

空气和土壤大，因此早春寒流到来之前浇水能使近地层空气中水汽增多，在发生凝结时，放出潜热，以减小地面温度的变幅。因此，有浇灌条件的地区，在寒潮来前浇水，可以调节近地面层小气候，对防御早春冻害有很好的效果。

小麦是具有分蘖特性的作物，遭受早春冻害的麦田不会冻死全部分蘖，另外还有小麦蘖芽可以长成分蘖成穗。只要加强管理，仍可获得好的收成。因此，早春一旦发生冻害，就要及时进行补救。主要补救措施：一是抓紧时间，追施肥料。对遭受冻害的麦田，根据受害程度，抓紧时间，追施速效化肥，促苗早发，提高2～4级高位分蘖的成穗率。一般每亩追施尿素10 kg左右。二是中耕保墒，提高地温。及时中耕，蓄水提温，能有效增加分蘖数，弥补主茎损失。三是叶面喷施植物生长调节剂。小麦受冻后，及时叶面喷施天达2116植物细胞膜稳态剂、复硝酚钠、己酸二乙氨基醇酯等植物生长调节剂，可促进中、小分蘖的迅速生长和潜伏芽的快发，明显增加小麦成穗数和千粒重，显著增加小麦产量。

第三节　2019年春季田间管理技术措施

2019年滨州市小麦生产，由于秋种期间大部分地区墒情适宜，播种进度快，适播面积大，播种基础好，冬前苗情较好。主要特点：一是群体合理，个体比较健壮。滨州市小麦冬前平均亩茎数64.99万、单株分蘖3.15个、单株叶片数4.93个、单株次生根4.43条，分别比去年同期增加2.82万、0.14个、0.38个、0.26条；二是一类苗面积扩大，二类、三类苗面积减少。一类苗面积186.84万亩，占总播种面积的43.81%，较上年上升1.79个百分点；二类苗面积192.79万亩，占总播种面积的45.21%，较上年下降2.16个百分点；三类苗面积43.09万亩，占总播种面积的10.1%，较上年下降0.38个百分点；旺苗面积3.71万亩，较上年增加3.21万亩。

目前存在的不利因素主要有：一是部分地块遭受干旱。播种后滨州市降水量偏少，2018年10月至2019年1月底总降水量仅28.3 mm，水浇条件差和未浇越冬水的地块均出现不同程度的干旱。二是旺长面积较大。2018年秋种以来，滨州市平均气温偏高，据气象部门统计，10月1日至11月底，滨州市平均积温达到659.6℃，较常年偏多30℃，导致部分播种偏早、播量偏多的地块出现旺长。三是部分地块遭受春季低温冻害灾害的风险较高。部分秸秆还田质量较差、小麦播种后没有采取镇压浇水措施，地块土壤暄松、失墒严重，存在着遭受春季低温冻害的风险。四是部分地块发生病虫草害的隐患较大。

针对目前滨州市小麦苗情特点，春季田间管理应突出分类管理，构建各类麦田的合理群体结构，搭好丰产架子。重点应抓好以下几个方面的技术措施。

一、立足抗旱保苗，早谋划、强落实，利用一切条件，浇好返青水

各地要立足当地实际，尽早谋划，积极开拓水源，做好物资准备，力争浇好返青

水。河灌区业务部门要及早联系河务、水利部门争取早放水、多引水，勤查水源，不等不靠，有水就浇，宁可早浇也不漏浇。井灌区要根据麦田墒情、苗情做好规划，科学浇好返青水。

二、及早镇压，保墒抗旱控旺长

春季镇压可压碎土块，弥合裂缝，使经过冬季冻融疏松了的土壤表土层沉实，使土壤与根系密接起来，有利于根系吸收养分，减少水分蒸发。因此，对于吊根苗和耕种粗放、坷垃较多、秸秆还田导致土壤暄松的地块，一定要在早春土壤化冻后及早进行镇压，以沉实土壤，弥合裂缝，减少水分蒸发和避免冷空气侵入分蘖节附近冻伤麦苗；对没有水浇条件的旱地麦田，要在土壤化冻后及时镇压，促使土壤下层水分向上移动，起到提墒、保墒、抗旱的作用；对长势过旺麦田，在起身期前后镇压，可以抑制地上部生长，起到控旺转壮作用。

早春镇压最好和划锄结合起来，一般是先压后锄，以达到上松下实、提墒保墒、增温抗旱的作用。

三、分类指导，科学施肥浇水

春季肥水管理是调控群体和个体的关键措施，各地一定要因地因苗，利用一切条件，浇好返青水，促进麦田转化升级。

（一）旺长麦田

旺苗麦田一般年前亩茎数达80万株以上。这类麦田由于群体较大，叶片细长，拔节期以后，容易造成田间郁蔽、光照不良，从而招致倒伏。主要应采取以下措施。

（1）镇压。返青期至起身期镇压可有效抑制分蘖增生和基部节间过度伸长，调节群体结构合理，提高小麦抗倒伏能力，是控旺苗转壮的重要技术措施。注意在上午霜冻、露水消失后再镇压。旺长严重地块可每隔一周左右镇压1次，共镇压2～3次。

（2）因苗确定春季追肥浇水时间。对于年前植株营养体生长过旺，地力消耗过大，有“脱肥”现象的麦田，可在起身期追肥浇水，防止过旺苗转弱苗；对于没有出现脱肥现象的过旺麦田，早春不要急于施肥浇水，应在镇压的基础上，将追肥时期推迟到拔节后期，一般施肥量为亩追尿素12～15 kg。

（二）一类麦田

一类麦田多属于壮苗麦田，在管理措施上要突出氮肥后移。对地力水平较高，群体70万～80万株的一类麦田，要在小麦拔节中后期追肥浇水，以获得更高产量；对地力水平一般，群体60万～70万株的一类麦田，要在小麦拔节初期进行肥水管理。一般结合浇水亩追尿素15～20 kg。

（三）二类麦田

二类麦田的冬前群体一般为每亩45万～60万株，属于弱苗和壮苗之间的过渡类型。春季田间管理的重点是促进春季分蘖的发生，巩固冬前分蘖，提高冬春分蘖的成穗率，一般在小麦起身期进行肥水管理。

（四）三类麦田

三类麦田一般每亩群体小于45万株，多属于晚播弱苗。春季田间管理应以促为主。一般在早春表层土化冻2 cm时开始划锄，拔节前力争划锄2～3遍，增温促早发。同时，在早春土壤化冻后及早追施氮素化肥和磷肥，促根增蘖保穗数。只要墒情尚可，应尽量避免早春浇水，以免降低地温，影响土壤透气性，延缓麦苗生长发育。

（五）旱地麦田

旱地麦田由于没有水浇条件，应在早春土壤化冻后抓紧进行镇压划锄、顶凌耙耱等，以提墒、保墒。弱苗麦田，要在土壤返浆后，借墒施入氮素化肥，促苗早发；一般壮苗麦田，应在小麦起身至拔节期间降水后，抓紧借雨追肥。一般亩追施尿素12～15 kg。对底肥未施磷肥的要在氮肥中配施磷酸二铵，促根下扎，提高抗旱能力。

四、适时化学除草，控制杂草为害

麦田除草最好在冬前进行，因各种原因滨州市仍有部分地块没有进行冬前化学除草。因此，适时搞好春季化学除草尤为重要。春季化学除草的有利时机是在2月下旬至3月中旬，要在小麦返青初期及早进行化学除草。但要避开倒春寒天气，喷药前后3 d内日平均气温在6℃以上，日低温不能低于0℃，白天喷药时气温要高于10℃。

双子叶杂草中，以播娘蒿、荠菜等为主的麦田，可选用双氟磺草胺、2甲4氯钠盐、2,4-滴异辛酯等药剂；以猪殃殃为主的麦田，可选用氯氟吡氧乙酸、氟氯吡啶酯·双氟磺草胺、双氟·唑嘧胺等；对于猪殃殃、荠菜、播娘蒿等阔叶杂草混生麦田，建议选用复配制剂，如氟氯吡啶酯+双氟磺草胺，或双氟磺草胺+氯氟吡氧乙酸，或双氟磺草胺+唑草酮等，可扩大杀草谱，提高防效。

单子叶杂草中，以雀麦为主的麦田，可选用啶磺草胺+专用助剂，或氟唑磺隆等防治；以野燕麦为主的麦田，可选用炔草酯，或精噁唑禾草灵等防治；以节节麦为主的麦田，可选用甲基二磺隆+专用助剂等防治；以看麦娘为主的麦田可选用炔草酯，或精噁唑禾草灵，或啶磺草胺+专用助剂等防治。

双子叶和单子叶杂草混合发生的麦田可用以上药剂混合进行茎叶喷雾防治，或者选用含有以上成分的复配制剂。要严格按照农药标签上药剂标注的推荐剂量和方法喷施除草剂，避免随意增大剂量造成小麦及后茬作物产生药害，禁止使用长残效除草剂如氯磺隆、甲磺隆等药剂。

五、精准用药，绿色防控病虫害

返青拔节期是麦蜘蛛的为害盛期，也是纹枯病、茎基腐病、根腐病等根茎部病害的侵染扩展高峰期，要抓住这一多种病虫害集中发生的关键时期，以主要病虫害为目标，选用适宜的杀虫剂与杀菌剂混用，一次施药兼治多种病虫害。防治纹枯病、根腐病可选用250 g/L丙环唑乳油每亩30～40 mL，或300 g/L苯醚甲环唑·丙环唑乳油每亩20～30 mL，或240 g/L噻呋酰胺悬浮剂每亩20 mL兑水喷小麦茎基部，间隔10～15 d再喷1次；防治小麦茎基腐病，宜每亩选用18.7%丙环·嘧菌酯50～70 mL，或每亩用40%戊唑醇·咪鲜胺水剂60 mL，喷淋小麦茎基部；防治麦蜘蛛，可亩用5%阿维菌素悬浮剂4～8 g或4%联苯菊酯微乳剂30～50 mL。以上病虫害混合发生可采用上述适宜药剂一次混合施用进行药防治。

六、关注天气变化，防止早春冻害

早春冻害（倒春寒）是滨州市早春常发灾害。防止早春冻害最有效措施是密切关注天气变化，在降温之前灌水。由于水的热容量比空气和土壤大，因此早春寒流到来之前浇水能使近地层空气中水汽增多，在发生凝结时，放出潜热，以减小地面温度的变幅。因此，有浇灌条件的地区，在寒潮来前浇水，可以调节近地面层小气候，对防御早春冻害有很好的效果。

小麦是具有分蘖特性的作物，遭受早春冻害的麦田不会冻死全部分蘖，剩余分蘖或者从小麦蘖芽处长成的新分蘖仍然能够成穗。只要加强管理，仍可获得好的收成。因此，早春一旦发生冻害，就要及时进行补救。主要补救措施：一是抓紧时间，追施肥料。对遭受冻害的麦田，根据受害程度，抓紧追施速效化肥，促苗早发，提高2～4级高位分蘖的成穗率。一般每亩追施尿素10 kg左右。二是及时适量浇水，促进小麦对氮素的吸收，平衡植株水分状况，使小分蘖尽快生长，增加有效分蘖数，弥补主茎损失。三是叶面喷施植物生长调节剂。小麦受冻后，及时叶面喷施植物细胞膜稳态剂、复硝酚钠等植物生长调节剂，可促进中、小分蘖的迅速生长和潜伏芽的快发，明显增加小麦成穗数和千粒重，显著增加小麦产量。

第四节　天气及管理措施对小麦春季苗情的影响

一、基本苗情

滨州市小麦播种面积426.33万亩，比上年增加10.11万亩。大田亩茎数85.71万株，比冬前增加20.72万株，比2018年同期增加0.19万株；单株分蘖4.29个，比冬前增加1.14个，比2018年同期减少0.02个；单株次生根6.18条，比冬前增加1.75条，比2018年同期减少0.17

条。一类苗面积192.2万亩，占总播种面积的45.08%，比冬前增加1.27个百分点，比2018年同期增加4.21个百分点；二类苗面积196.4万亩，占总播种面积的46.07%，比冬前增加0.86个百分点，比2018年同期增加0.09个百分点；三类苗面积33.47万亩，占总播种面积的7.85%，比冬前减少2.25个百分点，比2018年同期减少5.14个百分点；旺苗面积4.26万亩，比冬前增加0.55万亩，比2018年同期增加3.56万亩。2019年小麦春季苗情较2018年偏好，滨州市平均群体、个体指标均高于2018年；一、二类苗面积大，占到总播种面积的八成。旺苗面积比2018年偏大，部分麦田出现旺长现象。

二、小麦生产存在的主要问题

一是部分地块旱象已经显现。从2018年小麦播种开始，滨州市基本没有有效降水。虽然滨州市于2月13—14日、2月19日分别下了一场小雪，但降水量不大，仅增加一点表墒，对缓解旱情意义不大。截至2019年2月28日，滨州市共发生干旱面积110.33万亩。

二是冻害发生情况。2月9—16日滨州市有两次降温过程（最低温度分别为-9℃、-10℃），由于小麦前期没有经过低温锻炼，突然大幅降温对部分旺长麦田和土壤松暄、镇压不实麦田的小麦1～2片叶造成低温冷害。滨州市共发生冷害4.5万亩。

三是病虫草害情况。目前监测情况比较正常，冬季气温偏高有利于病虫害的发生。冬前未进行化学除草地块杂草较多，需特别重视春季化学除草工作。

三、冬前及冬季田间管理的主要措施

滨州市积极开展冬前及冬季田间管理，共镇压340.11万亩，浇越冬水169.5万亩，冬前化学除草面积238.01万亩。

四、春季麦田管理已采取的措施和将要采取的措施打算

滨州市小麦从南到北陆续开始返青，返青前后，麦田管理需要采取以下几个措施。

（一）立足抗旱保苗，早谋划、强落实，利用一切条件，浇好返青水

各地要立足当地实际，尽早谋划，积极开拓水源，做好物资准备。河灌区要不等不靠，有水就浇，宁可早浇也不漏浇。井灌区要根据麦田墒情、苗情做好规划，科学浇好返青水。

（二）及早镇压，保墒抗旱控旺长

春季镇压可压碎土块，弥合裂缝，使经过冬季冻融疏松了的土壤表土层沉实，使土壤与根系密接起来，有利于根系吸收养分，减少水分蒸发。

（三）分类指导，科学施肥浇水

无脱肥旺苗、壮苗要晚施肥，弱苗、脱肥旺苗要早施肥。

（四）适时化学除草，控制杂草为害

在2月下旬至3月中旬，要在小麦返青初期及早进行化学除草。但要避开倒春寒天气，喷药前后3 d内日平均气温在6℃以上，日低温不能低于0℃，白天喷药时气温要高于10℃。

（五）精准用药，绿色防控病虫害

返青拔节期是麦蜘蛛的为害盛期，也是纹枯病、茎基腐病、根腐病等根茎部病害的侵染扩展高峰期，要抓住这一多种病虫害集中发生的关键时期，以主要病虫害为目标，选用适宜杀虫剂与杀菌剂混用，一次施药兼治多种病虫害。

（六）关注天气变化，防止早春冻害

早春冻害（倒春寒）是滨州市早春常发灾害。防止早春冻害最有效措施是密切关注天气变化，在降温之前灌水。由于水的热容量比空气和土壤大，因此早春寒流到来之前浇水能使近地层空气中水汽增多，在发生凝结时，放出潜热，以减小地面温度的变幅。因此，有浇灌条件的地区，在寒潮来前浇水，可以调节近地面层小气候，对防御早春冻害有很好的效果。

小麦是具有分蘖特性的作物，遭受早春冻害的麦田不会冻死全部分蘖，剩余分蘖或者从小麦蘖芽处长成的新分蘖仍然能够成穗。只要加强管理，仍可获得好的收成。因此，早春一旦发生冻害，就要及时进行补救。主要补救措施：一是抓紧时间，追施肥料。对遭受冻害的麦田，根据受害程度，抓紧追施速效化肥，促苗早发，提高2～4级高位分蘖的成穗率。一般每亩追施尿素10 kg左右。二是及时适量浇水，促进小麦对氮素的吸收，平衡植株水分状况，使小分蘖尽快生长，增加有效分蘖数，弥补主茎损失。三是叶面喷施植物生长调节剂。小麦受冻后，及时叶面喷施植物细胞膜稳态剂、复硝酚钠等植物生长调节剂，可促进中、小分蘖的迅速生长和潜伏芽的快发，明显增加小麦成穗数和千粒重，显著增加小麦产量。

第五节　2019年小麦中后期管理技术措施

2019年小麦中后期田间管理的指导思想是“水肥调节，控旺促弱；绿色植保，提高防效；预防倒伏和早衰，增粒增重”。各地要因地因苗制宜，突出分类指导，切实抓好以下管理措施的落实。

一、因地制宜，做好拔节期肥水运筹

目前滨州市黄河北部分地区小麦尚处在起身至拔节初期，黄河南部分地区小麦处于

拔节初中期，是肥水管理的关键时期。因此，对前期没有进行春季肥水管理的一、二类麦田，或者早春进行过返青期追肥但追肥量不足的麦田，均应在拔节期追肥浇水。但拔节期肥水管理要做到因地因苗制宜。对于地力水平一般、群体偏弱的麦田，应在拔节初期进行肥水管理，以促弱转壮；对地力水平较高、群体适宜麦田，应在拔节中期追肥浇水；对地力水平较高、群体偏大旺长麦田，要坚持肥水后移，在拔节后期追肥浇水，以控旺促壮。一般亩追尿素15 kg左右。群体较大的高产地块，要在追施氮肥的同时，亩追钾肥6～10 kg，既防倒伏又增产。

二、根据土壤墒情，酌情浇灌扬花水

小麦开花至成熟期的耗水量约占整个生育期耗水总量的1/4，需要通过灌溉满足供应。干旱不仅会影响抽穗、开花期，还会影响穗粒数。所以，小麦开花期至开花后10 d左右，若墒情适宜，则不必浇水。若墒情不适宜的话，应适时浇好开花水，以保证小麦籽粒正常灌浆，同时还可改善田间小气候，抵御干热风的危害，提高籽粒饱满度，增加粒重。此期浇水应特别关注天气变化，不要在风雨天气前浇水，以防倒伏。

三、密切关注天气变化，做好“倒春寒”的预防工作

近年来，滨州市小麦在拔节期以后常会发生倒春寒冻害或冷害，导致小麦结实粒数减少，产量大幅降低。因此，各地要提前制定防控“倒春寒”的灾害预案，密切关注天气变化，在降温之前及时浇水，可以提高小麦植株下部的气温，防御或减轻“倒春寒”冻害。一旦发生冻害，要及时采取减灾措施。小麦是具有分蘖特性的作物，遭受“倒春寒”冻害的麦苗不会整株死亡，只要及早采取减灾措施，加强管理，促进中、小蘖成穗，仍可获得较好收成。减灾措施：一是抓紧追肥浇水。对遭受冻害的麦田抓紧追施速效化肥，一般结合浇水每亩追施尿素10 kg左右。二是叶面喷施植物细胞膜稳态剂、复硝酚钠等植物生长调节剂，促进中、小蘖迅速生长和潜伏蘖早发快长，减轻亩穗数和穗粒数的下降幅度。

四、统防统治，绿色防控病虫害

小麦中后期，尤其抽穗期以后是病虫害集中发生盛期，若控制不力，将给小麦产量造成不可挽回的损失。各地要切实搞好预测预报工作，根据当地病虫害的发生特点和趋势，进行科学防治。要充分发挥植保专业合作组织的作用，搞好统防统治，提高防治效果。要增强绿色植保理念，科学选用高效低毒的杀虫杀菌剂。

小麦中后期病虫害主要有赤霉病、白粉病、锈病、麦蚜、麦蜘蛛、吸浆虫等。防治小麦红蜘蛛，可每亩用5%阿维菌素悬浮剂8 mL兑水适量喷雾，也可选用4%联苯菊酯微乳剂每亩30～50 mL；防治小麦吸浆虫，可在小麦抽穗至扬花初期的成虫发生盛期，亩用5%

高效氯氟氰菊酯水乳剂11 g兑水喷雾，兼治一代棉铃虫；穗蚜可每亩用25%噻虫嗪水分散粒剂10 g，或70%吡虫啉水分散粒剂4 g兑水喷雾，还可兼治灰飞虱。白粉病、锈病可亩用20%三唑酮乳油20～30 g/mL喷雾防治或250 g/mL丙环唑乳油35 mL喷雾防治。

由于近几年滨州市小麦赤霉病菌源量较大，2019年要高度重视对该病的防控工作。赤霉病要以预防为主，在小麦抽穗至扬花期若遇降水或持续2 d以上的阴天、结露、多雾天气时，要施药预防。对高危地区的高感品种，首次施药时间在小麦抽穗达到70%、小穗护颖未张开前，进行首次喷药预防，并在小麦扬花期再次喷药。药剂可选用25%氰烯菌酯悬浮剂每亩100～200 mL，或者25%咪鲜胺乳油每亩50～60 g，或者50%多菌灵可湿性粉剂每亩100～150 g，兑水后对准小麦穗部均匀喷雾。如果施药后3～6 h内遇雨，雨后应及时补喷。如遇连阴天气，应赶在下雨前施药。如雨前未及时施药，应在雨停麦穗晾干时抓紧补喷。如若小麦抽穗期前后，麦蚜、白粉病、锈病等混合发生，可考虑选用适合进行“一喷三防”的药剂，如每亩用18.7%嘧菌酯·丙环唑70 mL+22%噻虫·高氯氟30 mL+磷酸二氢钾100 g混合使用。

五、采取综合措施，搞好后期倒伏的预防和补救

由于2019年滨州市前期旺长面积比例偏高，后期麦田大面积倒伏的风险较大。因此，各地一定要高度重视麦田后期倒伏的预防工作。首先，要通过肥水调控防倒伏。群体较大麦田肥水管理时间要尽量后移，加快分蘖两极分化速度，通过改善群体通风透光状况提高植株抗倒伏能力。其次，要注意灌浆期浇水时间。最好在无风或微风时浇水，遇大风天气要停止浇水。

对于一旦发生倒伏的麦田，要采取以下措施进行补救：一是不扶不绑，顺其自然。小麦倒伏一般都是顺势自然向后倒伏，麦穗、穗茎和上部的1～2片叶都露在表面，由于植株都有自动调节作用，因此小麦倒伏3～5 d后，叶片和穗轴会自然翘起，特别是倒伏不太严重的麦田，植株自动调节能力更强。也可在雨后人工用竹竿轻轻抖落茎叶上的水珠，减轻压力助其抬头。这样不扶不绑，仍能自动直立起来，使麦穗、茎、叶在空间排列达到合理分布。因此小麦倒伏后不论倒伏程度如何都不要人工绑扶或采取其他人工辅助措施。若人工绑扶或采取其他人工辅助措施，会再次造成茎秆损伤或二次折断，减产幅度更大。二是喷药防病害。小麦倒伏后，特别是平铺倒伏的麦田为白粉病等喜湿性病菌繁殖侵染提供了理想场所，往往白粉病发生严重。因此对倒伏麦田要及早喷施三唑酮等杀菌剂，减轻倒伏病害次生危害。三是喷肥防早衰，减轻倒伏早衰次生危害。小麦倒伏后茎秆和根系都受到了不同程度的伤害，茎秆输送功能和根系吸收功能都有所下降，要结合喷药混喷0.2%～0.3%磷酸二氢钾叶面肥，增强光合作用，提高粒重，减轻倒伏早衰次生危害。

第六节　天气及管理措施对小麦产量及构成要素的影响

一、滨州市小麦生产情况和主要特点

（一）生产情况

1. 滨州市小麦生产总体情况

2019年，滨州市小麦收获面积416.08万亩，单产496.29 kg，总产206.5万t。与上年相比，面积减少7.94万亩，减幅1.87%；单产增加37.67 kg，增幅8.21%；总产增加12.04万t，增幅6.19%。

2. 小麦产量构成

亩穗数、穗粒数、千粒重均比上年增加。平均亩穗数39.92万穗，增加1.85万穗，增幅为4.86%；穗粒数35.96粒，增加0.53粒，增幅1.5%；千粒重40.67 g，增加0.67 g，增幅1.67%（表9-2）。

表9-2　2018—2019年小麦产量结构对比

年份	面积（万亩）	单产（kg）	总产（万t）	亩穗数（万穗）	穗粒数（粒）	千粒重（g）
2018	424.02	458.62	194.46	38.07	35.43	40.00
2019	416.08	496.29	206.5	39.92	35.96	40.67
增减	−7.94	37.67	12.04	1.85	0.53	0.67
增减百分比（%）	−1.87	8.21	6.19	4.86	1.5	1.67

3. 小麦单产分布情况

单产200 kg以下3.4万亩，占收获总面积的0.82%；单产201～300 kg19.4万亩，占4.66%；单产301～400 kg74.55万亩，占17.92%；单产401～500 kg163.07万亩，占39.19%；单产501～600 kg129.87万亩，占31.21%；单产600 kg以上25.79万亩，占6.20%（表9-3）。

表9-3　小麦单产分布情况

项目	亩产（kg）					
	<200	201～300	301～400	401～500	501～600	>600
面积（万亩）	3.40	19.40	74.55	163.07	129.87	25.79
占比（%）	0.82	4.66	17.92	39.19	31.21	6.20

（二）主要特点

1. 播种质量好

由于机械化在农业生产中的普及，特别是秸秆还田、深耕深松面积的扩大，以及宽幅播种、规范化播种技术的大面积推广，滨州市小麦播种质量明显提高，加之播种时土壤底墒尚可、播期适宜，小麦基本实现了一播全苗。精量半精量播种面积295.72万亩，规范化播种技术335.51万亩；宽幅播种技术111.4万亩；深耕面积30.9万亩，深松面积77.83万亩，播后镇压307.54万亩。

2. 良种覆盖率高

借助小麦统一供种等平台，滨州市加大高产优质小麦品种的宣传推广力度，重点推广了济麦22、师栾02-1、鲁原502、济南17、泰农18等优良品种。良种覆盖率达到了95%以上。2018年滨州市小麦统一供种面积15万亩，占播种面积的3.51%，药剂拌种面积248.3万亩，占播种面积的58.22%。

3. 冬前苗情总体较好

由于秋种期间土壤墒情较好，播种后温度适中，有利于小麦出苗和生长，实现了苗全、苗匀、苗壮。冬前气温、光照、降水等均有利于小麦生长，一、二类苗面积占总播种面积的九成（表9-4）。

表9-4 冬前苗情情况对比

年份	一类苗		二类苗		三类苗		旺苗	
	面积（万亩）	比例（%）	面积（万亩）	比例（%）	面积（万亩）	比例（%）	面积（万亩）	比例（%）
2017	172.44	42.02	194.4	47.37	43.01	10.48	0.5	0.12
2018	186.84	43.81	192.79	45.21	43.09	10.1	3.71	0.87
增减	14.4	1.79	−1.61	−2.16	0.08	−0.38	3.21	0.75

4. 春季苗情特点

春季苗情较2018年偏好，滨州市平均群体、个体指标均高于2018年；一、二类苗面积大，占到总播种面积的八成。旺苗面积比2018年偏大，部分麦田出现旺长现象（表9-5）。

表9-5 返青期苗情情况对比

年份	一类苗		二类苗		三类苗		旺苗	
	面积（万亩）	比例（%）	面积（万亩）	比例（%）	面积（万亩）	比例（%）	面积（万亩）	比例（%）
2018	175.61	42.80	197.23	48.06	36.99	9.01	0.52	0.13
2019	192.2	45.08	196.4	46.07	33.47	7.85	4.26	1.00
增减	16.59	2.28	−0.83	−1.99	−3.52	−1.16	3.74	0.87

春季气温持续偏高，加速了小麦生育进程，使小麦提前抽穗扬花，增加了小麦灌浆时间。小麦灌浆期特别是5月16日后光照良好，昼夜温差大，利于小麦灌浆。

5. 病虫害轻

小麦冬季及春季返青前干旱，不利于病虫害的发生；拔节期间温度偏高，部分地块纹枯病、红蜘蛛、蚜虫等有不同程度发生；后期白粉病和条锈病发生较轻，总体病虫为害较轻。

6. 优势品种逐渐形成规模

具体面积：济麦22面积153.4万亩，是滨州市种植面积最大的品种；师栾02-1面积54.8万亩；鲁原502面积51.3万亩；济南17面积32万亩；泰农18面积29.1万亩；临麦4号面积20万亩；临麦2号面积8万亩。以上几大主栽品种计348.6万亩，占滨州市小麦播种总面积的83.78%。

7. “一喷三防”及统防统治技术到位

小麦“一喷三防”技术是小麦生长后期防病、防虫、防干热风的关键技术，是经实践证明的小麦后期管理的一项最直接、最有效的关键增产措施。2019年滨州市大力推广小麦“一喷三防”及统防统治技术，提高了防治效果，小麦病虫害得到了有效控制。及时发布了防御小麦干热风的技术应对措施并组织落实，有效地防范了干热风危害，为小麦丰产打下了坚实基础。

8. 小麦受灾情况

冬春持续干旱少雨，造成滨州市68.3万亩小麦发生不同程度旱情，影响小麦生长发育；冬前两次降温和春季两次寒潮造成滨州市7.2万亩小麦发生冻害，严重影响小麦返青和拔节抽穗；5月中旬到6月上中旬持续高温造成滨州市55.62万亩小麦遭受干热风危害，影响了小麦产量。

9. 收获集中

机收率高。2019年小麦集中收获时间在6月4—16日，收获面积占总面积的90%以上；机收率高，机收面积占总收获面积的98%以上，累计投入机具1万台。

二、气象条件对小麦生长发育影响分析

（一）有利因素

1. 气温降水适宜，冬前基础好

（1）气温。播种后温度适中，有利于小麦出苗和生长。10月平均气温13.8℃，较2018年同期偏低0.8℃。11月平均气温7.7℃，较2018年同期偏高1.3℃。滨州市小麦冬前影响壮苗所需积温为500～700℃，10—11月大于0℃积温为659.6℃。总体看，气温变化平稳，小麦正常生长发育非常有利，促使小麦早分蘖、多分蘖，个体健壮。

（2）光照条件。10月光照237.1 h，比2018年偏多98.5 h，有利于小麦的出苗和生长发育；11月光照138.6 h，比2018年偏少57.9 h。总体光照较上年偏多，有利于小麦光合作

用及有机物质形成，有利于分蘖形成，因此2019年小麦单株分蘖比2018年增多。由于气温高、光照多，部分麦田出现旺长现象。

（3）降水。小麦播种后，降水量偏少。10月降水量19.1 mm，比2018年偏少27.8 mm。11月降水量4.8 mm，比2018年偏多4.1 mm。总体降水偏少，部分水浇条件差的麦田出现干旱情况。滨州市11月26日土壤墒情监测结果表明，冬小麦已灌溉水浇地0 ~ 20 cm土层，土壤含水量平均为17.92%，土壤相对含水量平均为76.14%，20 ~ 40 cm土壤含水量平均为18.02%，土壤相对含水量平均为76.55%；冬小麦未灌溉水浇地0 ~ 20 cm土层，土壤含水量平均为16.76%，土壤相对含水量平均为72.52%，20 ~ 40 cm土壤含水量平均16.90%，土壤相对含水量平均为73.51%；冬小麦旱地0 ~ 20 cm土层，土壤含水量平均为16.62%，土壤相对含水量平均为73.69%，20 ~ 40 cm土壤含水量平均为17.07%，土壤相对含水量平均为75.71%。对照冬小麦苗期适宜相对含水量（65% ~ 85%），滨州市麦田土壤墒情适宜，利于小麦苗期生长发育（表9-6）。

表9-6　2018年10—11月气象资料

时间	气温（℃）	距平（℃）	积温（℃）	距平（℃）	降水量（mm）	距平（mm）	日照（h）	距平（h）
10月	13.8	−0.6	428.2	−18.6	19.1	−10.2	237.1	28.1
11月	7.7	1.6	231.4	48.5	4.8	−9.3	138.6	−39.3

2. 春季气温持续偏高，加速了小麦生育进程，使小麦提前抽穗扬花，增加了小麦灌浆时间

3月平均气温10℃，比常年偏高3.5℃，4月滨州市平均气温14.1℃，有利于小麦生长。

3. 4月小麦生长的关键期降水充沛，为小麦拔节、孕穗提供了良好墒情

4月，滨州市平均降水量38 mm，较常年同期偏多13.1 mm。

4. 小麦灌浆期

特别是5月16日后光照良好，昼夜温差大，利于灌浆提高千粒重（表9-7）。

表9-7　2019年1—6月气象资料

时间	气温（℃）	距平（℃）	积温（℃）	距平（℃）	降水量（mm）	距平（mm）	日照（h）	距平（h）
1月	−1.0	1.7			0.0	−4.5	167.4	−10.4
2月	0.8	0.3			3.1	−4.6	118.0	−57.1
3月	10.0	3.5	309.6	108.1	6.1	−5.4	252.4	36.6
4月	14.1	−0.3	422.6	−12.0	38.0	13.1	214.0	−32.2
5月	22.5	2.4	698.6	74.8	2.6	−47.4	297.1	28.0
6月	27.0	2.0	809.7	60.3	22.7	−51.9	253.8	5.9

（二）不利因素

1. 低温冻害

2月9—16日滨州市有2次降温过程（最低温度分别为-9℃、-10℃），由于小麦前期没有经过低温锻炼，突然大幅降温对部分旺长麦田和土壤松暄、镇压不实麦田的小麦1～2片叶造成低温冷害。滨州市共发生冷害3.5万亩。

2. 春季持续干旱，影响了小麦的转化升级

2019年春季滨州市大部分地区缺乏有效降水，5—6月降水量仅为25.3 mm，比常年偏少99.3 mm，部分地块出现了一定程度的旱情，加之气温高生育进程加快，不利于小麦的转化升级，影响了亩穗数。

3. 干热风危害

5月平均气温22.5℃，比常年偏高2.4℃。5月下旬出现36～38℃的极端高温天气，部分地块出现干热风，影响小麦灌浆，不利于千粒重的增加。滨州市干热风面积55.62万亩，减产幅度0.83%。

三、小麦增产采取的主要措施

1. 大力开展高产创建平台建设，提高粮食增产能力

滨州市以“吨粮市”建设为平台，结合各县区粮食生产发展的实际，大力开展高产创建活动。积极推广秸秆还田、深耕深松、规范化播种、宽幅精播、配方施肥、氮肥后移等先进实用新技术，熟化集成了一整套高产稳产技术，辐射带动了大面积平衡增产。

2. 大力开展政策性农业保险，促进粮食稳产增产

农业保险在提高农业抵御自然灾害的能力，减轻农民损失，保护农民利益，调动和保护广大农民的种粮积极性，稳定粮食生产等方面起到了积极的推动作用。2018年滨州市10个县区全部开展了政策性农业保险工作，滨州市小麦投保面积284.56万亩，较上年增加36.18万亩，占播种面积的68%，取得各级财政保费补贴资金4 617万元。

3. 加强关键环节管理

在小麦冬前、返青、抽穗、灌浆等关键时期，组织专家搞好苗情会商，针对不同麦田研究制定翔实可行的管理措施，指导群众不失时机地做好麦田管理。

4. 加强技术指导

通过组织千名科技人员下乡活动、春风计划、农业科技入户工程，加强农民技术培训，组织专家和农技人员深入生产一线，结合利用电视台、报纸、网络、手机等现代媒体手段，积极应对突发灾害性天气，有针对性地搞好技术指导，帮助农民解决麦田管理中遇到的实际困难和问题。与气象部门密切配合及时做好自然灾害预警预防，提早做好防“倒春寒”、抗旱、防倒、防干热风等预案并及时下发各项紧急通知进行积极应对。力争将自然灾害损失降到最低。同时要求相关承保公司第一时间赶赴受灾现场做好勘灾理赔工作，保护农民收益。

5. 加强病虫害监测防治

及时发布病虫害信息，指导农民进行科学防治，降低病虫为害。

四、新技术引进、试验、示范情况

借助小麦高产创建示范方和市财政支持农技推广项目及粮食生产“十统一”等各类项目为载体，滨州市近几年加大对新技术新产品的示范推广力度，通过试验对比探索出适合滨州市的新技术新品种，其中，推广面积较大的有：玉米秸秆还田403.71万亩，规范化播种技术335.51万亩；宽幅播种技术111.4万亩；深耕面积30.9万亩，深松面积77.83万亩，播后镇压307.54万亩，氮肥后移230.4万亩，“一喷三防”技术354.72万亩。从近几年的推广情况看，规范化播种技术、宽幅精播技术、机械深松技术、“一喷三防”技术、化控防倒技术、秸秆还田技术效果明显，且技术较为成熟，推广前景好；免耕栽培技术要因地制宜推广；随着机械化程度的提高农机农艺的融合对小麦的增产作用越来越明显，要加大和农机部门的合作。品种方面滨州市主推品种为：济麦22、师栾02-1、鲁原502、泰农18、济南17、临麦4号等。

五、小面积高产攻关主要技术措施和做法、经验

（一）采取的主要技术措施和做法

1. 选用良种

依据气候条件、土壤基础、耕作制度等选择高产潜力大、抗逆性强的多穗性优良品种，如济麦22号、鲁原502等品种进行集中攻关、展示、示范。

2. 培肥地力

采用小麦、玉米秸秆全量还田技术，同时每亩施用土杂肥3～5 m^3，提高土壤有机质含量和保蓄肥水能力，增施商品有机肥100 kg，并适当增施锌、硼等微量元素肥料。

3. 种子处理

选用包衣种子或用敌委丹、适乐时进行拌种，促进小麦次生根生长，增加分蘖数，有效控制小麦纹枯病、金针虫等苗期病虫害。

4. 适期适量播种并播前播后镇压

小麦播种日期于10月5日左右，采用精量播种机精量播种，基本苗10万～12万株，冬前总茎数为计划穗数的1.2倍，春季最大总茎数为计划穗数的1.8～2.0倍，采用宽幅播种技术。镇压提高播种质量，对苗全苗壮作用大。

5. 冬前管理

一是于11月下旬浇灌冬水，保苗越冬、预防冬春连旱；二是喷施除草剂，春草冬治，提高防治效果。

6. 氮肥后移延衰技术

将氮素化肥的底肥比例减少到50%，追肥比例增加到50%，土壤肥力高的麦田底肥比

例为30%～50%，追肥比例为50%～70%；春季第一次追肥时间由返青期或起身期后移至拔节期。

7. 后期肥水管理

于5月上旬浇灌40 m^3左右灌浆水，后期采用“一喷三防”，连喷3次，延长灌浆时间，防早衰、防干热风，提高粒重。

8. 病虫草害综合防控技术

前期以杂草及根部病害、红蜘蛛为主，后期以白粉病、赤霉病、蚜虫等为主，进行综合防控。

（二）主要经验

要选择土壤肥力高（有机质1.2%以上）、水浇条件好的地块。培肥地力是高产攻关的基础，实现小麦高产攻关必须以较高的土壤肥力和良好的土、肥、水条件为保障，要求土壤有机质含量高，氮、磷、钾等养分含量充足，比例协调。

选择具有高产能力的优良品种，如济麦22号、鲁原502等。高产良种是攻关的内因，在较高的地力条件下，选用增产潜力大的高产良种，实行良种良法配套，就能达到高产攻关的目标。

深耕深松，提高整地和播种质量。有了肥沃的土壤和高产潜力大的良种，在适宜播期内，做到足墒下种，保证播种深浅一致，下种均匀，确保一播全苗，是高产攻关的基础。

采用宽幅播种技术。通过试验和生产实践证明，在同等条件下采用宽幅播种技术比其他播种方式产量高，因此在高产攻关和大田生产中值得大力推广。

狠抓小麦“三期”管理，即冬前、春季和小麦中后期管理。栽培管理是高产攻关的关键，良种良法必须配套，才能充分发挥良种的增产潜力，达到高产的目的。

相关配套技术要运用好。集成小麦精播半精播、种子包衣、冬春控旺防冻、氮肥后移延衰、病虫草害综防、后期“一喷三防”等技术，确保各项配套技术措施落实到位。

六、小麦生产存在的主要问题

1. 整地质量问题

以旋代耕面积较大，许多地块只旋耕而不耕翻，犁底层变浅、变硬，影响根系下扎。滨州市424.02万亩小麦，深耕深松面积108.9万亩，不到四成。玉米秸秆还田粉碎质量不过关，且只旋耕一遍，不能完全掩埋秸秆，影响小麦苗全、苗匀。根本原因是机械受限和成本因素。通过滨州市粮食生产“十统一”工作深入开展，深耕松面积将不断扩大，以旋代耕问题将逐步解决，耕地质量将会大大提升。

2. 施肥不够合理

部分群众底肥重施化肥，轻施有机肥，重施磷肥，不施钾肥。偏重追施化肥，年后追氮肥量过大，少用甚至不追施钾肥，追肥喜欢撒施“一炮轰”，肥料利用率低且带来面源污染。究其原因为图省工省力。

3. 镇压质量有待提高

仍有部分秸秆还田地片播后镇压质量不过关，存在着早春低温冻害和干旱灾害的隐患。原因为播种机械供给不足及群众意识差等因素。

4. 杂草防治不太给力

2019年特殊的气候条件，赤霉病、白粉病、根腐病、蚜虫等小麦病虫害发生较轻，但部分地区雀麦、野燕麦、节节麦有逐年加重的趋势，发生严重田块出现草荒，部分防治不当地块出现除草剂药害。主观原因是对草害发生与防治的认识程度不够，冬前除草面积小。客观原因是缺乏防治节节麦高效安全的除草剂，加之冬前最佳施药期降水较多除草作业困难，春季防治适期温度不稳定等因素导致。

5. 品种多乱杂的情况仍然存在

“二层楼”甚至“三层楼”现象仍存在。原因为自留种或制种去杂不彻底或执法不严等。2019年秋种将取消统一供种，对品种纯度及整齐度会更为不利。

6. 部分地块小麦不结实

部分地区插花式分布小麦不结实现象，面积虽小，但影响群众种植效益及积极性。初步诊断为小麦穗分化期受冷害或花期喷药所致。

7. 盐碱地粮食高产稳产难度大

盐碱程度高，引黄灌溉水利工程基础差，小麦高产栽培技术不配套，农民多年习惯植棉，缺乏小麦种植管理知识和经验。小麦生产面积增加潜力大，但高产稳产难度大。2019年春季干旱，黄河引水不足，无棣、沾化北部新增小麦地块一水未浇，纯粹靠天吃饭，4—5月两次降水部分缓解了旱情，否则该地区小麦产量会大受损失，甚至部分绝产。

七、2019年秋种在技术措施方面应做的主要工作

1. 搞好技术培训，确保关键增产技术落实

结合小麦高产创建示范方、财政支持农技推广项目、农技体系建设培训等，大力组织各级农技部门开展技术培训，加大种粮大户、种植合作社、家庭农场及种粮现代农业园区等新型经营主体的培训，使农民及种植从业人员熟练掌握新技术，确保技术落地。

2. 加大滨州市粮食生产“十统一”推进力度

大力推广秸秆还田、深耕深松等关键技术的集成推广。疏松耕层，降低土壤容重，增加孔隙度，改善通透性，促进好气性微生物活动和养分释放；提高土壤渗水、蓄水、保肥和供肥能力。

3. 因地制宜，搞好品种布局。

继续搞好主推技术及主推品种的宣传引导，如在高肥水地块加大济麦22、泰农18等多穗型品种的推广力度，并推广精播半精播、适期晚播技术，良种精选、种子包衣、防治地下害虫、根病。盐碱地种粮地块以德抗961、青农6号等品种为主。对2019年倒伏面积较大的品种进行引导更换新品种。

4. 加大宣传力度，确实搞好播后镇压

近几年来，滨州市连续冬春连旱，播后镇压对小麦安全越冬起着非常关键的作用，对防御冬季及早春低温冻害和干旱灾害意义重大。关键是镇压质量要过关。我们将利用各种媒体及手段做好播后镇压技术的落实。

5. 继续搞好小麦种植试验研究

我们将在近几年种植小麦试验的基础上，尤其是认真总结2018年进行的小麦品种集中展示试验和按需补灌水肥一体化试验基础上，继续细化试验方案，认真探索研究不同地力条件下小麦种植的高产栽培模式。2019年秋种计划继续进行小麦全幅播种试验、新品种集中展示筛选试验及小麦高低畦栽培试验等各类试验，为农业生产指导提供科学依据。

第十章　2019—2020年度小麦产量主要影响因素分析

第一节　2019年播种基础及秋种技术措施

2019年小麦秋种工作以绿色高质高效为目标，进一步优化品种结构，提高播种质量，奠定小麦丰收基础。重点抓好种子处理、深耕整地、宽幅精播等关键技术落实，示范推广绿色高产高效新技术。

一、优化品种布局，适度扩大专用小麦种植面积

（一）选择优良品种

1. 种植强筋专用小麦地区

重点选用品种：济麦44、淄麦28、泰科麦33、济麦229、红地95、藁优5766、济南17、洲元9369、师栾02-1、泰山27、烟农19号等。

2. 水浇条件较好地区

重点种植以下两种类型品种：一是多年推广，有较大影响品种，如济麦22、鲁原502、山农28号、烟农999、山农20、良星77、青丰1号、良星99、良星66、山农24；二是近三年新审定经种植展示表现较好品种，如山农32、山农29、山农31、烟农173、山农30、太麦198、菏麦21、登海202、济麦23、鑫瑞麦38、淄麦29、烟农1212、鑫星169等。

3. 水浇条件较差的旱地

主要种植品种：青麦6号、烟农21、山农16、山农25、山农27、烟农0428、青麦7号、阳光10号、济麦262、齐民7号、山农34、济麦60等。

4. 中度盐碱地（土壤含盐量2‰～3‰）

主要种植品种：济南18、德抗961、山融3号、青麦6号、山农25等。

（二）搞好种子处理

做好种子包衣、药剂拌种，可以有效防治或减轻小麦根腐病、茎基腐病、纹枯病等病害发生，同时控制苗期地下害虫为害。根茎部病害发生较重的地块，可选用4.8%苯醚·咯菌腈悬浮种衣剂按种子量的0.2%～0.3%拌种，或30 g/L的苯醚甲环唑悬浮种衣剂按照种子

量的0.3%拌种；地下害虫发生较重的地块，选用40%辛硫磷乳油按种子量的0.2%拌种，或者30%噻虫嗪种子处理悬浮剂按种子量的0.23%～0.46%拌种。病、虫混发地块用杀菌剂+杀虫剂混合拌种，可选用32%戊唑·吡虫啉悬浮种衣剂按照种子量的0.5%～0.7%拌种，或用27%的苯醚甲环唑·咯菌腈·噻虫嗪悬浮种衣剂按照种子量的0.5%拌种。

二、以深耕翻为突破口，切实提高整地质量

（一）施足基肥

各地要在推行玉米联合收获和秸秆还田的基础上，广辟肥源、增施农家肥，提高土壤耕层的有机质含量。一般地块亩施有机肥3 000～4 000 kg，每亩施用纯氮（N）12～14 kg，磷（P_2O_5）6～8 kg，钾（K_2O）5～8 kg，磷肥、钾肥底施，氮肥50%底施，50%起身期或拔节期追施。缺少微量元素的地块，要注意补施锌肥、硼肥等。要大力推广化肥深施技术，坚决杜绝地表撒施。

（二）大犁深耕

土壤深耕可有效掩埋有机肥料、作物秸秆、杂草和病虫有机体，打破犁底层，疏松耕层，改善土壤理化性状，能够有效减轻病虫草害的发生程度，提高土壤渗水、蓄水、保肥和供肥能力，是抗旱保墒的重要技术措施。近年来，随着机械牵引翻转犁的应用，解决了土壤深耕出现犁沟的现象，深耕翻可以达到30 cm左右。因此，有条件的地区应逐渐加大机械深耕翻的推广面积。深耕效果可以维持多年，从节本增效角度考虑，可每隔2～3年深耕1次，其他年份采用旋耕或免耕等保护性耕作播种技术。

（三）耙耢整地

耙耢可耙碎土块、疏松表土、平整地面、踏实耕层，使耕层上松下实，抗旱保墒，因此在深耕或旋耕后都应及时耙地。旋耕后的麦田表层土壤松暄，如果不先耙耢压实再播种，易导致播种过深影响深播弱苗，影响小麦分蘖的发生，造成穗数不足；并造成播种后很快失墒，影响次生根的生长和下扎，冬季易受冻导致黄弱苗或死苗。因此，各类麦田都要注意耙耢压实环节的田间作业。

三、以宽幅精播和播后镇压为突破口，切实提高播种质量

（一）适墒播种

小麦播种时耕层的适宜墒情为土壤相对含水量的70%～75%。在适宜墒情的条件下播种，可使种子根和次生根及时生长下扎，提高小麦抗旱能力，因此播种前墒情不足时要提前浇水造墒。在适期内，应掌握“宁可适当晚播，也要造足底墒”的原则，做到足墒下种，确保一播全苗。

（二）适期播种

温度是决定小麦播种期的主要因素。小麦从播种至越冬开始，以0℃以上积温570～650℃为宜。各地要在试验示范的基础上，因地制宜地确定适宜播期。滨州市的小麦适宜播期一般为10月1—10日，最佳播期为10月3—8日。如不能在适期内播种，要注意适当加大播量，做到播期播量相结合。

（三）宽幅精量播种

小麦宽幅精量播种，改传统小行距条播为等行距（22～25 cm）宽幅播种，改传统密集条播籽粒拥挤一条线为宽播幅（8～10 cm）种子分散式粒播，有利于种子分布均匀，减少缺苗断垄、疙瘩苗现象，克服了传统条播籽粒拥挤、争肥、争水、根少、苗弱的生长状况。因此，各地要大力推行小麦宽幅播种机械播种。播种深度3～5 cm，播种机行进速度以每小时5 km为宜，以保证下种均匀、深浅一致、行距一致、不漏播、不重播。

在适期播种情况下，分蘖成穗率低的大穗型品种，每亩适宜基本苗15万～18万株；分蘖成穗率高的中多穗型品种，每亩适宜基本苗13万～16万株。在此范围内，高产田宜少，中产田宜多。晚于适宜播种期播种，每晚播2 d，每亩增加基本苗1万～2万株。

（四）播后镇压

小麦播后镇压是提高小麦苗期抗旱能力和出苗质量的有效措施。各地要选用带镇压装置的小麦播种机械，在小麦播种时随种随压。在小麦播种后用专门的镇压器镇压2遍，提高镇压效果。尤其对于秸秆还田地块，一定要在小麦播种后用镇压器多遍镇压，保证小麦出苗后根系正常生长，提高抗旱能力。

四、示范推广绿色高产高效新技术，提高可持续发展能力

按照新形势下国家小麦产业供给侧结构性改革和新旧动能转化的要求，在2019年小麦生产中，滨州市要因地制宜地示范推广以下绿色高产高效新技术。

（一）小麦测墒补灌节水栽培技术

该技术是山东农业大学小麦栽培研究室经过十余年探索，研究成功的新技术。技术要点是：首先依据小麦关键生育时期的需水特点，设定关键生育时期的目标土壤相对含水量，再根据目标土壤含水量和实测的土壤含水量，利用公式计算出需要补充的灌水量，然后根据需要给小麦浇水。通过按需浇水，降低生产成本，节约水资源。

（二）小麦病虫草害绿色防控技术

小麦病虫草害绿色防控技术，重点是加强农作物病虫草害预测预报，把握病虫草害防治的关键时期，采用农业防治、生态控治、生物防治和化学防治相结合，科学选配绿色环保型农药，应用新型施药机械，加大统防统治工作力度。提倡在冬前选择合适的除草剂

进行麦田除草。保护和利用麦田害虫的各种天敌，发挥天敌自然控害作用，示范推广利用频振式杀虫灯等杀虫新技术，推荐使用高效、低毒、低残留、绿色环保型农药防治麦田病虫害。

（三）小麦水肥一体化技术

小麦水肥一体化技术是借助压力灌溉系统，将可溶性肥料溶解在灌溉水中，按小麦的水肥需求规律，通过可控管道系统直接输送到小麦根部附近的土壤供给小麦吸收。该技术能够精确地控制灌水量和施肥量，显著提高肥水利用率，具有节水、节肥、节地、增产、增效等优势，应用前景广阔。各地要根据生产实际和农民需求，加大关键技术和配套产品研发力度，科学制定灌溉制度，全面推进测墒补灌水肥一体化。

（四）小麦镇压划锄一体化技术

镇压划锄一体化技术就是在镇压器后加挂特定种类、一定重量的树枝，可以很好地起到镇压划锄作用。其主要作用有：①对因播后降水或浇“蒙头水”地表板结的地块，可以破除硬壳，促进出苗。②弥合土壤裂缝，防止跑墒、冻苗。③挫伤叶片，控制旺长。④均匀划锄，保温保墒。对于提高出苗质量、防止苗期干旱、预防冻害、控制旺长等作用明显。建议各地及早谋划，积极推广镇压划锄一体化技术。

（五）小麦深松施肥播种镇压一体化种植技术

该技术是在玉米秸秆还田环境下，不进行耕翻整地作业，由专门机械一次进地可完成间隔深松、播种带旋耕、分层施肥、精量播种、播后镇压等多项作业，具有显著的节本、增效作用。

（六）小麦增产节水高低畦种植技术

小麦高低畦种植技术，将传统种植中的畦埂整平播种小麦，实现了高低畦种植，提高土地利用率，增加亩穗数，实现增产；利用低畦浇水高畦渗灌，提高了水流推进速度，减少过水面积，减少灌溉用水，高畦不板结，减少水分蒸发；小麦高低畦种植技术，提高植株覆盖度，减少土地裸露面积，减少杂草滋生。适宜滨州市邹平、博兴等井灌区小麦，解决了当地小畦种植土地利用率低的问题。

（七）盐碱地冬小麦节水增产播种技术

该技术通过增加土壤蓄水量，减少水分蒸发，采用中大穗、多粒型品种，增加播量，增加有苗面积等技术手段，很好地解决了盐碱地小麦因晚播和冬春无法适时浇水造成小麦减产的难题。其技术要点及流程为：前茬秸秆处理秸秆小于5 cm→一次旋耕1遍→深松→浇水浇透→二次旋耕2～3遍→播前镇压→选用大穗型品种，按20～27.5 kg/亩的播种量→全幅或宽苗带播种→播后适时镇压。

第二节　天气及管理措施对小麦冬前苗情的影响

一、基本苗情

滨州市小麦播种面积420.28万亩，比上年减少6.15万亩，大田平均基本苗22.15万株，比上年增加0.45万株；亩茎数61.27万株，比上年减少3.72万株；单株分蘖2.88个，比上年减少0.27个；单株主茎叶片数4.62个，比上年减少0.31个；三叶以上大蘖1.72个，比上年减少0.24个；单株次生根3.98条，比上年减少0.45条。一类苗面积160.41万亩，占总播种面积的38.17%，较上年下降5.64个百分点；二类苗面积182.41万亩，占总播种面积的43.40%，较上年下降1.81个百分点；三类苗面积72.46万亩，占总播种面积的17.24%，较上年上升7.14个百分点；旺苗面积5.00万亩，较上年增加1.29万亩。总体上看，由于大部分麦田受前茬作物影响，有效降水不足，土壤墒情较差，导致播期较晚，2019年小麦整体弱于去年。群体和个体发育一般。一、二类苗面积大，占到总播种面积的八成，旺苗及“一根针”面积小，缺苗断垄面积小。

二、因素分析

1. 气象因素

（1）气温。播种后温度适中，有利于小麦出苗和生长。10月平均气温15.1℃，较常年偏高0.7℃。11月平均气温8.3℃，较常年偏高2.2℃。滨州市小麦冬前影响壮苗所需积温为500～700℃，10—11月大于0℃积温为717.9℃。总体看，气温偏高，容易造成小麦旺长。

（2）光照条件。10月光照192.9 h，比常年偏少16.3 h；11月光照153.1 h，比常年偏少24 h。总体光照偏少，不利于小麦光合作用及有机物质形成，也不利于分蘖。

（3）降水。小麦播种后，降水量偏少。10月降水量12 mm，比常年偏少17.3 mm。11月降水量19 mm，比常年偏多4.8 mm。总体降水偏少，部分水浇条件差的麦田出现干旱情况。

滨州市11月11日土壤墒情监测结果表明，冬小麦已灌溉水浇地0～20 cm土层，土壤含水量平均为18.88%，土壤相对含水量平均为80.19%，20～40 cm土壤含水量平均为18.50%，土壤相对含水量平均为78.60%；冬小麦未灌溉水浇地0～20 cm土层，土壤含水量平均为15.56%，土壤相对含水量平均为67.39%，20～40 cm土壤含水量平均16.07%，土壤相对含水量平均为70.80%；冬小麦旱地0～20 cm土层，土壤含水量平均为14.93%，土壤相对含水量平均为66.22%，20～40 cm土壤含水量平均15.46%，土壤相对含水量平均为68.72%；棉田0～20 cm土层，土壤含水量平均为17.65%，土壤相对含水量平均为72.88%，20～40 cm土壤含水量平均18.13%，土壤相对含水量平均为75.10%（表10-1）。

表10-1 10—11月气象资料

时间	气温（℃）	距平（℃）	积温（℃）	距平（℃）	降水量（mm）	距平（mm）	日照（h）	距平（h）
10月	15.1	0.7	468.4	29.6	12.0	−17.3	192.9	−16.3
11月	8.3	2.2	249.5	64.2	19.0	4.8	153.1	−24.0

2. 技术和管理措施

由于机械化在农业生产中的普及，特别是秸秆还田、深耕深松面积的扩大，以及宽幅播种、规范化播种技术的大面积推广，有利于滨州市小麦播种质量的提高。滨州市小麦播种，玉米秸秆还田面积369.65亩，造墒面积40万亩，浇“蒙头水”面积44.7万亩，深耕面积183.5万亩，深松面积57.26万亩，规范化播种面积324.99万亩，宽幅精播面积126.5万亩，播后镇压面积370.89万亩，浇越冬水面积150.5万亩，化学除草面积217.8万亩。滨州市旱地面积小，旱肥地33.95万亩，旱薄地面积11.78万亩。

3. 良种覆盖率高

借助小麦统一供种等平台，滨州市加大高产优质小麦品种的宣传推广力度，重点推广了济麦22、师栾02-1、鲁原502、山农20、济麦44、济南17等优良品种。良种覆盖率达到了95%以上。2019年滨州市小麦统一供种面积185万亩，占播种面积的44%，药剂拌种面积150.99万亩，占播种面积的35.92%。

4. 科技服务到位，带动作用明显

通过开展“千名农业科技人员下乡”活动和“科技特派员农村科技创业行动”“新型农民科技培训工程”等方式，组织大批专家和科技人员开展技术培训和指导服务。一是重点抓了农机农艺结合，扩大先进实用技术面积。以农机化为依托，大力推广小麦宽幅精播高产栽培技术、秸秆还田技术、小麦深松镇压节水栽培技术；二是以测土配方施肥补贴项目的实施为依托，大力推广测土配方施肥和化肥深施技术，广辟肥源，增加有机肥的施用量，培肥地力；三是充分发挥高产创建平台建设示范县和小麦规范化播种项目的示范带动作用。通过十亩高产攻关田、新品种和新技术试验展示田，将成熟的小麦高产配套栽培技术以样本的形式展示给种粮农民，提高了新技术的推广速度和应用面积。

三、存在的问题

一是晚播小麦面积大。2019年由于有140多万亩玉米7月上旬播种，这部分玉米收获比较晚，再加上接茬麦田无地下水灌溉条件，导致播种晚、墒情差，苗情弱。二是有机肥施用不足，造成地力下降。三是深耕松面积有所增加但总体相对偏少，连年旋耕造成耕层变浅，根系难以下扎。四是部分秸秆还田地块秸秆还田质量不高，秸秆量大，打不碎，埋不深，镇压不实，易造成冻苗、死苗。五是部分麦田播期过早，加上11月以来气温高，导致部分小麦冬前地上部分苗茎较高，在越冬或早春时难以抵御严寒，容易发生冻害。六是部分麦田存在牲畜啃青现象。七是农机农艺措施结合推广经验不足，缺乏统一组织协调机制；农机手个体分散、缺乏统一组织、培训，操作技能良莠不齐，造成机播质量不高。八是部分地区为防止秸秆焚烧，播种过早，导致旺长。九是农田水利设施老化、薄弱，防御自然灾害的能力还需提高。

四、冬前与越冬期麦田管理措施

1. 及时防除麦田杂草

冬前，选择日平均气温6℃以上晴天中午前后（喷药时温度10℃左右）进行喷施除草剂，防除麦田杂草。为防止药害发生，要严格按照说明书推荐剂量使用。喷施除草剂用药量要准、加水量要足，应选用扇形喷头，做到不重喷、不漏喷，以提高防效，避免药害。

2. 适时浇好越冬水

适时浇好越冬水是保证麦苗安全越冬和春季肥水后移的一项重要措施。因此，各县区要抓紧时间利用现有水利条件浇好越冬水，时间掌握在日平均气温下降到3～5℃，在麦田地表土壤夜冻昼消时浇越冬水较为适宜。

3. 控旺促弱促进麦苗转化升级

对于各类旺长麦田，采取喷施“壮丰安”“麦巨金”等生长抑制剂控叶蘖过量生长；适当控制肥水，以控水控旺长；运用麦田镇压，抑上促下，促根生长，以达到促苗转壮、培育冬前壮苗的目标。播期偏晚的晚茬麦田，积温不够是影响年前壮苗的主要因素，田间管理要以促为主。对于墒情较好的晚播弱苗，冬前一般不要追肥浇水，以免降低地温，影响发苗，可浅锄2～3遍，以松土、保墒、增温。对于整地质量差、地表坷垃多、秸秆还田量较大的麦田，可在冬前及越冬期镇压1～2次，压后浅锄，以压碎坷垃，弥实裂缝、踏实土壤，使麦根和土壤紧实结合，提墒保墒，促进根系发育。但盐碱地不宜反复镇压。

4. 严禁放牧啃青

要进一步提高对放牧啃青危害性的认识，整个越冬期都要禁止放牧啃青。

五、春季麦田管理意见

（一）适时划锄镇压，增温保墒促早发

划锄具有良好的保墒、增温、灭草、促苗早发等效果。各类麦田，不论弱苗、壮苗或旺苗，返青期间都应抓好划锄。早春划锄的有利时机为“顶凌期”，就是表土化冻2 cm时开始划锄。划锄要看苗情采取不同的方法：①晚茬麦田，划锄要浅，防止伤根和坷垃压苗；②旺苗麦田，应视苗情，于起身至拔节期进行深锄断根，控制地上部生长，变旺苗为壮苗；③盐碱地麦田，要在“顶凌期”和雨后及时划锄，以抑制返盐，减少死苗。另外，要特别注意，早春第一次划锄要适当浅些，以防伤根和寒流冻害。以后随气温逐渐升高，划锄逐渐加深，以利根系下扎。到拔节前划锄3遍。尤其浇水或雨后，更要及时划锄。

（二）科学施肥浇水

三类麦田春季肥水管理应以促为主。三类麦田春季追肥应分两次进行，第一次在返

青期5 cm地温稳定于5℃时开始追肥浇水，一般在2月下旬至3月初，每亩施用5～7 kg尿素和适量的磷酸二铵，促进春季分蘖，巩固冬前分蘖，以增加亩穗数。第二次在拔节中期施肥，提高穗粒数。二类麦田春季肥水管理的重点是巩固冬前分蘖，适当促进春季分蘖发生，提高分蘖的成穗率。地力水平一般，亩茎数45万～50万株的二类麦田，在小麦起身初期追肥浇水，结合浇水亩追尿素10～15 kg；地力水平较高，亩茎数50万～60万株的二类麦田，在小麦起身中期追肥浇水。一类麦田属于壮苗麦田，应控促结合，提高分蘖成穗率，促穗大粒多。一是起身期喷施“壮丰安”等调节剂，缩短基部节间，控制植株旺长，促进根系下扎，防止生育后期倒伏。二是在小麦拔节期追肥浇水，亩追尿素12～15 kg。旺苗麦田植株较高，叶片较长，主茎和低位分蘖的穗分化进程提前，早春易发生冻害。拔节期以后，易造成田间郁蔽，光照不良和倒伏。春季肥水管理应以控为主。一是起身期喷施调节剂，防止生育后期倒伏。二是无脱肥现象的旺苗麦田，应早春镇压蹲苗，避免过多春季分蘖发生。在拔节期前后施肥浇水，每亩施尿素10～15 kg。

（三）防治病虫草害

白粉病、锈病、纹枯病是春季小麦的主要病害。纹枯病在小麦返青后就发病，麦田表现点片发黄或死苗，小麦叶鞘出现梭形病斑或地图状病斑，应在起身期至拔节期用井冈霉素兑水喷根。白粉病、锈病一般在小麦挑旗后发病，可用粉锈宁在发病初期喷雾防治。小麦虫害主要有麦蚜、麦叶蜂、红蜘蛛等，要及时防治。

（四）密切关注天气变化，预防早春冻害

防止早春冻害最有效措施是密切关注天气变化，在降温之前灌水。由于水的热容量比空气和土壤大，因此早春寒流到来之前浇水能使近地层空气中水汽增多，在发生凝结时，放出潜热，以减小地面温度的变幅。因此，有浇灌条件的地区，在寒潮来前浇水，可以调节近地面层小气候，对防御早春冻害有很好的效果。

小麦是具有分蘖特性的作物，遭受早春冻害的麦田不会冻死全部分蘖，另外还有小麦蘖芽可以长成分蘖成穗。只要加强管理，仍可获得好的收成。因此，早春一旦发生冻害，就要及时进行补救。主要补救措施：一是抓紧时间，追施肥料。对遭受冻害的麦田，根据受害程度，抓紧时间，追施速效化肥，促苗早发，提高2～4级高位分蘖的成穗率。一般每亩追施尿素10 kg左右。二是中耕保墒，提高地温。及时中耕，蓄水提温，能有效增加分蘖数，弥补主茎损失。三是叶面喷施植物生长调节剂。小麦受冻后，及时叶面喷施天达2116植物细胞膜稳态剂、复硝酚钠、己酸二乙氨基醇酯等植物生长调节剂，可促进中、小分蘖的迅速生长和潜伏芽的快发，明显增加小麦成穗数和千粒重，显著增加小麦产量。

第三节　2020年春季田间管理技术措施

2020年滨州市小麦生产总体上看，南北分化较大，博兴、邹平两地由于台风影响，有

80多万亩玉米因涝灾绝产腾茬早，部分早播麦田出现旺长。黄河以北的无棣、沾化、阳信等部分麦田受前茬作物晚收，有效降水不足，土壤墒情较差影响，导致播期较晚，2020年小麦整体弱于2019年，群体和个体发育一般。越冬期间滨州市降水增多，土壤墒情适宜，为春季麦田管理争取了主动。据农技部门调查，滨州市小麦平均亩茎数61.27万株，比上年减少3.72万株；单株分蘖2.88个，比上年减少0.27个；单株主茎叶片数4.62个，比上年减少0.31个；三叶以上大蘖1.72个，比上年减少0.24个；单株次生根3.98条，比上年减少0.45条。一类苗面积160.41万亩，占总播种面积的38.17%，较上年下降5.64个百分点；二类苗面积182.41万亩，占总播种面积的43.40%，较上年下降1.81个百分点；三类苗面积72.46万亩，占总播种面积的17.24%，较上年上升7.14个百分点；旺苗面积5.00万亩，较上年增加1.29万亩。

存在的主要问题：一是旱情并未完全解除；二是三类苗面积较大；三是由于小麦播种以来，滨州市气温偏高，平均积温较常年多，导致部分播种较早和播量偏大地块小麦出现旺长，存在遭受低温冻害、后期倒伏和熟前早衰的风险；四是个别地块由于没有进行冬前化学除草和病虫防治，春季发生病虫草害的隐患较大。

针对目前滨州市小麦苗情、墒情和病虫草特点，春季麦田管理要以保墒抗旱为基础，肥水调控为关键，病虫草害防控为保障，提高麦苗群个体质量，搭好丰产架子，奠定夏粮丰收基础。应重点抓好以下几个方面的技术措施。

一、镇压划锄，保墒增温促早发

镇压可压碎土块，弥封裂缝，沉实土壤，减少水分蒸发，提升地温，使土壤与根系密接起来，有利于根系吸收养分，提高植株抗旱、抗寒能力，促苗早发稳长。对于吊根苗和田间坷垃较多、秸秆还田质量不高导致土壤暄松及没有水浇条件的旱地麦田地块，要在早春土壤化冻后进行镇压，促使土壤下层水分向上移动，起到提墒、保墒、抗旱的作用；对长势过旺麦田，要在起身期前后镇压，可以抑制地上部生长，促进根系下扎，起到控旺转壮作用。早春镇压应利用镇压划锄一体化技术，镇压划锄一次完成，能大幅提高工作效率。镇压划锄后可一定程度上灭除越冬杂草，并以达到土层上松下实、提墒保墒、增温抗旱的作用。

二、分类指导，科学肥水管理

（一）一类麦田

一类麦田的冬前群体一般为每亩60万～80万株，多属于壮苗麦田。对地力水平较高，群体70万～80万株的麦田，要在小麦拔节中后期追肥浇水；对地力水平一般，群体60万～70万株的一类麦田，要在小麦拔节初期进行肥水管理。一般结合浇水亩追尿素15～20 kg。

（二）二类麦田

二类麦田的冬前群体一般为每亩45万～60万株，属于弱苗和壮苗之间的过渡类型。春季田间管理的重点是促进春季分蘖的发生，巩固冬前分蘖，提高冬春分蘖的成穗率。地力水平较高，群体55万～60万株的二类麦田，在小麦起身以后、拔节以前追肥浇水；地力水平一般，群体45万～55万株的二类麦田，在小麦起身期进行肥水管理。

（三）三类麦田

三类麦田一般每亩群体小于45万株，多属于晚播弱苗，春季田间管理应以促为主。尤其是“一根针”或“土里捂”麦田，要通过“早划锄、早追肥”等措施促进苗情转化升级。一般在早春表层土化冻2 cm时开始划锄，增温促早发。同时，在早春土壤化冻后及早追施氮肥和磷肥，促根增蘖保穗数。只要墒情尚可，应尽量避免早春浇水，以免降低地温，影响土壤透气性延缓麦苗生长发育。

（四）旺长麦田

旺苗麦田一般年前亩茎数达80万株以上。旺苗麦田群体较大，拔节期以后，容易造成田间郁蔽、光照不良，后期易倒伏。对旺长麦田进行镇压，可有效抑制无效分蘖生长和基部节间过度伸长，调节群体结构合理。应在返青期至起身期镇压2～3次，时机应选在上午霜冻、露水消失后进行。在肥水调控方面，对于有“脱肥”现象的麦田，可在起身期追肥浇水，防止过旺苗转弱苗；对于没有出现脱肥现象的过旺麦田，早春不要急于施肥浇水，应在镇压的基础上，将追肥时期推迟到拔节后期，每亩追施尿素12～15 kg。

三、做好预测预报，绿色防控病虫草害

今春部分地块土壤墒情好，田间湿度大，麦田病虫草害发生概率增加，各地一定要搞好测报工作，及早备好药剂、药械，实行综合防治。春季化学除草的有利时机是在小麦返青期，早春气温波动大，喷药要避开倒春寒天气，喷药前后3 d内日平均气温在6℃以上，日低温不能低于0℃，白天喷药时气温要高于10℃。要根据麦田杂草群落结构，针对麦田双子叶杂草和单子叶杂草，分类科学选择防控药剂，要严格按照农药标签上的推荐剂量和方法喷施除草剂，避免随意加大剂量造成小麦及后茬作物产生药害，禁止使用长残效除草剂如氯磺隆、甲磺隆等药剂。

返青拔节期是麦蜘蛛的为害盛期，也是纹枯病、茎基腐病、根腐病等根茎部病害的侵染扩展高峰期，要抓住这一多种病虫害集中发生的关键时期，以主要病虫害为目标，选用适宜的杀虫剂与杀菌剂混用，一次施药兼治多种病虫害。防治纹枯病、根腐病可选用250 g/L丙环唑乳油每亩30～40 mL，或300 g/L苯醚甲环唑·丙环唑乳油每亩20～30 mL，或240 g/L噻呋酰胺悬浮剂每亩20 mL兑水喷小麦茎基部，间隔10～15 d再喷1次；防治小麦茎基腐病，宜每亩选用18.7%丙环·嘧菌酯50～70 mL，或每亩用40%戊唑醇·咪鲜胺水剂60 mL，喷淋小麦茎基部；防治麦蜘蛛，可亩用5%阿维菌素悬浮剂4～8 g或4%联苯菊酯微乳剂30～50 mL。以上病虫害混合发生可采用上述适宜药剂一次混合施用进行药防治。

四、关注天气变化，防止早春冻害

早春冻害（倒春寒）是滨州市早春常发灾害，特别是起身拔节阶段的“倒春寒”对产量和品质影响都很大。防止早春冻害特别是晚霜冻害最有效措施是密切关注天气变化，在降温之前灌水，调节近地面层小气候，减轻早春冻害对麦田的影响。拔节前若发生早春冻害，就要及时进行补救：一是抓紧时间，追施肥料。对遭受冻害的麦田，根据受害程度，抓紧时间，追施速效化肥，促苗早发，提高2～4级高位分蘖的成穗率。一般每亩追施尿素10 kg左右。二是及时适量浇水，促进小麦对氮素的吸收，平衡植株水分状况，使小分蘖尽快生长，增加有效分蘖数，弥补主茎损失。三是叶面喷施植物生长调节剂。小麦受冻后，及时叶面喷施植物细胞膜稳态剂、复硝酚钠等植物生长调节剂，可促进中、小分蘖的迅速生长和潜伏芽的快发，明显增加小麦成穗数和千粒重，显著增加小麦产量。

第四节　天气及管理措施对小麦春季苗情的影响

一、基本苗情

滨州市小麦播种面积418.78万亩，比上年减少7.55万亩，亩茎数83.21万株，比上年减少2.50万株；单株分蘖3.98个，比上年减少0.31个；单株次生根5.78条，比上年减少0.40条。一类苗面积170.50万亩，占总播种面积的40.71%，较上年下降4.37个百分点；二类苗面积202.04万亩，占总播种面积的48.24%，较上年增加2.17个百分点；三类苗面积40.48万亩，占总播种面积的9.67%，较上年上升1.82个百分点；旺苗面积7.26万亩，较上年增加3万亩。总体上看，南北分化较大，博兴、邹平两地由于台风影响，有80多万亩玉米因涝灾绝产腾茬早，部分早播麦田出现旺长。黄河以北的无棣、沾化、阳信等部分麦田受前茬作物晚收，有效降水不足，土壤墒情较差影响，导致播期较晚，影响晚播弱苗。由于去冬气温偏高，大部分小麦带绿过冬，再加上今春降水丰沛，麦田墒情好，小麦发育充分，苗期转化升级明显。

二、存在的主要问题

一是三类苗面积较大；二是由于小麦播种以来，滨州市气温偏高，平均积温较常年多，导致部分播种较早和播量偏大地块小麦出现旺长，存在遭受低温冻害、后期倒伏和熟前早衰的风险；三是个别地块没有进行冬前化学除草；四是2020年土壤墒情好，气温高有利于部分病虫害的发生。

三、小麦管理情况

截至3月6日，滨州市已实现春灌面积80.68万亩，追肥面积102.01万亩，病虫草害防治91.75万亩，镇压划锄面积22万亩。

四、春季管理措施

针对滨州市小麦苗情、墒情和病虫草害特点，春季麦田管理要以控旺促弱转壮为目标，肥水调控为关键，病虫草害防控为保障，提高麦苗群个体质量，搭好丰产架子，奠定夏粮丰收基础。应重点抓好以下几个方面的技术措施。

1. 镇压划锄，保墒增温促早发

镇压可压碎土块，弥封裂缝，沉实土壤，减少水分蒸发，提升地温，使土壤与根系密接起来，有利于根系吸收养分，提高植株抗旱、抗寒能力，促苗早发稳长。对于吊根苗和田间坷垃较多、秸秆还田质量不高导致土壤暄松及没有水浇条件的旱地麦田地块，要在早春土壤化冻后进行镇压，促使土壤下层水分向上移动，起到提墒、保墒、抗旱的作用；对长势过旺麦田，要在起身期前后镇压，可以抑制地上部生长，促进根系下扎，起到控旺转壮作用。早春镇压应利用镇压划锄一体化技术，镇压划锄一次完成，能大幅提高工作效率。镇压划锄后可一定程度上灭除越冬杂草，并达到土层上松下实、提墒保墒增温抗旱的目的。

2. 分类指导，科学肥水管理

（1）一类麦田。一类麦田的冬前群体一般为每亩60万～80万株，多属于壮苗麦田。对地力水平较高，群体70万～80万株的麦田，要在小麦拔节中后期追肥浇水；对地力水平一般，群体60万～70万株的一类麦田，要在小麦拔节初期进行肥水管理。一般结合浇水亩追尿素15～20 kg。

（2）二类麦田。二类麦田的冬前群体一般为每亩45万～60万株，属于弱苗和壮苗之间的过渡类型。春季田间管理的重点是促进春季分蘖的发生，巩固冬前分蘖，提高冬春分蘖的成穗率。地力水平较高，群体55万～60万株的二类麦田，在小麦起身以后、拔节以前追肥浇水；地力水平一般，群体45万～55万株的二类麦田，在小麦起身期进行肥水管理。

（3）三类麦田。三类麦田一般每亩群体小于45万株，多属于晚播弱苗，春季田间管理应以促为主。尤其是“一根针”或“土里捂”麦田，要通过“早划锄、早追肥”等措施促进苗情转化升级。一般在早春表层土化冻2 cm时开始划锄，增温促早发。同时，在早春土壤化冻后及早追施氮肥和磷肥，促根增蘖保穗数。只要墒情尚可，应尽量避免早春浇水，以免降低地温，影响土壤透气性，延缓麦苗生长发育。

（4）旺长麦田。旺苗麦田一般年前亩茎数达80万株以上。旺苗麦田群体较大，拔节期以后，容易造成田间郁蔽、光照不良，后期易倒伏。对旺长麦田进行镇压，可有效抑制无效分蘖生长和基部节间过度伸长，调节群体结构合理。应在返青期至起身期镇压2～3次，时机应选在上午霜冻、露水消失后进行。在肥水调控方面，对于有“脱肥”现象的麦田，可在起身期追肥浇水，防止过旺苗转弱苗；对于没有出现脱肥现象的过旺麦田，早春不要急于施肥浇水，应在镇压的基础上，将追肥时期推迟到拔节后期，每亩追施尿素12 ~ 15 kg。

3. 做好预测预报，绿色防控病虫草害

开春以来部分地块土壤墒情好，田间湿度大，麦田病虫草害发生概率增加，各地一定要搞好测报工作，及早备好药剂、药械，实行综合防治。春季化学除草的有利时机是在小麦返青期，早春气温波动大，喷药要避开倒春寒天气，喷药前后3 d内日平均气温在6℃以上，日低温不能低于0℃，白天喷药时气温要高于10℃。要根据麦田杂草群落结构，针对麦田双子叶杂草和单子叶杂草，分类科学选择防控药剂，要严格按照农药标签上的推荐剂量和方法喷施除草剂，避免随意加大剂量造成小麦及后茬作物产生药害，禁止使用长残效除草剂如氯磺隆、甲磺隆等药剂。

返青拔节期是麦蜘蛛的为害盛期，也是纹枯病、茎基腐病、根腐病等根茎部病害的侵染扩展高峰期，要抓住这一多种病虫害集中发生的关键时期，以主要病虫害为目标，选用适宜的杀虫剂与杀菌剂混用，一次施药兼治多种病虫害。防治纹枯病、根腐病可选用250 g/L丙环唑乳油每亩30 ~ 40 mL，或300 g/L苯醚甲环唑·丙环唑乳油每亩20 ~ 30 mL，或240 g/L噻呋酰胺悬浮剂每亩20 mL兑水喷小麦茎基部，间隔10 ~ 15 d再喷1次；防治小麦茎基腐病，宜每亩选用18.7%丙环·嘧菌酯50 ~ 70 mL，或每亩用40%戊唑醇·咪鲜胺水剂60 mL，喷淋小麦茎基部；防治麦蜘蛛，可亩用5%阿维菌素悬浮剂4 ~ 8 g或4%联苯菊酯微乳剂30 ~ 50 mL。以上病虫害混合发生可采用上述适宜药剂一次混合施用进行药防治。

4. 关注天气变化，防止早春冻害

早春冻害（倒春寒）是滨州市早春常发灾害，特别是起身拔节阶段的“倒春寒”对产量和品质影响都很大。防止早春冻害特别是晚霜冻害最有效的措施是密切关注天气变化，在降温之前灌水，调节近地面层小气候，减轻早春冻害对麦田的影响。拔节前若发生早春冻害，就要及时进行补救：一是抓紧时间，追施肥料。对遭受冻害的麦田，根据受害程度，抓紧时间，追施速效化肥，促苗早发，提高2 ~ 4级高位分蘖的成穗率。一般每亩追施尿素10 kg左右。二是及时适量浇水，促进小麦对氮素的吸收，平衡植株水分状况，使小分蘖尽快生长，增加有效分蘖数，弥补主茎损失。三是叶面喷施植物生长调节剂。小麦受冻后，及时叶面喷施植物细胞膜稳态剂、复硝酚钠等植物生长调节剂，可促进中、小分蘖的迅速生长和潜伏芽的快发，明显增加小麦成穗数和千粒重，显著增加小麦产量。

第五节　2020年小麦中后期管理技术措施

一、因地制宜，做好拔节期肥水运筹

目前滨州市黄河北部分地区小麦尚处在起身至拔节初期，黄河南部分地区小麦处于

拔节初中期，是肥水管理的关键时期。因此，对前期没有进行春季肥水管理的一、二类麦田，或者早春进行过返青期追肥但追肥量不足的麦田，均应在拔节期追肥浇水。拔节期肥水管理要做到因地因苗制宜。对于地力水平一般、群体偏弱的麦田，应在拔节初期进行肥水管理，以促弱转壮；对地力水平较高、群体适宜麦田，应在拔节中期追肥浇水；对地力水平较高、群体偏大旺长麦田，要坚持肥水后移，在拔节后期（倒二叶露尖）追肥浇水，以控旺促壮。一般亩追尿素10 ~ 15 kg。群体较大的高产地块，要在追施氮肥的同时，亩追钾肥6 ~ 10 kg，既防倒伏又增产。

二、根据土壤墒情，酌情浇灌扬花水

小麦开花至成熟期的耗水量约占整个生育期耗水总量的1/4，需要通过灌溉满足供应。干旱不仅会影响抽穗与开花，还会影响穗粒数。小麦开花期至开花后10 d左右，若墒情适宜，则不必浇水。若墒情不适宜的话，应适时浇好开花水，以保证小麦籽粒正常灌浆，同时还可改善田间小气候，抵御干热风的危害，提高籽粒饱满度，增加粒重。此期浇水应特别关注天气变化，不要在风雨天气前浇水，以防倒伏。

三、密切关注天气变化，做好“倒春寒”的预防工作

近年来，滨州市小麦在拔节期以后常会发生倒春寒冻害或冷害，导致小麦结实粒数减少，产量大幅降低。因此，各地要提前制定防控“倒春寒”的灾害预案，密切关注天气变化，在降温之前及时浇水，可以提高小麦植株下部的气温，防御或减轻“倒春寒”冻害。一旦发生冻害，要及时采取减灾措施。小麦是具有分蘖特性的作物，遭受“倒春寒”冻害的麦苗不会整株死亡，只要及早采取减灾措施，加强管理，促进中、小蘖成穗，仍可获得较好收成。减灾措施：一是抓紧追肥浇水。对遭受冻害的麦田抓紧追施速效化肥，一般结合浇水每亩追施尿素10 kg左右。二是叶面喷施植物细胞膜稳态剂、复硝酚钠等植物生长调节剂，促进中、小蘖迅速生长和潜伏蘖早发快长，减轻亩穗数和穗粒数的下降幅度。

四、统防统治，绿色防控病虫害

受越冬病虫基数偏高、气象条件适宜等因素影响，滨州市麦田病虫发生形势严峻复杂，预测总体中等偏重发生。各地要切实搞好预测预报工作，科学精准进行防控。小麦中后期病虫害主要有赤霉病、条锈病、白粉病、麦蚜、麦蜘蛛、吸浆虫等。

防治条锈病，要全面落实“带药侦查、打点保面”防控策略，采取“发现一点、防治一片”的预防措施，及时控制发病中心。当田间平均病叶率达到0.5% ~ 1.0%时，要组织开展大面积应急防控，做到同类区域防治全覆盖。可亩用15%三唑酮可湿性粉剂60 ~ 80 g，或12.5%烯唑醇可湿性粉剂30 ~ 50 g，或30%醚菌酯悬浮剂50 ~ 70 mL，或30%吡唑醚菌酯悬浮剂25 ~ 30 mL，兑水均匀喷雾防治。

防治白粉病、叶锈病。当田间白粉病病叶率达10%或叶锈病病叶率达5%时，可亩用

15%三唑酮可湿性粉剂60～80 g，或12.5%烯唑醇可湿性粉剂35～60 g，或25%吡唑醚菌酯悬浮剂30～40 mL，或250 g/L丙环唑乳油35～40 mL，兑水均匀喷雾防治。

防治麦蚜，可亩用10%吡虫啉可湿性粉剂30～40 g，或2.5%高效氯氟氰菊酯水乳剂20～25 mL，或50%氟啶虫胺腈水分散粒剂2～3 g，兑水均匀喷雾防治。

防治麦蜘蛛，可亩用5%阿维菌素悬浮剂4～8 mL，或4%联苯菊酯微乳剂30～50 mL，兑水均匀喷雾防治。

由于近几年滨州市小麦赤霉病菌源量较大，2020年要高度重视对该病的防控工作。赤霉病要以预防为主，在小麦抽穗至扬花期若遇降水或持续2 d以上的阴天、结露、多雾天气时，要施药预防。对高危地区的高感品种，首次施药时间在小麦抽穗达到70%、小穗护颖未张开前，进行首次喷药预防，并在小麦扬花期再次喷药。药剂可选用25%氰烯菌酯悬浮剂每亩100～200 mL，或者25%咪鲜胺乳油每亩50～60 g，或者50%多菌灵可湿性粉剂每亩100～150 g，兑水后对准小麦穗部均匀喷雾。如果施药后3～6 h内遇雨，雨后应及时补喷。如遇连阴天气，应赶在下雨前施药。如雨前未及时施药，应在雨停麦穗晾干时抓紧补喷。如若小麦抽穗期前后，麦蚜、白粉病、锈病等混合发生，可考虑选用适合进行“一喷三防”的药剂，如每亩用18.7%嘧菌酯·丙环唑70 mL+22%噻虫·高氯氟30 mL+磷酸二氢钾100 g混合使用。

五、采取综合措施，搞好后期倒伏的预防和补救

由于2020年滨州市前期旺长面积比例偏高，后期麦田大面积倒伏的风险较大。因此，各地一定要高度重视麦田后期倒伏的预防工作。首先，要通过肥水调控防倒伏。群体较大麦田肥水管理时间要尽量后移，加快分蘖两极分化速度，通过改善群体通风透光状况提高植株抗倒伏能力。其次，要注意灌浆期浇水时间。最好在无风或微风时浇水，遇大风天气要停止浇水。

对于一旦发生倒伏的麦田，要采取以下措施进行补救：一是不扶不绑，顺其自然。小麦倒伏一般都是顺势自然向后倒伏，麦穗、穗颈和上部的1～2片叶都露在表面，由于植株都有自动调节作用，因此小麦倒伏3～5 d后，叶片和穗轴会自然翘起，特别是倒伏不太严重的麦田，植株自动调节能力更强。也可在雨后人工用竹竿轻轻抖落茎叶上的水珠，减轻压力助其抬头。这样不扶不绑，仍能自动直立起来，使麦穗、茎、叶在空间排列达到合理分布。因此小麦倒伏后不论倒伏程度如何都不要人工绑扶或采取其他人工辅助措施。若人工绑扶或采取其他人工辅助措施，会再次造成茎秆损伤或二次折断，减产幅度更大。二是喷药防病害。小麦倒伏后，特别是平铺倒伏的麦田为白粉病等喜湿性病菌繁殖侵染提供了理想场所，往往白粉病发生严重。因此对倒伏麦田要及早喷施三唑酮等杀菌剂，减轻倒伏病害次生危害。三是喷肥防早衰，减轻倒伏早衰次生危害。小麦倒伏后茎秆和根系都受到了不同程度的伤害，茎秆输送功能和根系吸收功能都有所下降，要结合喷药混喷0.2%～0.3%磷酸二氢钾叶面肥，增强光合作用，提高粒重，减轻倒伏早衰次生危害。

第六节 天气及管理措施对小麦产量及构成要素的影响

一、滨州市小麦生产情况和主要特点

（一）生产情况

1. 滨州市小麦生产总体情况

2020年，滨州市小麦收获面积418.78万亩，单产508.66 kg，总产213.02万t。与上年相比，面积增加2.7万亩，增幅0.65%；单产增加12.37 kg，增幅2.49%；总产增加6.52 t，增幅3.16%。

2. 小麦产量构成

亩穗数、千粒重均比上年增加，穗粒数比上年减少。平均亩穗数41.62万穗，增加1.7万穗，增幅为4.26%；穗粒数34.43粒，减少1.53粒，减幅4.25%；千粒重41.75 g，增加1.08 g，增幅2.66%（表10-2）。

表10-2 2019—2020年小麦产量结构对比

年份	面积（万亩）	单产（kg）	总产（万t）	亩穗数（万穗）	穗粒数（粒）	千粒重（g）
2019	416.08	496.29	206.5	39.92	35.96	40.67
2020	418.78	508.66	213.02	41.62	34.43	41.75
增减	2.7	12.37	6.52	1.7	−1.53	1.08
增减百分比（%）	0.65	2.49	3.16	4.26	−4.25	2.66

3. 小麦单产分布情况

单产200 kg以下4万亩，占收获总面积的0.96%；单产201～300 kg 14.88万亩，占3.55%；单产301～400 kg 50.22万亩，占11.99%；单产401～500 kg 173.05万亩，占41.32%；单产501～600 kg 143.68万亩，占34.31%；单产600 kg以上32.95万亩，占7.87%（表10-3）。

表10-3 小麦单产分布情况

项目	亩产（kg）					
	<200	201～300	301～400	401～500	501～600	>600
面积（万亩）	4	14.88	50.22	173.05	143.68	32.95
占比（%）	0.96	3.55	11.99	41.32	34.31	7.87

（二）主要特点

1. 播种质量好

由于机械化在农业生产中的普及，特别是秸秆还田、深耕深松面积的扩大，以及宽幅播种、规范化播种技术的大面积推广，滨州市小麦播种质量明显提高，加之播种时土壤底墒尚可、播期适宜，小麦基本实现了一播全苗。精量半精量播种面积279.15万亩，规范化播种技术341.82万亩；宽幅播种技术149.6万亩；深耕面积25.4万亩，深松面积34.41万亩，播后镇压365.46万亩。

2. 良种覆盖率高

借助小麦统一供种等平台，滨州市加大高产优质小麦品种的宣传推广力度，重点推广了济麦22、师栾02-1、鲁原502、济南17、济麦44等优良品种。良种覆盖率达到了95%以上。2019年滨州市小麦统一供种面积185万亩，占播种面积的44.17%，药剂拌种面积150.99万亩，占播种面积的36.05%。

3. 冬前苗情特点

南北分化较大，博兴、邹平两地由于台风影响，有80多万亩玉米因涝灾绝产腾茬早，部分早播麦田出现旺长。黄河以北的无棣、沾化、阳信等部分麦田受前茬作物晚收，有效降水不足，土壤墒情较差影响，导致播期较晚，冬前苗情整体弱于上年，群体和个体发育一般。

4. 春季苗情特点

由于越冬期气温偏高，大部分小麦带绿过冬；2020年春季降水丰沛，麦田墒情好，小麦发育充分，苗期转化升级明显。小麦灌浆期光照良好，昼夜温差大，利于小麦灌浆。

5. 病虫害防治

小麦条锈病、赤霉病、白粉病等累计防治面积696.43万亩次，其中统防统治356.4万亩次。

6. 优势品种逐渐形成规模

具体面积：济麦22面积124.5万亩，是滨州市种植面积最大的品种；师栾02-1面积65.9万亩；鲁原502面积42.7万亩；济南17面积29万亩；临麦4号面积20万亩；济麦44 32.5万亩。以上几大主栽品种计314.6万亩，占滨州市小麦播种总面积的75.12%。

7. “一喷三防”及统防统治技术到位

小麦“一喷三防”技术是小麦生长后期防病、防虫、防干热风的关键技术，是经实践证明的小麦后期管理的一项最直接、最有效的关键增产措施。2020年滨州市大力推广小麦“一喷三防”及统防统治技术，提高了防治效果，小麦病虫害得到了有效控制。及时发布了防御小麦干热风的技术应对措施并组织落实，有效地防范了干热风危害，为小麦丰产打下了坚实基础。

8. 小麦受灾情况

冬季降水偏少，造成滨州市18.01万亩小麦发生不同程度旱情，影响小麦生长发育；春季两次寒潮造成滨州市13.66万亩小麦发生冻害，影响了部分小麦拔节抽穗；5月底6月初的风雹天气，造成13.71万亩小麦倒伏；5月中旬到6月上中旬持续高温造成滨州市55.35万亩小麦遭受干热风危害，影响了小麦产量。

9. 收获集中，机收率高

2020年小麦集中收获时间在6月4—16日，收获面积占总面积的90%以上；机收率高，机收面积占总收获面积的98%以上，累计投入机具1万台。

二、气象条件对小麦生长发育影响分析

（一）冬前气象因素

1. 气温

播种后温度适中，有利于小麦出苗和生长。10月平均气温15.1℃，较常年偏高0.7℃。11月平均气温8.3℃，较常年偏高2.2℃。滨州市小麦冬前影响壮苗所需积温为500～700℃，10—11月大于0℃积温为717.9℃。总体看，气温偏高，容易造成小麦旺长。

2. 光照条件

10月光照192.9 h，比常年偏少16.3 h；11月光照153.1 h，比常年偏少24 h。总体光照偏少，不利于小麦光合作用及有机物质形成，也不利于分蘖。

3. 降水

小麦播种后，降水量偏少。10月降水量12 mm，比常年偏少17.3 mm。11月降水量19 mm，比常年偏多4.8 mm。总体降水偏少，部分水浇条件差的麦田出现干旱情况。滨州市11月26日土壤墒情监测结果表明，冬小麦已灌溉水浇地0～20 cm土层，土壤含水量平均为17.92%，土壤相对含水量平均为76.14%，20～40 cm土壤含水量平均为18.02%，土壤相对含水量平均为76.55%；冬小麦未灌溉水浇地0～20 cm土层，土壤含水量平均为16.76%，土壤相对含水量平均为72.52%，20～40 cm土壤含水量平均16.90%，土壤相对含水量平均为73.51%；冬小麦旱地0～20 cm土层，土壤含水量平均为16.62%，土壤相对含水量平均为73.69%，20～40 cm土壤含水量平均为17.07%，土壤相对含水量平均为75.71%。对照冬小麦苗期适宜相对含水量（65%～85%），滨州市麦田土壤墒情适宜，利于小麦苗期生长发育。

（二）春季气象因素

1. 气温

春季气温持续偏高，加速了小麦生育进程，使小麦提前抽穗扬花，增加了小麦灌浆时间。3月平均气温10℃，比常年偏高3.5℃，4月滨州市平均气温14.1℃，有利于小麦生长。但是两次寒潮造成小麦低温冷害发生。2月9—16日滨州市有两次降温过程（最低温度分别为-9℃、-10℃），由于小麦前期没有经过低温锻炼，突然大幅降温对部分旺长麦田和土壤松暄、镇压不实麦田的小麦1～2片叶造成低温冷害。滨州市共发生冷害3.5万亩。

2. 降水充沛

2020年1月1日至6月2日，滨州市平均降水量183.0 mm，较上年同期多258.1%，有利于小麦的生长发育和提高产量。

3. 光照充足

日照时数1 166.9 h，较上年同期多109.1 h。有利的气象因素促进了小麦群体升级转壮，尤其进入灌浆期以来，墒情好，温度适宜，光照充足，对增加小麦产量极为有利（表10-4）。

表10-4　小麦生育期间（2019年10月至2020年6月）气象条件比较

气象条件		10月	11月	12月	1月	2月	3月	4月	5月	6月
平均气温（℃）	2020年	15.1	8.3	0.9	−0.2	3.5	9.9	14.1	20.8	26.0
	常年	14.4	6.1	−0.5	−2.7	0.5	6.5	14.4	20.1	25.0
	2019年	13.8	7.7	−0.8	−1.0	0.8	10.0	14.1	22.5	27.0
降水量（mm）	2020年	12.0	19.1	10.0	19.4	30.8	3.8	28.5	70.0	56.7
	常年	29.3	14.1	5.0	4.5	7.7	11.5	24.9	50.0	74.6
	2019年	19.1	4.8	4.4	0.0	3.1	6.1	38.0	2.6	22.7
日照时数（h）	2020年	192.9	153.1	137.1	127.2	157.3	275.3	307.1	294.8	241.2
	常年	209.2	177.1	169.1	177.8	175.1	215.8	246.2	269.1	247.9
	2019年	237.1	138.6	169.1	167.4	118.0	252.4	214.0	297.1	253.5

三、小麦增产采取的主要措施

1. 坚持疫情防控和春季农业生产统筹推进

春季以来，滨州市各级认真贯彻习近平总书记关于疫情防控和春季农业生产重要指示，扎实落实国家、省、市决策部署和工作要求，统筹做好疫情防控和春季农业生产工作，以稳产保供为目标，做到“两手抓、两手硬，两不误，两促进”。一是抓好技术指导，发挥科技支撑作用。针对小麦苗情特点，及早印发《小麦管理技术意见》，开展线下线上技术指导服务，线下组织滨州市农业技术人员，深入生产一线，排查疫情防控，开展生产技术指导服务，帮助农民群众在做好疫情防控的同时，落实肥水运筹、划锄镇压及病虫草害综合防治等关键技术措施。线上利用网络、微信、益农信息社平台开办《线上农技课堂》栏目，就春季农业生产技术和政策进行培训，单期点击量均突破10万次，累计达到60余万次。二是开展“夺夏粮丰收百日攻坚行动”。成立8个包保县（市、区）工作督导组和1个技术巡回指导组，每周至少在县区指导督导2 d，每周一向党委会汇报工作进展情况。三是狠抓粮食绿色高质高效创建，发挥示范带动作用。着力解决制约粮食绿色高质高效发展的瓶颈问题，做好种子、农机、农艺有机融合，积极探索、总结适应生产实际的粮食绿色高质高效标准化生产技术模式，示范带动转变粮食生产方式，提高粮食产量质量。四是推广实用技术。推广济麦22、鲁源502、临麦4号等高产优质和师栾02-1、济麦44、济南17等强筋优质品种。在技术应用上，重点推广小麦宽幅播种、划锄镇压一体化技术、滨海盐碱地抑碱增产、“一喷三防”等技术，做到了单项技术有突破，集成技术有创新。

2. 大力开展高产创建平台建设，提高粮食增产能力

滨州市以“吨粮市”建设为平台，结合各县区粮食生产发展的实际，大力开展高产创建活动。积极推广秸秆还田、深耕深松、规范化播种、宽幅精播、配方施肥、氮肥后移等先进实用新技术，熟化集成了一整套高产稳产技术，辐射带动了大面积平衡增产。

3. 坚持惠农政策落实和发挥市场作用统筹推进

广泛宣传发动，扎实落实耕地地力保护补贴政策，做到了应补尽补，保护和调动了农民种粮积极性。大力开展政策性农业保险，积极探索特色农业保险，逐步由成本保险向收入保险转变，做到了应保尽保，滨州市小麦投保面积292.7万亩。引导中裕食品等粮食加工企业与种粮大户签订优质麦订单150万亩，稳定种粮农民收入预期，企业获得稳定货源，实现了共赢。

4. 加强关键环节管理

在小麦冬前、返青、抽穗、灌浆等关键时期，组织专家搞好苗情会商，针对不同麦田研究制定翔实可行的管理措施，指导群众不失时机地做好麦田管理。

5. 坚持病虫害预测预报和统防统治统筹推进

全力做好病虫害监测预报，及时发布病虫害发生防治信息。自4月24日滨州市首次发现小麦条锈病情以来，滨州市上下紧盯重点环节、抢抓有利时机、压实防控责任，多措并举、精准施策，各项防控措施落实到位，有力遏制了小麦条锈病扩散蔓延和为害。小麦条锈病、赤霉病、白粉病等累计防治面积696.43万亩次，其中统防统治356.4万亩次，全力保障了夏粮生产安全。

四、新技术引进、试验、示范情况

借助小麦高产创建示范方和市财政支持农技推广项目及粮食生产“十统一”等各类项目为载体，滨州市近几年加大对新技术新产品的示范推广力度，通过试验对比探索出适合滨州市的新技术新品种，其中，推广面积较大的有：玉米秸秆还田369.65万亩，规范化播种技术341.82万亩；宽幅播种技术149.6万亩；深耕面积24.5万亩，深松面积34.41万亩，播后镇压365.46万亩，氮肥后移225.2万亩，“一喷三防”技术338.35万亩。从近几年的推广情况看，规范化播种技术、宽幅精播技术、机械深松技术、一喷三防技术、化控防倒技术、秸秆还田技术效果明显，且技术较为成熟，推广前景好；滨州市农技站总结的小麦镇压划锄一体化技术、黄河三角洲小麦抗逆节水丰产关键技术和黄河三角洲盐碱地冬小麦节水增产播种技术等也推广了一定面积，取得了一些成效；免耕栽培技术要因地制宜推广；随着机械化程度的提高农机农艺的融合对小麦的增产作用越来越明显，要加大和农机部门的合作。品种方面滨州市主推品种为：济麦22、师栾02-1、鲁原502、泰农18、济南17、临麦4号等。

五、小面积高产攻关主要技术措施和做法、经验

（一）采取的主要技术措施和做法

1. 选用良种

依据气候条件、土壤基础、耕作制度等选择高产潜力大、抗逆性强的多穗性优良品种，如济麦22号、鲁原502等品种进行集中攻关、展示、示范。

2. 培肥地力

采用小麦、玉米秸秆全量还田技术，同时每亩施用土杂肥3～5 m^3，提高土壤有机质含量和保蓄肥水能力，增施商品有机肥100 kg，并适当增施锌、硼等微量元素肥料。

3. 种子处理

选用包衣种子或用敌委丹、适乐时进行拌种，促进小麦次生根生长，增加分蘖数，有效控制小麦纹枯病、金针虫等苗期病虫害。

4. 适期适量播种并播前播后镇压

小麦播种日期于10月5日左右，采用精量播种机精量播种，基本苗10万～12万株，冬前总茎数为计划穗数的1.2倍，春季最大总茎数为计划穗数的1.8～2.0倍，采用宽幅播种技术。镇压提高播种质量，对苗全苗壮作用大。

5. 冬前管理

一是于11月下旬浇灌冬水，保苗越冬、预防冬春连旱；二是喷施除草剂，春草冬治，提高防治效果。

6. 氮肥后移延衰技术

将氮素化肥的底肥比例减少到50%，追肥比例增加到50%，土壤肥力高的麦田底肥比例为30%～50%，追肥比例为50%～70%；春季第一次追肥时间由返青期或起身期后移至拔节期。

7. 后期肥水管理

于5月上旬浇灌40 m^3左右灌浆水，后期采用“一喷三防”，连喷3次，延长灌浆时间，防早衰、防干热风，提高粒重。

8. 病虫草害综合防控技术

前期以杂草及根部病害、红蜘蛛为主，后期以白粉病、赤霉病、蚜虫等为主，进行综合防控。

（二）主要经验

要选择土壤肥力高（有机质1.2%以上）、水浇条件好的地块。培肥地力是高产攻关的基础，实现小麦高产攻关必须以较高的土壤肥力和良好的土、肥、水条件为保障，要求土壤有机质含量高，氮、磷、钾等养分含量充足，比例协调。

选择具有高产能力的优良品种，如济麦22号、鲁原502等。高产良种是攻关的内因，在较高的地力条件下，选用增产潜力大的高产良种，实行良种良法配套，就能达到高产攻关的目标。

深耕深松，提高整地和播种质量。有了肥沃的土壤和高产潜力大的良种，在适宜播期内，做到足墒下种，保证播种深浅一致，下种均匀，确保一播全苗，是高产攻关的基础。

采用宽幅播种技术。通过试验和生产实践证明，在同等条件下采用宽幅播种技术比其他播种方式产量高，因此在高产攻关和大田生产中值得大力推广。

狠抓小麦“三期”管理，即冬前、春季和小麦中后期管理。栽培管理是高产攻关的关键，良种良法必须配套，才能充分发挥良种的增产潜力，达到高产的目的。

相关配套技术要运用好。集成小麦精播半精播、种子包衣、冬春控旺防冻、氮肥后移延衰、病虫草害综防、后期“一喷三防”等技术，确保各项配套技术措施落实到位。

六、小麦生产存在的主要问题

1. 整地质量问题

以旋代耕面积较大，许多地块只旋耕而不耕翻，犁底层变浅、变硬，影响根系下扎。滨州市418.78万亩小麦，深耕深松面积54.91万亩，不到两成。玉米秸秆还田粉碎质量不过关，且只旋耕一遍，不能完全掩埋秸秆，影响小麦苗全、苗匀。根本原因是机械受限和成本因素。通过滨州市粮食生产“十统一”工作深入开展，深耕松面积将不断扩大，以旋代耕问题将逐步解决，耕地质量将会大大提升。

2. 施肥不够合理

部分群众底肥重施化肥，轻施有机肥，重施磷肥，不施钾肥。偏重追施化肥，年后追氮肥量过大，少用甚至不追施钾肥，追肥喜欢撒施“一炮轰”，肥料利用率低且带来面源污染。究其原因为图省工省力。

3. 镇压质量有待提高

仍有部分秸秆还田地片播后镇压质量不过关，存在着早春低温冻害和干旱灾害的隐患。原因为播种机械供给不足及群众意识差等。

4. 杂草防治不太得当

部分地区雀麦、野燕麦、节节麦有逐年加重的趋势，发生严重田块出现草荒，部分防治不当地块出现除草剂药害。主观原因是对草害发生与防治的认识程度不够，冬前除草面积小。客观原因是缺乏防治节节麦高效安全的除草剂，加之冬前最佳施药期降水较多除草作业困难，春季防治适期温度不稳定等因素。

5. 品种多乱杂的情况仍然存在

“二层楼”甚至“三层楼”现象仍存在。原因为自留种或制种去杂不彻底或执法不严等。2020年秋种将取消统一供种，对品种纯度及整齐度会更为不利。

6. 部分地块小麦不结实

部分地区插花式分布小麦不结实现象，面积虽小，但影响群众种植效益及积极性。初步诊断为小麦穗分化期受冷害或花期喷药所致。

7. 盐碱地粮食高产稳产难度大

盐碱程度高，引黄灌溉水利工程基础差，小麦高产栽培技术不配套，农民多年习惯植棉，缺乏小麦种植管理知识和经验。小麦生产面积增加潜力大，但高产稳产难度大。2019年冬季干旱，黄河引水不足，无棣、沾化北部新增小麦地块一水未浇，纯粹靠天吃饭，春季连续降水部分缓解了旱情，否则该地区小麦产量会大受损失，甚至部分绝产。

七、2020年秋种在技术措施方面应做的主要工作

1. 搞好技术培训，确保关键增产技术落实

结合小麦高产创建示范方、财政支持农技推广项目、农技体系建设培训等，大力组织各级农技部门开展技术培训，加大种粮大户、种植合作社、家庭农场及种粮现代农业园区等新型经营主体的培训，使农民及种植从业人员熟练掌握新技术，确保技术落地。

2. 加大滨州市粮食生产“十统一”推进力度

大力推广秸秆还田、深耕深松等关键技术的集成推广。疏松耕层，降低土壤容重，增加孔隙度，改善通透性，促进好气性微生物活动和养分释放；提高土壤渗水、蓄水、保肥和供肥能力。

3. 因地制宜，搞好品种布局

继续搞好主推技术及主推品种的宣传引导，如在高肥水地块加大济麦22、泰农18等多穗型品种的推广力度，并推广精播半精播、适期晚播技术，良种精选、种子包衣、防治地下害虫、根病。盐碱地种粮地块以德抗961、青农6号等品种为主。对2020年倒伏面积较大的品种进行引导更换新品种。

4. 加大宣传力度，确实搞好播后镇压

近几年来，滨州市连续冬春连旱，播后镇压对小麦安全越冬起着非常关键的作用，对防御冬季及早春低温冻害和干旱灾害意义重大。关键是镇压质量要过关。我们将利用各种媒体及手段推广好播后镇压技术的落实。

5. 继续搞好小麦种植试验研究

我们将在近几年种植小麦试验的基础上，尤其是认真总结2019年进行的小麦品种集中展示试验和按需补灌水肥一体化试验基础上，继续细化试验方案，认真探索研究不同地力条件下小麦种植的高产栽培模式。2020年秋种计划继续进行小麦全幅播种试验、新品种集中展示筛选试验及小麦高低畦栽培试验等各类试验，为农业生产指导提供科学依据。

第十一章 2020—2021年度小麦产量主要影响因素分析

第一节 2020年播种基础及秋种技术措施

2020年小麦秋种工作以绿色高质高效为目标，进一步优化品种结构，提高播种质量，奠定小麦丰收基础。重点抓好种子处理、深耕整地、宽幅精播、高低畦种植、盐碱地小麦产量提升等关键技术落实，示范推广绿色高产高效新技术。

一、优化品种布局，适度扩大优质专用小麦种植面积

根据山东省人民政府办公厅印发《关于加快优质专用小麦产业创新发展若干措施》，2020年滨州市优质专用小麦种植面积要达到300万亩，其中强筋小麦100万亩，各县（市、区）应落实面积见表11-1。

表11-1 优质专用小麦各县（市、区）落实面积

县（市、区）面积（万亩）	滨城区	沾化区	惠民县	阳信县	无棣县	博兴县	邹平市	高新区
总计	34.2	26.49	63.32	40.1	30.45	39.83	60.51	5.1
其中，强筋小麦	33	0	2.4	12.9	0.7	11.2	37.2	2.6

各级农业农村部门要根据当地品种比较试验示范情况，引导农户科学选择优良品种，进一步优化品种布局。2020年秋种，各地要适度扩大优质专用小麦，特别是强筋小麦种植面积。

（一）选择优良品种

1. 种植强筋专用小麦地区

重点选用品种：济麦44、济南17、济麦229、红地95、藁优5766、洲元9369、师栾02-1、烟农19号等。

2. 水浇条件较好地区

重点种植以下两种类型品种。一是多年推广，有较大影响品种：济麦22、鲁原502、

鑫麦296、山农28号、烟农999、山农20、良星77、青丰1号、良星99、良星66、山农24；二是近三年新审定经种植展示表现较好品种：山农32、山农29、山农31、烟农173、山农30、太麦198、菏麦21、登海202、济麦23、鑫瑞麦38、淄麦29、烟农1212、鑫星169等。

3. 水浇条件较差的旱地

主要种植品种：青麦6号、烟农21、山农16、山农25、山农27、烟农0428、青麦7号、阳光10号、济麦262、齐民7号、山农34、济麦60等。

4. 中度盐碱地（土壤含盐量2‰～3‰）

主要种植品种：济南18、德抗961、山融3号、青麦6号、山农25等。

5. 种植特色小麦的地区

主要种植品种：山农紫麦1号、山农糯麦1号、济糯麦1号、济糯116、山农紫糯2号等。

（二）精细种子处理

做好种子包衣、药剂拌种，可以有效防治或减轻小麦根腐病、茎基腐病、纹枯病等病害发生，同时控制苗期地下害虫为害。根茎部病害发生较重的地块，可选用4.8%苯醚·咯菌腈悬浮种衣剂按种子量的0.2%～0.3%拌种，或30 g/L的苯醚甲环唑悬浮种衣剂按照种子量的0.3%拌种；地下害虫发生较重的地块，选用40%辛硫磷乳油按种子量的0.2%拌种，或者30%噻虫嗪种子处理悬浮剂按种子量的0.23%～0.46%拌种。病、虫混发地块用杀菌剂+杀虫剂混合拌种，可选用32%戊唑·吡虫啉悬浮种衣剂按照种子量的0.5%～0.7%拌种，或用27%的苯醚甲环唑·咯菌腈·噻虫嗪悬浮种衣剂按照种子量的0.5%拌种。

二、以深耕翻为突破口，切实提高整地质量

（一）施足基肥

各地要在推行玉米联合收获和秸秆还田的基础上，广辟肥源、增施农家肥，提高土壤耕层的有机质含量。一般地块亩施有机肥3 000～4 000 kg，每亩施用纯氮（N）12～14 kg，磷（P_2O_5）6～8 kg，钾（K_2O）5～8 kg，磷肥、钾肥底施，氮肥50%底施，50%起身期或拔节期追施。缺少微量元素的地块，要注意补施锌肥、硼肥等。要大力推广化肥深施技术，坚决杜绝地表撒施。

（二）大犁深耕

土壤深耕可有效掩埋有机肥料、作物秸秆、杂草和病虫有机体，打破犁底层，疏松耕层，改善土壤理化性状，能够有效减轻病虫草害的发生程度，提高土壤渗水、蓄水、保肥和供肥能力，是抗旱保墒的重要技术措施。近年来，随着机械牵引翻转犁的应用，解决了土壤深耕出现犁沟的现象，深耕翻可以达到30 cm左右。因此，有条件的地区应逐渐加大机械深耕翻的推广面积。深耕效果可以维持多年，从节本增效角度考虑，可每隔2～3年深耕1次，其他年份采用旋耕或免耕等保护性耕作播种技术。

（三）耙耢整地

耙耢可耙碎土块、疏松表土、平整地面、踏实耕层，使耕层上松下实，抗旱保墒，因此在深耕或旋耕后都应及时耙地。旋耕后的麦田表层土壤松暄，如果不先耙耢压实再播种，易导致播种过深影响深播弱苗，影响小麦分蘖的发生，造成穗数不足；并造成播种后很快失墒，影响次生根的生长和下扎，冬季易受冻导致黄弱苗或死苗。因此，各类麦田都要注意耙耢压实环节的田间作业。

三、积极推广宽幅精播和播后镇压技术，切实提高播种质量

（一）适墒播种

小麦播种时耕层的适宜墒情为土壤相对含水量的70%～75%。在适宜墒情的条件下播种，可使种子根和次生根及时生长下扎，提高小麦抗旱能力，因此播种前墒情不足时要提前浇水造墒。在适期内，应掌握“宁可适当晚播，也要造足底墒”的原则，做到足墒下种，确保一播全苗。

（二）适期播种

温度是决定小麦播种期的主要因素。小麦从播种至越冬开始，以0℃以上积温570～650℃为宜。各地要在试验示范的基础上，因地制宜地确定适宜播期。滨州市的小麦适宜播期一般为10月1—10日，最佳播期为10月3—8日。如不能在适期内播种，要注意适当加大播量，做到播期播量相结合。

（三）宽幅精量播种

小麦宽幅精量播种，改传统小行距条播为等行距（22～25 cm）宽幅播种，改传统密集条播籽粒拥挤一条线为宽播幅（8～10 cm）种子分散式粒播，有利于种子分布均匀，减少缺苗断垄、疙瘩苗现象，克服了传统条播籽粒拥挤、争肥、争水、根少、苗弱的生长状况。因此，各地要大力推行小麦宽幅播种机械播种。播种深度3～5 cm，播种机行进速度以每小时5 km为宜，以保证下种均匀、深浅一致、行距一致、不漏播、不重播。

在适期播种情况下，分蘖成穗率低的大穗型品种，每亩适宜基本苗15万～18万株；分蘖成穗率高的中多穗型品种，每亩适宜基本苗13万～16万株。在此范围内，高产田宜少，中产田宜多。晚于适宜播种期播种，每晚播2 d，每亩增加基本苗1万～2万株。

（四）播后镇压

小麦播后镇压是提高小麦苗期抗旱能力和出苗质量的有效措施。各地要选用带镇压装置的小麦播种机械，在小麦播种时随种随压。在小麦播种后用专门的镇压器镇压2遍，提高镇压效果。尤其对于秸秆还田地块，一定要在小麦播种后用镇压器多遍镇压，保证小麦出苗后根系正常生长，提高抗旱能力。

四、示范推广绿色高产高效新技术，提高可持续发展能力

按照新形势下国家小麦产业供给侧结构性改革和新旧动能转化的要求，在2020年小麦生产中，滨州市要因地制宜地示范推广以下绿色高产高效新技术。

（一）小麦测墒补灌节水栽培技术

该技术是山东农业大学小麦栽培研究室经过十余年探索，研究成功的新技术。技术要点是：首先依据小麦关键生育时期的需水特点，设定关键生育时期的目标土壤相对含水量，再根据目标土壤含水量和实测的土壤含水量，利用公式计算出需要补充的灌水量，然后根据需要给小麦浇水。通过按需浇水，降低生产成本，节约水资源。

（二）小麦病虫草害绿色防控技术

小麦病虫草害绿色防控技术，重点是加强农作物病虫草害预测预报，把握病虫草害防治的关键时期，采用农业防治、生态控治、生物防治和化学防治相结合，科学选配绿色环保型农药，应用新型施药机械，加大统防统治工作力度。提倡在冬前选择合适的除草剂进行麦田除草。保护和利用麦田害虫的各种天敌，发挥天敌自然控害作用，示范推广利用频振式杀虫灯等杀虫新技术，推荐使用高效、低毒、低残留、绿色环保型农药防治麦田病虫害。

（三）小麦水肥一体化技术

小麦水肥一体化技术是借助压力灌溉系统，将可溶性肥料溶解在灌溉水中，按小麦的水肥需求规律，通过可控管道系统直接输送到小麦根部附近的土壤供给小麦吸收。该技术能够精确地控制灌水量和施肥量，显著提高水肥利用率，具有节水、节肥、节地、增产、增效等优势，应用前景广阔。各地要根据生产实际和农民需求，加大关键技术和配套产品研发力度，科学制定灌溉制度，全面推进测墒补灌水肥一体化。

（四）小麦镇压划锄一体化技术

镇压划锄一体化技术就是在镇压器后加挂特定种类、一定重量的树枝，可以很好地起到镇压划锄作用。其主要作用有：①对因播后降水或浇“蒙头水”地表板结的地块，可以破除硬壳，促进出苗。②弥合土壤裂缝，防止跑墒、冻苗。③挫伤叶片，控制旺长。④均匀划锄，保温保墒。对于提高出苗质量、防止苗期干旱、预防冻害、控制旺长等作用明显。建议各地及早谋划，积极推广镇压划锄一体化技术。

（五）小麦深松施肥播种镇压一体化种植技术

该技术是在玉米秸秆还田环境下，不进行耕翻整地作业，由专门机械一次进地可完成间隔深松、播种带旋耕、分层施肥、精量播种、播后镇压等多项作业，具有显著的节本、增效作用。

（六）小麦增产节水高低畦种植技术

小麦高低畦种植技术，将传统种植中的畦埂整平播种小麦，实现了高低畦种植，提高

土地利用率，增加亩穗数，实现增产；利用低畦浇水高畦渗灌，提高了水流推进速度，减少过水面积，减少灌溉用水，高畦不板结，减少水分蒸发；小麦高低畦种植技术，提高植株覆盖度，减少土地裸露面积，减少杂草滋生。适宜滨州市邹平、博兴等井灌区小麦，解决了当地小畦种植土地利用率低的问题。

（七）盐碱地冬小麦节水增产播种技术

该技术通过增加土壤蓄水量，减少水分蒸发，采用中大穗、多粒型品种，增加播量，增加有苗面积等技术手段，很好地解决了盐碱地小麦因晚播和冬春无法适时浇水造成小麦减产的难题。其技术要点及流程为：前茬秸秆处理秸秆小于5 cm→一次旋耕1遍→深松→浇水浇透→二次旋耕2～3遍→播前镇压→选用大穗型品种，按20～27.5 kg/亩的播种量→全幅或宽苗带播种→播后适时镇压。

第二节　天气及管理措施对小麦冬前苗情的影响

一、基本苗情

滨州市小麦播种面积426万亩，比上年增加5.72万亩，大田平均基本苗21.31万株，比上年减少0.84万株；亩茎数62.47万株，比上年增加1.2万株；单株分蘖2.97个，比上年增加0.09个；单株主茎叶片数4.44个，比上年减少0.18个；三叶以上大蘖1.77个，比上年增加0.05个；单株次生根4.09条，比上年增加0.11条。一类苗面积191.19万亩，占总播种面积的44.88%，较上年上升6.71个百分点；二类苗面积150.83万亩，占总播种面积的35.41%，较上年下降7.99个百分点；三类苗面积74.39万亩，占总播种面积的17.46%，较上年上升0.22个百分点；旺苗面积9.59万亩，较上年增加4.59万亩。总体上看，2020年小麦苗情整体较好，部分麦田受前茬作物影响，有效降水不足，土壤墒情较差，导致播期较晚，群体和个体发育一般。一、二类苗面积大，占到总播种面积的八成，旺苗及“一根针”面积小，缺苗断垄面积小。

二、因素分析

1. 气象因素

（1）气温。播种后温度适中，有利于小麦出苗和生长。10月平均气温13.7℃，较常年偏低0.7℃。11月平均气温7.6℃，较常年偏高1.5℃。滨州市小麦冬前影响壮苗所需积温为500～700℃，10—11月大于0℃积温为654.8℃。总体看，气温偏高，容易造成小麦旺长。

（2）光照条件。10月光照197.8 h，比常年偏少11.2 h；11月光照162.5 h，比常年偏少15.4 h。总体光照偏少，不利于小麦光合作用及有机物质形成，也不利于分蘖。

（3）降水。小麦播种后，10月降水量2.5 mm，比常年偏少26.8 mm，部分水浇条件差的麦田出现干旱情况。11月降水量31.9 mm，比常年偏多31.9 mm。11月17—18日的降水过程，滨州市平均降水量46 mm，有效缓解了部分麦田的旱情，十分有利于小麦安全越冬。

滨州市11月10日土壤墒情监测结果表明，冬小麦已灌溉水浇地0～20 cm土层，土壤含水量平均为18.41%，土壤相对含水量平均为78.02%，20～40 cm土壤含水量平均为17.97%，土壤相对含水量平均为76.07%；冬小麦未灌溉水浇地0～20 cm土层，土壤含水量平均为15.96%，土壤相对含水量平均为69.72%，20～40 cm土壤含水量平均16.42%，土壤相对含水量平均为71.81%；冬小麦旱地0～20 cm土层，土壤含水量平均为16.10%，土壤相对含水量平均为70.91%，20～40 cm土壤含水量平均16.40%，土壤相对含水量平均为72.34%；棉田0～20 cm土层，土壤含水量平均为16.58%，土壤相对含水量平均为72.16%，20～40 cm土壤含水量平均17.18%，土壤相对含水量平均为74.88%（表11-2）。

表11-2　10—11月气象资料

时间	气温（℃）	距平（℃）	积温（℃）	距平（℃）	降水量（mm）	距平（mm）	日照（h）	距平（h）
10月	13.7	−0.7	426.0	−20.6	2.5	−26.8	197.8	−11.2
11月	7.6	1.5	228.8	45.2	46.0	31.9	162.5	−15.4

2. 技术和管理措施

由于机械化在农业生产中的普及，特别是秸秆还田、深耕深松面积的扩大，以及宽幅播种、规范化播种技术的大面积推广，有利于滨州市小麦播种质量的提高。滨州市小麦播种，玉米秸秆还田面积351.85亩，造墒面积35.78万亩，浇“蒙头水”面积129.3万亩，深耕面积183.5万亩，深松面积42.04万亩，规范化播种面积386.21万亩，宽幅精播面积170万亩，播后镇压面积376.01万亩，浇越冬水面积105.2万亩，化学除草面积184.5万亩。滨州市旱地面积小，旱肥地33.95万亩，旱薄地面积11.78万亩。

3. 良种覆盖率高

借助小麦统一供种等平台，滨州市加大高产优质小麦品种的宣传推广力度，重点推广了济麦22、师栾02-1、鲁原502、山农20、济麦44、济南17等优良品种。良种覆盖率达到了95%以上。2020年滨州市小麦统一供种面积222.91万亩，占播种面积的52.32%，药剂拌种面积185.28万亩，占播种面积的43.49%。

4. 科技服务到位，带动作用明显

通过开展“千名农业科技人员下乡”活动和“科技特派员农村科技创业行动”“新型农民科技培训工程”等方式，组织大批专家和科技人员开展技术培训和指导服务。一是重点抓了农机农艺结合，扩大先进实用技术面积。以农机化为依托，大力推广小麦宽幅精播高产栽培技术、秸秆还田技术、小麦深松镇压节水栽培技术、小麦镇压划锄一体化技术、轻度盐碱地晚播节水技术等。二是以测土配方施肥补贴项目的实施为依托，大力推广测土配方施肥和化肥深施技术，广辟肥源，增加有机肥的施用量，培肥地力。三是充分发挥高产创建平台建设示范县和小麦规范化播种项目的示范带动作用。通过十亩高产攻关田、新品种和新技术试验展示田，将成熟的小麦高产配套栽培技术以样本的形式展示给种粮农民，提高了新技术的推广速度和应用面积。

三、存在的问题

一是晚播小麦面积大。2020年由于部分玉米收获比较晚，再加上接茬麦田无地下水灌溉条件，导致播种晚、墒情差，苗情弱。二是有机肥施用不足，造成地力下降。三是深耕松面积有所增加但总体相对偏少，连年旋耕造成耕层变浅，根系难以下扎。四是部分秸秆还田地块秸秆还田质量不高，秸秆量大，打不碎，埋不深，镇压不实，易造成冻苗、死苗。五是部分麦田播期过早，加上11月以来气温高，导致部分小麦冬前地上部分苗茎较高，在越冬或早春时难以抵御严寒，容易发生冻害。六是部分麦田存在牲畜啃青现象。七是农机农艺措施结合推广经验不足，缺乏统一组织协调机制；农机手个体分散、缺乏统一组织、培训，操作技能良莠不齐，造成机播质量不高。八是部分地区为防止秸秆焚烧，播种过早，导致旺长。九是农田水利设施老化、薄弱，防御自然灾害的能力还需提高。

四、冬前与越冬期麦田管理措施

1. 及时防除麦田杂草

冬前，选择日平均气温6℃以上晴天中午前后（喷药时温度10℃左右）进行喷施除草剂，防除麦田杂草。为防止药害发生，要严格按照说明书推荐剂量使用。喷施除草剂用药量要准、加水量要足，应选用扇形喷头，做到不重喷、不漏喷，以提高防效，避免药害。

2. 适时浇好越冬水

适时浇好越冬水是保证麦苗安全越冬和春季肥水后移的一项重要措施。因此，各县区要抓紧时间利用现有水利条件浇好越冬水，时间掌握在日平均气温下降到3～5℃，在麦田地表土壤夜冻昼消时浇越冬水较为适宜。

3. 控旺促弱促进麦苗转化升级

对于各类旺长麦田，采取喷施“壮丰安”“麦巨金”等生长抑制剂控叶蘖过量生长；适当控制肥水，以控水控旺长；运用麦田镇压，抑上促下，促根生长，以达到促苗转壮、培育冬前壮苗的目标。播期偏晚的晚茬麦田，积温不够是影响年前壮苗的主要因素，田间管理要以促为主。对于墒情较好的晚播弱苗，冬前一般不要追肥浇水，以免降低地温，影响发苗，可浅锄2～3遍，以松土、保墒、增温。对于整地质量差、地表坷垃多、秸秆还田量较大的麦田，可在冬前及越冬期镇压1～2次，压后浅锄，以压碎坷垃，弥实裂缝、踏实土壤，使麦根和土壤紧实结合，提墒保墒，促进根系发育。但盐碱地不宜反复镇压。

4. 严禁放牧啃青

要进一步提高对放牧啃青危害性的认识，整个越冬期都要禁止放牧啃青。

五、春季麦田管理意见

（一）适时划锄镇压，增温保墒促早发

划锄具有良好的保墒、增温、灭草、促苗早发等效果。各类麦田，不论弱苗、壮苗或旺苗，返青期间都应抓好划锄。早春划锄的有利时机为“顶凌期”，就是表土化冻2 cm时开始划锄。划锄要看苗情采取不同的方法：①晚茬麦田，划锄要浅，防止伤根和坷垃压苗；②旺苗麦田，应视苗情，于起身至拔节期进行深锄断根，控制地上部生长，变旺苗为壮苗；③盐碱地麦田，要在“顶凌期”和雨后及时划锄，以抑制返盐，减少死苗。另外，要特别注意，早春第一次划锄要适当浅些，以防伤根和寒流冻害。以后随气温逐渐升高，划锄逐渐加深，以利根系下扎。到拔节前划锄3遍。尤其浇水或雨后，更要及时划锄。

（二）科学施肥浇水

三类麦田春季肥水管理应以促为主。三类麦田春季追肥应分两次进行，第一次在返青期5 cm地温稳定于5℃时开始追肥浇水，一般在2月下旬至3月初，每亩施用5～7 kg尿素和适量的磷酸二铵，促进春季分蘖，巩固冬前分蘖，以增加亩穗数。第二次在拔节中期施肥，提高穗粒数。二类麦田春季肥水管理的重点是巩固冬前分蘖，适当促进春季分蘖发生，提高分蘖的成穗率。地力水平一般，亩茎数45万～50万株的二类麦田，在小麦起身初期追肥浇水，结合浇水亩追尿素10～15 kg；地力水平较高，亩茎数50万～60万的二类麦田，在小麦起身中期追肥浇水。一类麦田属于壮苗麦田，应控促结合，提高分蘖成穗率，促穗大粒多。一是起身期喷施“壮丰安”等调节剂，缩短基部节间，控制植株旺长，促进根系下扎，防止生育后期倒伏。二是在小麦拔节期追肥浇水，亩追尿素12～15 kg。旺苗麦田植株较高，叶片较长，主茎和低位分蘖的穗分化进程提前，早春易发生冻害。拔节期以后，易造成田间郁蔽，光照不良和倒伏。春季肥水管理应以控为主。一是起身期喷施调节剂，防止生育后期倒伏。二是无脱肥现象的旺苗麦田，应早春镇压蹲苗，避免过多春季分蘖发生。在拔节期前后施肥浇水，每亩施尿素10～15 kg。

（三）防治病虫草害

白粉病、锈病、纹枯病是春季小麦的主要病害。纹枯病在小麦返青后易发病，麦田表现点片发黄或死苗，小麦叶鞘出现梭形病斑或地图状病斑，应在起身期至拔节期用“井冈霉素”兑水喷根。白粉病、锈病一般在小麦挑旗后发病，可用粉锈宁在发病初期喷雾防治。小麦虫害主要有麦蚜、麦叶蜂、红蜘蛛等，要及时防治。

（四）密切关注天气变化，预防早春冻害

防止早春冻害最有效措施是密切关注天气变化，在降温之前灌水。由于水的热容量比

空气和土壤大，因此早春寒流到来之前浇水能使近地层空气中水汽增多，在发生凝结时，放出潜热，以减小地面温度的变幅。因此，有浇灌条件的地区，在寒潮来前浇水，可以调节近地面层小气候，对防御早春冻害有很好的效果。

小麦是具有分蘖特性的作物，遭受早春冻害的麦田不会冻死全部分蘖，另外还有小麦蘖芽可以长成分蘖成穗。只要加强管理，仍可获得好的收成。因此，早春一旦发生冻害，就要及时进行补救。主要补救措施：一是抓紧时间，追施肥料。对遭受冻害的麦田，根据受害程度，抓紧时间，追施速效化肥，促苗早发，提高2～4级高位分蘖的成穗率。一般每亩追施尿素10 kg左右。二是中耕保墒，提高地温。及时中耕，蓄水提温，能有效增加分蘖数，弥补主茎损失。三是叶面喷施植物生长调节剂。小麦受冻后，及时叶面喷施天达2116植物细胞膜稳态剂、复硝酚钠、己酸二乙氨基醇酯等植物生长调节剂，可促进中、小分蘖的迅速生长和潜伏芽的快发，明显增加小麦成穗数和千粒重，显著增加小麦产量。

第三节　2021年春季田间管理技术措施

由于秋种期间大部分地区适期播种面积大，播种质量较好，加之越冬前降水较多，土壤墒情普遍较好，小麦冬前苗情是近几年较好的一年。据越冬前调查，一类苗、二类苗占总播种面积的80.29%；三类苗占总播种面积的17.46%。滨州市小麦平均亩茎数62.47万株，单株分蘖2.97个，单株次生根4.09条，分别比上年增加1.2万、0.09个、0.11条。总体上看，小麦冬前苗情较好，小麦丰产基础扎实。但越冬以来，滨州市经历了多次强冷空气和寒潮天气，部分麦田遭受不同程度冻害。部分麦田冬前病虫草害基数较大，预计春季偏重发生。

针对目前滨州市小麦苗情、墒情和病虫草害发生特点，春季麦田管理要立足“早”和“促”，各地要及早谋划，动员群众早行动、争主动，以促弱苗升级、促苗情转化、促分蘖增穗为重点，坚持因苗分类管理和病虫草害绿色防控，提高麦苗群、个体质量，搭好丰产架子，奠定夏粮丰收基础。应重点抓好以下几个方面的春季田间管理技术措施。

一、适时镇压划锄，保墒增温促早发

镇压可压碎土块，弥封裂缝，沉实土壤，减少水分蒸发，提升地温，使土壤与根系密接起来，提高植株抗旱、抗寒能力，有利于根系吸收养分，促苗早发稳长。对于吊根苗和田间坷垃较多、秸秆还田质量不高导致土壤暄松的麦田，要在早春土壤化冻后进行镇压，促使土壤下层水分向上移动，起到提墒、保墒、抗旱的作用；对长势过旺麦田，要在起身期前后镇压，可以抑制地上部生长，促进根系下扎，起到控旺转壮的作用。

开春以后，随着温度升高，土壤蒸发量加大，在春季降水量偏少的时候，很容易引起

大面积干旱发生。预防春季干旱，关键是保住地下墒。划锄可有效保墒增温促早发，对群体偏小、个体偏弱、发生冻害的麦田效果尤为显著。各地要及早组织发动农户在早春表层土化冻2 cm时（顶凌期）对各类麦田进行划锄，以保持土壤墒情，提高地表温度，消灭越冬杂草。在春季浇水或雨后也要适时划锄。划锄时要切实做到划细、划匀、划平、划透，不留坷垃，不压麦苗，不漏杂草，以提高划锄效果。早春镇压应和划锄结合起来，采用镇压划锄一体化技术，先压后锄，达到土层上松下实、提墒保墒、增温抗旱的作用。

二、因苗分类管理，科学肥水运筹

（一）受冻麦田

对于越冬期冻害较重的麦田，要立足“早管促早发”的原则，采取以下管理措施：一是早春适时划锄，去除枯叶，改善麦田通风透光条件，促进新生叶加快生长；二是待土壤解冻后及时追肥，一般每亩施尿素20 kg左右，缺磷地块亩施氮磷复合肥30 kg左右，促进麦苗快发快长；三是在起身至拔节期根据苗情酌情追施氮肥或氮磷复合肥，提高穗粒数。

（二）一类麦田

一类麦田即冬前亩茎数60万～80万株的壮苗麦田。对地力水平较高，群体70万～80万株的麦田，建议在小麦拔节中后期追肥浇水；对地力水平一般，群体60万～70万株的一类麦田，要在小麦拔节初期进行肥水管理。一般结合浇水亩追尿素15～20 kg。

（三）二类麦田

二类麦田即冬前亩茎数45万～60万株介于弱苗和壮苗之间麦田类型。春季田间管理的重点是促进春季分蘖的发生，巩固冬前分蘖，提高冬春分蘖的成穗率。地力水平较高，群体55万～60万株的二类麦田，在小麦起身以后、拔节以前追肥浇水；地力水平一般，群体45万～55万株的二类麦田，在小麦起身期进行肥水管理。

（四）三类麦田

三类麦田即冬前亩茎数小于45万株的弱苗麦田。春季田间管理应以促为主。尤其是“一根针”或“土里捂”麦田，要通过“早划锄、早追肥”等措施促进苗情转化升级。一般在早春表层土化冻2 cm时开始划锄，增温促早发。同时，在早春土壤化冻后及早追施氮肥和磷肥，促根增蘖保穗数。只要墒情尚可，应尽量避免早春浇水，以免降低地温，影响土壤通透性并延缓麦苗生长发育。

（五）旺长麦田

旺苗麦田一般冬前亩茎数达80万株以上，拔节期以后，容易造成田间郁蔽、光照不良，后期易倒伏。对旺长麦田进行镇压，可有效抑制无效分蘖生长和基部节间过度伸长，调节群体结构合理。应在返青期至起身期镇压2～3次，时机应选在上午霜冻、露水消失后进行。在肥水调控方面，对于有“脱肥”现象的麦田，可在起身期追肥浇水，防止过旺苗转弱苗；对于没有出现脱肥现象的过旺麦田，早春不要急于施肥浇水，应在镇压的基础上，将追肥时期推迟到拔节后期，每亩追施尿素12～15 kg。

（六）旱地麦田

对于旱地麦田应在早春土壤化冻后抓紧进行镇压划锄，以提墒、保墒。缺肥麦田，要在土壤返浆后，借墒施入氮素化肥，促苗早发；一般壮苗麦田，应在小麦起身至拔节期间降水后，抓紧借雨追肥。一般亩追施尿素12～15 kg。对底肥没施磷肥的要在氮肥中配施磷酸二铵，促根下扎，提高抗旱能力。

三、做好预测预报，绿色防控病虫草害

今春土壤墒情好，田间湿度大，麦田病虫草害发生概率增加，各地要密切跟踪病虫草害的发生发展趋势，及早备好药剂药械，科学预测预报，搞好专业化统防统治，做到早发现、早预警、早防治。

防治纹枯病、根腐病，每亩可选用250 g/L丙环唑乳油30～40 mL，或300 g/L苯醚甲环唑·丙环唑乳油20～30 mL，或240 g/L噻呋酰胺悬浮剂20 mL兑水喷小麦茎基部，间隔10～15 d再喷1次；防治小麦茎基腐病，宜每亩选用18.7%丙环·嘧菌酯悬乳剂30～60 mL，或80%戊唑醇水分散粒剂10～12 g，或200 g/L氟唑菌酰羟胺悬浮剂50～65 mL，喷淋小麦茎基部；防治麦蜘蛛，可亩用5%阿维菌素悬浮剂4～8 g或4%联苯菊酯微乳剂30～50 mL。以上病虫害混合发生可采用上述适宜药剂一次混合施用进行防治。

返青拔节期是麦蜘蛛的为害盛期，也是纹枯病、茎基腐病、根腐病等根茎部病害的侵染扩展高峰期，要抓住这一多种病虫害集中发生的关键时期，以主要病虫害为目标，选用适宜的杀虫剂与杀菌剂混用，一次施药兼治多种病虫害。这几年，小麦锈病时常发生，并呈现早发特点，因此，各地要提前建立小麦条锈病等重大病害预测预警机制，做到及时发现，尽早防控。

春季化学除草的有利时机是在小麦返青期，早春气温波动大，喷药要避开倒春寒天气，喷药前后3 d内日平均气温在6℃以上，日低温不能低于0℃，白天喷药时气温要高于10℃。要根据麦田杂草群落结构，针对麦田双子叶杂草和单子叶杂草，分类科学选择防控药剂，要严格按照农药标签上的推荐剂量和方法喷施除草剂，避免随意加大剂量造成小麦及后茬作物产生药害，禁止使用长残效除草剂如氯磺隆、甲磺隆等药剂。

四、密切关注天气变化，预防早春冻害

早春冻害（倒春寒）是山东省早春常发灾害，特别是起身拔节阶段的“倒春寒”对产量和品质影响都很大。各地要密切关注天气变化，做好预警预防工作，努力减轻灾害损失。

预防早春冻害可在降温之前灌水，调节近地面层小气候，减轻早春冻害对麦田的影响。若发生早春冻害，就要及时进行补救：一是抓紧时间，追施肥料。对遭受冻害的麦

田，根据受害程度，抓紧时间，追施速效化肥，促苗早发，提高2～4级高位分蘖的成穗率。一般每亩追施尿素10 kg左右。二是及时适量浇水，促进小麦对氮素的吸收，平衡植株水分状况，使小分蘖尽快生长，增加有效分蘖数，弥补主茎损失。三是叶面喷施植物生长调节剂。小麦受冻后，及时叶面喷施植物细胞膜稳态剂、复硝酚钠等植物生长调节剂，可促进中、小分蘖的迅速生长和潜伏芽的快发，明显增加小麦成穗数和千粒重，显著增加小麦产量。

第四节　天气及管理措施对小麦春季苗情的影响

一、基本苗情

滨州市小麦播种面积432.47万亩，比上年增加13.69万亩，亩茎数75.33万株，比上年减少7.88万株；单株分蘖3.57个，比上年减少0.41个；单株次生根5.13条，比上年减少0.65条。一类苗面积198.52万亩，占总播种面积的45.9%，较上年上升5.19个百分点；二类苗面积166.37万亩，占总播种面积的38.47%，较上年下降9.77个百分点；三类苗面积62.7万亩，占总播种面积的14.50%，较上年上升4.83个百分点；旺苗面积4.28万亩，较上年减少2.98万亩。总体上看，2021年小麦苗情整体较好，部分麦田受前茬作物影响，有效降水不足，土壤墒情较差，导致播期较晚，群体和个体发育一般。一、二类苗面积大，占到总播种面积的八成，旺苗及“一根针”面积小，缺苗断垄面积小。春季麦田墒情好，小麦发育充分，苗期转化升级明显。

二、存在的主要问题

一是三类苗面积较大；二是部分麦田土壤暄松，没有及时镇压，存在遭受低温冻害、后期倒伏和熟前早衰的风险；三是冬前化学除草面积小；四是水浇面积较小；五是2021年土壤墒情好，气温高有利于部分病虫害的发生。

三、冻害情况

滨州市小麦冻害发生面积21.78万亩，冻害面积小，占播种面积的5%，中度以上冻害主要发生在部分晚播麦田。主要表现为：老叶上半部分萎蔫，幼叶发红，极个别主茎受害，但不严重。

四、春季管理措施

针对目前滨州市小麦苗情、墒情和病虫草害特点，春季麦田管理要以控旺促弱转壮为目标，肥水调控为关键，病虫草害防控为保障，提高麦苗群个体质量，搭好丰产架子，奠定夏粮丰收基础。应重点抓好以下几个方面的技术措施。

1. 适时划锄镇压，增温保墒促早发

划锄具有良好的保墒、增温、灭草、促苗早发等效果。各类麦田，不论弱苗、壮苗或旺苗，返青期间都应抓好划锄。

2. 科学施肥浇水

三类麦田春季肥水管理应以促为主。三类麦田春季追肥应分两次进行，第一次在返青期5 cm地温稳定于5℃时开始追肥浇水，一般在2月下旬至3月初，每亩施用5～7 kg尿素和适量的磷酸二铵，促进春季分蘖，巩固冬前分蘖，以增加亩穗数。第二次在拔节中期施肥，提高穗粒数。二类麦田春季肥水管理的重点是巩固冬前分蘖，适当促进春季分蘖发生，提高分蘖的成穗率。地力水平一般，亩茎数45万～50万株的二类麦田，在小麦起身初期追肥浇水，结合浇水亩追尿素10～15 kg；地力水平较高，亩茎数50万～60万株的二类麦田，在小麦起身中期追肥浇水。一类麦田属于壮苗麦田，应控促结合，提高分蘖成穗率，促穗大粒多。一是起身期喷施“壮丰安”等调节剂，缩短基部节间，控制植株旺长，促进根系下扎，防止生育后期倒伏。二是在小麦拔节期追肥浇水，亩追尿素12～15 kg。旺苗麦田植株较高，叶片较长，主茎和低位分蘖的穗分化进程提前，早春易发生冻害。拔节期以后，易造成田间郁蔽，光照不良和倒伏。春季肥水管理应以控为主。一是起身期喷施调节剂，防止生育后期倒伏。二是无脱肥现象的旺苗麦田，应早春镇压蹲苗，避免过多春季分蘖发生。在拔节期前后施肥浇水，每亩施尿素10～15 kg。

3. 防治病虫草害

白粉病、锈病、纹枯病是春季小麦的主要病害。纹枯病在小麦返青后就发病，麦田表现点片发黄或死苗，小麦叶鞘出现梭形病斑或地图状病斑，应在起身期至拔节期用井冈霉素兑水喷根。白粉病、锈病一般在小麦挑旗后发病，可用粉锈宁在发病初期喷雾防治。小麦虫害主要有麦蚜、麦叶蜂、红蜘蛛等，要及时防治。

4. 密切关注天气变化，预防早春冻害

防止早春冻害最有效措施是密切关注天气变化，在降温之前灌水。由于水的热容量比空气和土壤大，因此早春寒流到来之前浇水能使近地层空气中水汽增多，在发生凝结时，放出潜热，以减小地面温度的变幅。因此，有浇灌条件的地区，在寒潮来前浇水，可以调节近地面层小气候，对防御早春冻害有很好的效果。

小麦是具有分蘖特性的作物，遭受早春冻害的麦田不会冻死全部分蘖，另外还有小麦蘖芽可以长成分蘖成穗。只要加强管理，仍可获得好的收成。因此，早春一旦发生冻害，就要及时进行补救。主要补救措施：一是抓紧时间，追施肥料。对遭受冻害的麦田，根据受害程度，抓紧时间，追施速效化肥，促苗早发，提高2～4级高位分蘖的成穗率。一般每亩追施尿素10 kg左右。二是中耕保墒，提高地温。及时中耕，蓄水提温，能有效增加分蘖数，弥补主茎损失。三是叶面喷施植物生长调节剂。小麦受冻后，及时叶面喷施天达2116植物细胞膜稳态剂、复硝酚钠、己酸二乙氨基醇酯等植物生长调节剂，可促进中、小分蘖的迅速生长和潜伏芽的快发，明显增加小麦成穗数和千粒重，显著增加小麦产量。

第五节　2021年小麦中后期管理技术措施

目前，滨州市小麦从南到北陆续进入拔节期，正是产量影响的关键时期，也是田间管理的关键时期。近期，滨州市农业农村局对小麦进行长势考察，总体上看，滨州市小麦长势良好，群体合理、个体健壮，丰产基础扎实。但也存在以下主要问题和隐患：一是2021年灌溉面积较少，后期如无有效降水，干旱风险大。二是发生“倒春寒”概率增加。据气象部门预测3月下旬至4月下旬期间，有多次冷空气活动，将对小麦生长产生不利影响。三是病虫草害发生隐患较大。据预测，2021年滨州市麦田多种病虫害将中等程度发生，防控形势依然负责严峻。目前滨州市麦田温度回升较快，墒情普遍较好，有利于病虫草发生为害。四是倒伏风险加大。进入春季以来，气候条件适宜，小麦生长速度加快，易造成基部节间细长，抗倒性减弱。

针对目前滨州市小麦苗情特点，下一步田间管理，要坚持以“科学肥水运筹，精准绿色防控，增粒数，增粒重”为原则，以“防旱、防‘倒春寒’、防倒伏、防干热风，抗灾夺丰收”为重点，因地因苗制宜，突出分类指导，切实抓好关键措施落实，确保夏粮实现丰收。

一、因地因苗管理，做好肥水运筹

1. 拔节期因苗分类管理

对前期没有进行春季肥水管理的一、二类麦田，以及返青期追肥量不足的麦田，均应在拔节期追肥浇水。要做到因地因苗分类管理，对于地力水平一般、群体偏弱的麦田，应在拔节初期进行肥水管理，以促弱转壮；对地力水平较高、群体适宜麦田，应在拔节中期追肥浇水；对地力水平较高、群体偏大旺长麦田，要坚持肥水后移，在拔节后期（倒二叶露尖）追肥浇水，以控旺促壮。一般亩追尿素10～15 kg。群体较大的高产地块，要在追施氮肥的同时，亩追钾肥5～10 kg，提高植株抗倒性。

2. 酌情浇好开花灌浆水

小麦开花期至开花后10 d左右，若墒情适宜，则不必浇水；若墒情不适宜的话，应适时浇水并控制水量，不宜大水漫灌，以保证小麦籽粒正常灌浆，提高籽粒饱满度，增加粒重，同时还可改善田间小气候，抵御干热风的危害。此期浇水应特别关注天气变化，不要在风雨天气前浇水，以防倒伏。

二、科学绿色防控，做好病虫害防治工作

1. 防治条锈病

要全面落实“带药侦查、打点保面”防控策略，采取“发现一点、防治一片”的预防措施，及时控制发病中心。当田间平均病叶率达到0.5%～1.0%时，要组织开展大面积应急防控。可亩用15%三唑酮可湿性粉剂60～80 g，或12.5%烯唑醇可湿性粉剂30～50 g，或30%醚菌酯悬浮剂50～70 mL，或30%吡唑醚菌酯悬浮剂25～30 mL，兑水均匀喷雾防治。

2. 防治赤霉病

坚持“立足预防，适时用药”不放松，小麦抽穗扬花期一旦遇连阴雨或连续结露、多雾天气，立即喷药预防；若气候条件特别适宜，隔5～7 d再喷药1次。可亩用430 g/L戊唑醇悬浮剂15～25 mL，或25%氰烯菌酯悬浮剂100～200 mL，或25%咪鲜胺乳油50～60 g，或50%多菌灵可湿性粉剂100～150 g，兑水均匀喷雾防治。

3. 防治白粉病

可亩用15%三唑酮可湿性粉剂60～80 g，或12.5%烯唑醇可湿性粉剂35～60 g，或25%吡唑醚菌酯悬浮剂30～40 mL，或250 g/L丙环唑乳油35～40 mL，兑水均匀喷雾防治。

4. 防治麦蚜

可亩用10%吡虫啉可湿性粉剂30～40 g，或25 g/L高效氯氟氰菊酯乳油20～30 mL，或50%氟啶虫胺腈水分散粒剂2～3 g，兑水均匀喷雾防治。

5. 防治麦蜘蛛

可亩用5%阿维菌素悬浮剂4～8 mL，或4%联苯菊酯微乳剂30～50 mL，兑水均匀喷雾防治。

三、科学有效应对，做好灾害预防和补救

1. 防“倒春寒”

小麦拔节前后发生“倒春寒”冻害或冷害，将导致小麦粒数减少，影响产量。在降温前及时浇水，可以提高小麦植株下部气温，防御或减轻“倒春寒”冻害。若发生冻害，要结合浇水每亩追施尿素10 kg左右，可及时喷施叶面肥和生长调节剂，促进中、小蘖迅速生长和潜伏蘖早发快长，降低亩穗数和穗粒数的下降幅度。

2. 防后期倒伏

目前滨州市仍有部分旺长麦田，后期存在着倒伏的风险。各县市区一定要高度重视麦田后期倒伏的预防工作。首先，要通过肥水调控防倒伏。群体较大麦田肥水管理时间要尽量后移，加快分蘖两极分化速度，通过改善群体通风透光条件，提高植株抗倒伏能力。其次，要注意灌浆期浇水时间，建议在无风或微风时浇水，遇大风天气要停止浇水。对于发生倒伏的麦田，要采取以下措施进行补救。一是不扶不绑，顺其自然。人工绑扶等辅助措施，会再次造成茎秆损伤或二次折断，减产幅度更大。小麦植株具有自动调节功能，倒伏发生2～5 d后，叶片和穗轴会自然翘起。对于倒伏状况不太严重的麦田，可在雨后人工

用竹竿轻轻抖落茎叶上的水珠，减轻压力助其抬头。二是喷药防病害。小麦倒伏后，为白粉病等喜湿性病菌繁殖侵染提供了理想场所，往往导致白粉病发生严重。对倒伏麦田要及早喷施三唑酮等杀菌剂，减轻倒伏病害次生危害。三是喷肥防早衰，减轻倒伏早衰次生危害。小麦倒伏后茎秆和根系都受到了不同程度的伤害，茎秆输送功能和根系吸收功能都有所下降，要结合喷药混喷0.2%～0.3%磷酸二氢钾叶面肥，增强光合作用，提高粒重，减轻倒伏早衰次生危害。

3. 防干热风

在小麦扬花灌浆过程中发生干热风，可使小麦失去水分平衡，严重影响各种生理功能，显著降低千粒重，导致小麦减产。小麦“一喷三防”技术是小麦后期防病虫、防干热风，增加粒重、提高单产最直接、最简便、最有效的措施。建议各地精细各项田间管理措施，健壮个体，提高抗性。孕穗期至灌浆期，结合“一喷三防”喷施叶面肥和生长调节剂1～2次，每次间隔7～10 d。同时，加强监测预报，在干热风来临前，及时叶面喷洒萘乙酸、磷酸二氢钾等溶液，可一定程度防范干热风，减轻灾害损失。

第六节　天气及管理措施对小麦产量及构成要素的影响

一、滨州市小麦生产情况和主要特点

（一）生产情况

1. 滨州市小麦生产总体情况

2021年，滨州市小麦收获面积438.83万亩，单产495.63 kg，总产217.5万t。与上年相比，面积增加20.05万亩，增幅4.79%；单产减少13.03 kg，减幅2.56%；总产增加4.48 t，增幅2.10%。

2. 小麦产量构成

穗粒数比2020年增加，亩穗数、千粒重均比2020年减少，平均亩穗数40.19穗，减少1.43万穗，减幅为3.43%；穗粒数34.75粒，增加0.32粒，增幅0.93%；千粒重41.74 g，减少0.01 g，减幅0.02%（表11-3）。

表11-3　2020—2021年小麦产量结构对比

年份	面积（万亩）	单产（kg）	总产（万t）	亩穗数（万穗）	穗粒数（粒）	千粒重（g）
2020	418.78	508.66	213.02	41.62	34.43	41.75
2021	438.83	495.63	217.5	40.19	34.75	41.74
增减	20.05	−13.03	4.48	−1.43	0.32	−0.01
增减百分比（%）	4.79	−2.56	2.10	−3.43	0.93	−0.02

3. 小麦单产分布情况

单产200 kg以下4.27万亩，占收获总面积的0.97%；单产201 ~ 300 kg 14.62万亩，占3.33%；单产301 ~ 400 kg 54.65万亩，占12.45%；单产401 ~ 500 kg 120.3万亩，占27.41%；单产501 ~ 600 kg 205.79万亩，占46.90%；单产600 kg以上39.2万亩，占8.93%（表11-4）。

表11-4　小麦单产分布情况

项目	亩产（kg）					
	<200	201 ~ 300	301 ~ 400	401 ~ 500	501 ~ 600	>600
面积（万亩）	4.27	14.62	54.65	120.3	205.79	39.2
占比（%）	0.97	3.33	12.45	27.41	46.90	8.93

（二）主要特点

1. 播种质量好

由于机械化在农业生产中的普及，特别是秸秆还田、深耕深松面积的扩大，以及宽幅播种、规范化播种技术的大面积推广，滨州市小麦播种质量明显提高，加之播种时土壤底墒尚可、播期适宜，小麦基本实现了一播全苗。精量半精量播种面积238.56万亩，规范化播种技术378.15万亩；宽幅播种技术181.42万亩；深耕面积60.97万亩，深松面积56.6万亩，播后镇压387.3万亩。

2. 良种覆盖率高

借助小麦统一供种等平台，滨州市加大高产优质小麦品种的宣传推广力度，重点推广了济麦22、师栾02-1、鲁原502、山农20、济麦44、济南17等优良品种。良种覆盖率达到了95%以上。2020年滨州市小麦统一供种面积222.91万亩，占播种面积的52.32%，药剂拌种面积185.28万亩，占播种面积的43.49%。

3. 冬前苗情特点

冬前小麦苗情整体较好，部分麦田受前茬作物影响，有效降水不足，土壤墒情较差，导致播期较晚，群体和个体发育一般。一、二类苗面积大，占到总播种面积的八成，旺苗及“一根针”面积小，缺苗断垄面积小。

4. 春季苗情特点

由于越冬期气温偏高，大部分小麦带绿过冬；2021年春季降水适宜，麦田墒情好，小麦发育充分，苗期转化升级明显。

5. 病虫害防治

滨州市小麦病虫害统防统治达458.9万亩次。

6. 优势品种逐渐形成规模

具体面积：济麦22面积134.67万亩，是滨州市种植面积最大的品种；师栾02-1面积

63.4万亩；济麦44面积50.5万亩；济南17面积28万亩；鲁原502面积25万亩；鲁麦23面积13.02万亩。以上几大主栽品种计314.59万亩，占滨州市小麦播种总面积的71.68%。

7. “一喷三防”及统防统治技术到位

小麦“一喷三防”技术是小麦生长后期防病、防虫、防干热风的关键技术，是经实践证明的小麦后期管理的一项最直接、最有效的关键增产措施。2021年滨州市大力推广小麦“一喷三防”及统防统治技术，提高了防治效果，小麦病虫害得到了有效控制。及时发布了防御小麦干热风的技术应对措施并组织落实，有效地防范了干热风危害，为小麦丰产打下了坚实基础。

8. 小麦受灾情况

冬季降水偏少，造成滨州市9.4万亩小麦发生不同程度旱情，影响小麦生长发育；冬前极端低温造成滨州市74.18万亩小麦发生冻害，影响了部分小麦生长；5月底6月初的风雹天气，造成17.41万亩小麦倒伏；6月上中旬高温大风造成滨州市54.97万亩小麦遭受干热风危害，影响了小麦产量。

9. 收获集中，机收率高

2021年小麦集中收获时间在6月4—22日，收获面积占总面积的90%以上；机收率高，机收面积占总收获面积的98%以上，累计投入机具1万台。

二、气象条件对小麦生长发育影响分析

（一）冬前气象因素

1. 气温

播种后温度适中，有利于小麦出苗和生长。10月平均气温13.7℃，较常年偏低0.7℃。11月平均气温7.6℃，较常年偏高1.5℃。滨州市小麦冬前影响壮苗所需积温为500~700℃，10—11月大于0℃积温为654.8℃。总体看，气温偏高，容易造成小麦旺长。

2. 光照条件

10月光照197.8 h，比常年偏少11.2 h；11月光照162.5 h，比常年偏少15.4 h。总体光照偏少，不利于小麦光合作用及有机物质形成，也不利于分蘖。

3. 降水

小麦播种后，10月降水量2.5 mm，比常年偏少26.8 mm，部分水浇条件差的麦田出现干旱情况。11月降水量31.9 mm，比常年偏多31.9 mm。11月17—18日的降水过程，滨州市平均降水量46 mm，有效缓解了部分麦田的旱情，十分有利于小麦安全越冬。滨州市11月10日土壤墒情监测结果表明，冬小麦已灌溉水浇地0~20 cm土层，土壤含水量平均为18.41%，土壤相对含水量平均为78.02%，20~40 cm土壤含水量平均为17.97%，土壤相对含水量平均为76.07%；冬小麦未灌溉水浇地0~20 cm土层，土壤含水量平均为15.96%，土壤相对含水量平均为69.72%，20~40 cm土壤含水量平均16.42%，土壤相对含水量平均为71.81%；冬小麦旱地0~20 cm土层，土壤含水量平均为16.10%，土壤相对含水量平

均为70.91%，20～40 cm土壤含水量平均16.40%，土壤相对含水量平均为72.34%；麦田0～20 cm土层，土壤含水量平均为16.58%，土壤相对含水量平均为72.16%，20～40 cm土壤含水量平均17.18%，土壤相对含水量平均为74.88%（表11-5）。

表11-5　10—11月气象资料

时间	气温（℃）	距平（℃）	积温（℃）	距平（℃）	降水量（mm）	距平（mm）	日照（h）	距平（h）
10月	13.7	−0.7	426.0	−20.6	2.5	−26.8	197.8	−11.2
11月	7.6	1.5	228.8	45.2	46.0	31.9	162.5	−15.4

（二）春季气象因素

1. 气温

3月平均气温9.3℃，比常年偏高2.8℃，有利于小麦生长。4月滨州市平均气温14.2℃，比常年偏低0.2℃，5月滨州市平均气温20℃，比常年偏低0.1℃。4月26日至5月2日滨州市出现大范围降温天气，滨州市平均气温仅14.2℃，比常年偏低3.1℃，其中5月2日早晨出现了2℃的罕见低温，造成部分县区抽穗时间较常年稍晚2～3 d，影响了后期灌浆。

2. 降水

2021年2—4月滨州市降水偏多，平均降水量78.4 mm，较常年偏多34.3 mm，有利于小麦的春季转化升级。

3. 光照

2—5月日照时数1 840.1 h，较常年偏少66.1 h。光照偏少尤其5月上旬的寡照天气，不利于小麦千粒重的增加，影响千粒重（表11-6）。

表11-6　2021年1—6月气象资料

时间	气温（℃）	距平（℃）	积温（℃）	距平（℃）	降水量（mm）	距平（mm）	日照（h）	距平（h）
1月	−2.0	0.7			1.2	−3.3	192.1	14.3
2月	5.1	4.6			10.3	2.6	202.6	27.5
3月	9.3	2.8	288.5	86.7	23.7	12.2	184.0	−31.8
4月	14.2	−0.2	425.9	−6.1	44.4	19.5	191.2	−55.0
5月	20.0	−0.1	619.6	−3.2	17.8	−32.2	262.3	−6.8
6月	25.9	0.9	776.8	26.8	72.0	−2.6	205.4	−42.5

注：1、2月正负气温交替多，未统计积温。

三、小麦增产采取的主要措施

1. 大力开展高产创建平台建设，提高粮食增产能力

滨州市以“吨粮市”建设为平台，结合各县区粮食生产发展的实际，大力开展高产创

建活动。积极推广秸秆还田、深耕深松、规范化播种、宽幅精播、配方施肥、氮肥后移等先进实用新技术，熟化集成了一整套高产稳产技术，辐射带动了大面积平衡增产。

2. 坚持惠农政策落实和发挥市场作用统筹推进

广泛宣传发动，扎实落实耕地地力保护补贴政策，做到了应补尽补，保护和调动了农民种粮积极性。大力开展政策性农业保险，积极探索特色农业保险，逐步由成本保险向收入保险转变，做到了应保尽保，滨州市小麦投保面积292万亩。引导中裕食品等粮食加工企业与种粮大户签订优质麦订单100万亩，稳定种粮农民收入预期，企业获得稳定货源，实现了共赢。

3. 加强关键环节管理

在小麦冬前、返青、抽穗、灌浆等关键时期，组织专家进行苗情会商，针对不同麦田研究制定翔实可行的管理措施，指导群众不失时机地做好麦田管理。

4. 坚持病虫害预测预报和统防统治统筹推进

全力做好病虫害监测预报，及时发布病虫害发生防治信息。自4月14日滨州市首次发现小麦条锈病情以来，滨州市上下紧盯重点环节、抢抓有利时机、压实防控责任，多措并举、精准施策，各项防控措施落实到位，有力遏制了小麦条锈病扩散蔓延和为害。小麦统防统治458.9万亩次，全力保障了夏粮生产安全。

四、新技术引进、试验、示范情况

借助粮食绿色高产高效项目，加大对新技术新产品的示范推广力度，通过试验对比探索出适合滨州市的新技术新品种，其中，推广面积较大的有：玉米秸秆还田351.85万亩，规范化播种技术378.15万亩；宽幅播种技术181.42万亩；深耕面积60.97万亩，深松面积56.6万亩，播后镇压387.3万亩，氮肥后移284.07万亩，“一喷三防”技术312.54万亩。从近几年的推广情况看，规范化播种技术、宽幅精播技术、机械深松技术、“一喷三防”技术、化控防倒技术、秸秆还田技术效果明显，且技术较为成熟，推广前景好；滨州市农技站总结的小麦镇压划锄一体化技术、黄河三角洲盐碱地冬小麦节水增产播种技术、全幅播种技术等也推广了一定面积，取得了一些成效；免耕栽培技术要因地制宜推广；随着机械化程度的提高农机农艺的融合对小麦的增产作用越来越明显，要加大和农机部门的合作。品种方面滨州市主推品种为：济麦22、师栾02-1、鲁原502、泰农18、济南17等。

五、小面积高产攻关主要技术措施和做法、经验

（一）采取的主要技术措施和做法

1. 选用良种

依据气候条件、土壤基础、耕作制度等选择高产潜力大、抗逆性强的多穗性优良品种，如济麦22号、鲁原502等品种进行集中攻关、展示、示范。

2. 培肥地力

采用小麦、玉米秸秆全量还田技术，同时每亩施用土杂肥3～5 m^3，提高土壤有机质含量和保蓄肥水能力，增施商品有机肥100 kg，并适当增施锌、硼等微量元素。

3. 种子处理

选用包衣种子或进行二次拌种，促进小麦次生根生长，增加分蘖数，有效控制小麦纹枯病、金针虫等苗期病虫害。

4. 适期适量播种并播前播后镇压

小麦播种日期于10月5日左右，采用精量播种机精量播种，基本苗10万～12万株，冬前总茎数为计划穗数的1.2倍，春季最大总茎数为计划穗数的1.8～2.0倍，采用宽幅播种技术。镇压提高播种质量，对苗全苗壮作用大。

5. 冬前管理

一是于11月下旬浇灌冬水，保苗越冬、预防冬春连旱；二是喷施除草剂，春草冬治，提高防治效果。

6. 氮肥后移延衰技术

将氮素化肥的底肥比例减少到50%，追肥比例增加到50%，土壤肥力高的麦田底肥比例为30%～50%，追肥比例为50%～70%；春季第一次追肥时间由返青期或起身期后移至拔节期。

7. 后期肥水管理

于5月上旬浇灌40 m^3左右灌浆水，后期采用“一喷三防”，连喷3次，延长灌浆时间，防早衰、防干热风，提高粒重。

8. 病虫草害综合防控技术

前期以杂草及根部病害、红蜘蛛为主，后期以白粉病、赤霉病、蚜虫等为主，进行综合防控。

（二）主要经验

要选择土壤肥力高（有机质1.2%以上）、水浇条件好的地块。培肥地力是高产攻关的基础，实现小麦高产攻关必须以较高的土壤肥力和良好的土、肥、水条件为保障，要求土壤有机质含量高，氮、磷、钾等养分含量充足，比例协调。

选择具有高产能力的优良品种，如济麦22号、鲁原502等。高产良种是攻关的内因，在较高的地力条件下，选用增产潜力大的高产良种，实行良种良法配套，就能达到高产攻关的目标。

深耕深松，提高整地和播种质量。有了肥沃的土壤和高产潜力大的良种，在适宜播期内，做到足墒下种，保证播种深浅一致，下种均匀，确保一播全苗，是高产攻关的基础。

采用宽幅播种技术。通过试验和生产实践证明，在同等条件下采用宽幅播种技术比其他播种方式产量高，因此在高产攻关和大田生产中值得大力推广。

狠抓小麦“三期”管理，即冬前、春季和小麦中后期管理。栽培管理是高产攻关的关键，良种良法必须配套，才能充分发挥良种的增产潜力，达到高产的目的。

相关配套技术要运用好。集成小麦精播半精播、种子包衣、冬春控旺防冻、氮肥后移延衰、病虫草害综防、后期“一喷三防”等技术，确保各项配套技术措施落实到位。

六、小麦生产存在的主要问题

1. 整地质量问题

以旋代耕面积较大，许多地块只旋耕而不耕翻，犁底层变浅、变硬，影响根系下扎。滨州市438.83万亩小麦，深耕深松面积仅有117.57万亩。玉米秸秆还田粉碎质量不过关，且只旋耕一遍，不能完全掩埋秸秆，影响小麦苗全、苗匀。根本原因是机械受限和成本因素。通过滨州市粮食生产“十统一”工作深入开展，深耕松面积将不断扩大，以旋代耕问题将逐步解决，耕地质量将会大大提升。

2. 施肥不够合理

部分群众底肥重施化肥，轻施有机肥，重施磷肥，不施钾肥。偏重追施化肥，年后追氮肥量过大，少用甚至不追施钾肥，追肥喜欢撒施“一炮轰”，肥料利用率低且带来面源污染。究其原因为图省工省力。

3. 镇压质量有待提高

仍有部分秸秆还田地片播后镇压质量不过关，存在着早春低温冻害和干旱灾害的隐患。原因为播种机械供给不足及群众意识差等。

4. 杂草防治不太得当

部分地区雀麦、野燕麦、节节麦有逐年加重的趋势，发生严重田块出现草荒，部分防治不当地块出现除草剂药害。主观原因是对草害发生与防治的认识程度不够，冬前除草面积小。客观原因是缺乏防治节节麦高效安全的除草剂，加之冬前最佳施药期降水较多除草作业困难，春季防治适期温度不稳定等因素。

5. 品种多乱杂的情况仍然存在

“二层楼”甚至“三层楼”现象仍存在。原因为自留种或制种去杂不彻底或执法不严等。今年秋种将取消统一供种，对品种纯度及整齐度会更为不利。

6. 部分地块小麦不结实

部分地区插花式分布小麦不结实现象，面积虽小，但影响群众种植效益及积极性。初步诊断为小麦穗分化期受冷害或花期喷药所致。

7. 盐碱地粮食高产稳产难度大

盐碱程度高，引黄河引水指标受限，小麦高产栽培技术不配套，农民存在不科学的种植习惯。小麦生产面积增加潜力大，但高产稳产难度大。

七、2021年秋种在技术措施方面应做的主要工作

1. 搞好技术培训，确保关键增产技术落实

结合粮食绿色高产高效项目、农技体系建设培训等，大力组织各级农技部门开展技术培训，加大种粮大户、种植合作社、家庭农场及种粮现代农业园区等新型经营主体的培训，使农民及种植从业人员熟练掌握新技术，确保技术落地。

2. 加大关键技术和新技术推广力度

大力推广秸秆还田、深耕深松等关键技术的集成推广。疏松耕层，降低土壤容重，增加孔隙度，改善通透性，促进好气性微生物活动和养分释放；提高土壤渗水、蓄水、保肥和供肥能力。扩大小麦高低畦和全幅播种示范面积。

3. 因地制宜，搞好品种布局

继续搞好主推技术及主推品种的宣传引导，如在高肥水地块加大济麦22、山农38等多穗型品种的推广力度，并推广精播半精播、适期晚播技术，良种精选、种子包衣、防治地下害虫、根病。盐碱地种粮地块以德抗961、青农6号等品种为主。对2021年倒伏面积较大的品种进行引导更换新品种。

4. 加大宣传力度，确实搞好播后镇压

近几年来，滨州市连续冬春连旱，播后镇压对小麦安全越冬起着非常关键的作用，对防御冬季及早春低温冻害和干旱灾害意义重大。关键是镇压质量要过关。我们将利用各种媒体及手段做好播后镇压技术的落实。

第十二章　2021—2022年度小麦产量主要影响因素分析

第一节　2021年播种基础及秋种技术措施

2021年小麦秋种工作以绿色高质高效为目标，进一步优化品种结构，提高播种质量，奠定小麦丰收基础。重点抓好种子处理、播前适度深翻、宽幅精播、深施肥二次镇压全幅匀播、高低畦种植等关键技术落实，示范推广绿色高产高效新技术。

一、优化品种布局，适度扩大优质专用小麦种植面积

各级农业农村部门要根据当地品种比较试验示范情况，引导农户科学选择优良品种，进一步优化品种布局。2021年秋种，各地要适度扩大优质专用小麦，特别是强筋小麦种植面积。

（一）选择优良品种

1. 种植强筋专用小麦地区

重点选用品种：济麦44、济南17、济麦229、红地95、藁优5766、洲元9369、师栾02-1、烟农19号等。

2. 水浇条件较好地区

重点种植以下两种类型品种。一是多年推广，有较大影响品种：济麦22、鲁原502、鑫麦296、山农28号、烟农999、山农20、良星77、青丰1号、良星99、良星66、山农24；二是近三年新审定经种植展示表现较好品种：山农32、山农29、山农31、烟农173、山农30、太麦198、菏麦21、登海202、济麦23、鑫瑞麦38、淄麦29、烟农1212、鑫星169等。

3. 水浇条件较差的旱地

主要种植品种：青麦6号、烟农21、山农16、山农25、山农27、烟农0428、青麦7号、阳光10号、济麦262、齐民7号、山农34、济麦60等。

4. 中度盐碱地（土壤含盐量2‰～3‰）

主要种植品种：济南18、德抗961、山融3号、青麦6号、山农25等。

5. 种植特色小麦的地区

主要种植品种：山农紫麦1号、山农糯麦1号、济糯麦1号、济糯116、山农紫糯2号等。

（二）精细种子处理

做好种子包衣、药剂拌种，可以有效防治或减轻小麦根腐病、茎基腐病、纹枯病等病害发生，同时控制苗期地下害虫为害。根茎部病害发生较重的地块，可选用4.8%苯醚·咯菌腈悬浮种衣剂按种子量的0.2%～0.3%拌种，或30 g/L的苯醚甲环唑悬浮种衣剂按照种子量的0.3%拌种；地下害虫发生较重的地块，选用40%辛硫磷乳油按种子量的0.2%拌种，或者30%噻虫嗪种子处理悬浮剂按种子量的0.23%～0.46%拌种。病、虫混发地块用杀菌剂+杀虫剂混合拌种，可选用32%戊唑·吡虫啉悬浮种衣剂按照种子量的0.5%～0.7%拌种，或用27%的苯醚甲环唑·咯菌腈·噻虫嗪悬浮种衣剂按照种子量的0.5%拌种。

二、以大力推广“双深双晚”种植模式为突破口，积极落实小麦播前适度深翻，切实提高整地质量

所谓“双深双晚”，就是玉米深松播种（深松35 cm以上打破犁底层），小麦适当深翻播种（首次深翻控制在25 cm以内），玉米晚收（10月中旬），小麦晚播（10月中下旬）。玉米深松播种，通过深松打破犁底层，这样可使过多的雨水更快更多地渗入深层土壤，减轻玉米涝害，并做到夏水秋冬用，也能使根系深扎，提高抗旱能力，使玉米抗旱耐涝实现稳产。小麦播前适当深翻可以显著降低病虫草害的发生，还能把底层的湿土翻上来，确保小麦发芽出苗，并且原表层的干土下翻后可以让更深层的湿土阴湿，有利于长根，这样在干旱的年份就能正常播种出苗。玉米晚收可以充分利用光热资源，提高玉米的产量和品质，又避免了小麦早播旺苗。该模式有效应对了滨州市这种一年两熟、光热水资源紧张、降水极端集中旱涝转换快的难题。特别是今后黄河用水指标减少，极端天气频繁的现状，该模式更突显了其优势。各地要结合近期降水较多、底墒充足、玉米成熟延迟的时机，推动玉米适期晚收，小麦适度晚播。

（一）施足基肥

各地要在推行玉米联合收获和秸秆还田的基础上，广辟肥源、增施农家肥，提高土壤耕层的有机质含量。一般地块亩施有机肥3 000～4 000 kg，每亩施用纯氮（N）12～14 kg，磷（P_2O_5）6～8 kg，钾（K_2O）5～8 kg，磷肥、钾肥底施，氮肥50%底施，50%起身期或拔节期追施。缺少微量元素的地块，要注意补施锌肥、硼肥等。要大力推广化肥深施技术，坚决杜绝地表撒施。

（二）大犁深耕

土壤深耕可有效掩埋有机肥料、作物秸秆、杂草和病虫有机体，打破犁底层，疏松耕层，改善土壤理化性状，能够有效减轻病虫草害的发生程度，提高土壤渗水、蓄水、保肥

和供肥能力，是抗旱保墒的重要技术措施。近年来，随着机械牵引翻转犁的应用，解决了土壤深耕出现犁沟的现象。因此，有条件的地区应逐渐加大机械深耕翻的推广面积。深耕效果可以维持多年，从节本增效角度考虑，可每隔2～3年深耕1次，其他年份采用旋耕或免耕等保护性耕作播种技术。

（三）耙耢整地

耙耢可耙碎土块、疏松表土、平整地面、踏实耕层，使耕层上松下实，抗旱保墒，因此在深耕或旋耕后都应及时耙地。旋耕后的麦田表层土壤松暄，如果不先耙耢压实再播种，易导致播种过深影响深播弱苗，影响小麦分蘖的发生，造成穗数不足；并造成播种后很快失墒，影响次生根的生长和下扎，冬季易受冻导致黄弱苗或死苗。因此，各类麦田都要注意耙耢压实环节的田间作业。

三、积极推广宽幅精播、深施肥二次镇压全幅匀播和高低畦播种技术，切实提高播种质量

（一）适墒播种

小麦播种时耕层的适宜墒情为土壤相对含水量的70%～75%。在适宜墒情的条件下播种，可使种子根和次生根及时生长下扎，提高小麦抗旱能力，因此播种前墒情不足时要提前浇水造墒。在适期内，应掌握“宁可适当晚播，也要造足底墒”的原则，做到足墒下种，确保一播全苗。

（二）适期播种

温度是决定小麦播种期的主要因素。小麦从播种至越冬开始，以0℃以上积温570～650℃为宜。各地要在试验示范的基础上，因地制宜地确定适宜播期。如不能在适期内播种，要注意适当加大播量，做到播期播量相结合。

（三）因地制宜采用播种技术

1. 宽幅精量播种

在滨州市大部分地区可采用小麦宽幅精量播种，即改传统小行距条播为等行距（22～25 cm）宽幅播种，改传统密集条播籽粒拥挤一条线为宽播幅（8～10 cm）种子分散式粒播，有利于种子分布均匀，减少缺苗断垄、疙瘩苗现象，克服了传统条播籽粒拥挤，争肥，争水，根少、苗弱的生长状况。因此，各地要大力推行小麦宽幅播种机械播种。播种深度3～5 cm，播种机行进速度以每小时5 km为宜，以保证下种均匀、深浅一致、行距一致、不漏播、不重播。

在适期播种情况下，分蘖成穗率低的大穗型品种，每亩适宜基本苗15万～18万株；分蘖成穗率高的中多穗型品种，每亩适宜基本苗13万～16万株。在此范围内，高产田宜少，中产田宜多。晚于适宜播种期播种，每晚播2 d，每亩增加基本苗1万～2万株。

2. 深施肥二次镇压划锄全幅匀播技术

在滨州市大部分地区均可采用此播种技术，盐碱地、旱地、瘠薄地和晚播麦田优先推荐使用。深施肥二次镇压全幅匀播技术改传统条播为全幅播种，不留行距，将苗带中的种、苗平均分布到整个地表，充分利用行间裸地扩大个体发育空间。将肥料施到苗带下3～5 cm处，提高肥料利用率。通过两次镇压密实土壤，破碎坷垃并打破表层土毛细管，减少水分蒸腾和减少盐分向表层聚集。使用该技术时地不能太湿，要尽量整平，适期播种不增播量，晚播适度增加播量，盐碱地、旱地、瘠薄地增产明显，高肥水高产地块增产幅度小。

3. 小麦增产节水高低畦种植技术

在井灌小畦种植区采用小麦高低畦种植技术，将传统种植中的畦埂整平播种小麦，实现了高低畦种植，提高土地利用率，增加亩穗数，实现增产；利用低畦浇水高畦渗灌，提高了水流推进速度，减少过水面积，减少灌溉用水，高畦不板结，减少水分蒸发；小麦高低畦种植技术，提高植株覆盖度，减少土地裸露面积，减少杂草滋生。适宜滨州市邹平、博兴等井灌区小麦，解决了当地小畦种植土地利用率低的问题。

第二节　天气及管理措施对小麦冬前苗情的影响

一、基本苗情

2021年9—10月，滨州市平均降水量236.4 mm，较常年偏多220%，日照时数315.9 h，较常年偏少110.5 h。受连阴雨天气影响，滨州市小麦播期整体推迟10～25 d。

据农技部门调查，滨州市小麦播种面积441.36万亩，比上年增加15.36万亩，大田平均基本苗35.55万株，比上年增加14.24万株；亩茎数46.41万株，比上年减少16.06万株；单株分蘖1.15个，比上年减少1.82个；单株主茎叶片数2.83个，比上年减少1.61个；三叶以上大蘖0.25个，比上年减少1.52个；单株次生根2.53条，比上年减少1.56条。一类苗面积35.65万亩，占总播种面积的8.08%，较上年下降36.80个百分点；二类苗面积138.2万亩，占总播种面积的31.31%，较上年下降4.1个百分点；三类苗面积267.38万亩，占总播种面积的60.58%，较上年上升43.12个百分点；旺苗面积0.13万亩，较上年减少9.46万亩。总体上看，2021年小麦苗情比2020年差，播期延后造成出苗晚，群体和个体发育一般。二、三类苗面积大，占到总播种面积的九成。

二、因素分析

1. 气象因素

（1）气温。播种后温度适中，有利于小麦出苗和生长。10月平均气温14℃，较常年偏低0.4℃。11月平均气温7.8℃，较常年偏高1.7℃。滨州市小麦冬前影响壮苗所需积温为500～700℃，10—11月大于0℃积温为668.9℃。总体看，气温适宜，有利于小麦出苗和生长发育。

（2）光照条件。10月光照149.5 h，比常年偏少59.5 h；11月光照183.4 h，比常年偏多5.5 h。总体光照偏少，不利于小麦光合作用及有机物质形成，也不利于分蘖。

（3）降水。9—10月，滨州市平均降水量236.4 mm，较常年偏多102.7 mm，造成大量地块土壤湿度过大，个别地块积水严重，无法进行小麦机械播种，从而导致小麦播种较晚。晚播播量加大，基本苗比去年偏多；出苗晚，群体发育弱于上年。11月降水量64.3 mm，比常年偏多50.2 mm，有利于出苗麦田的生长发育（表12-1）。

表12-1　9—11月气象资料

时间	气温（℃）	距平（℃）	积温（℃）	距平（℃）	降水量（mm）	距平（mm）	日照（h）	距平（h）
9月	22.6	1.7	687.1	51.4	138.7	94.3	166.4	−51.0
10月	14.0	−0.4	434.1	−12.2	97.7	68.4	149.5	−59.5
11月	7.8	1.7	234.8	51.6	64.3	50.2	183.4	5.5

2. 良种覆盖率高

借助小麦统一供种等平台，滨州市加大高产优质小麦品种的宣传推广力度，重点推广了济麦22、师栾02-1、鲁原502、山农20、济麦44、济南17等优良品种。良种覆盖率达到了95%以上。

3. 科技服务到位，带动作用明显

针对2021年的不利天气，滨州市农业技术推广中心积极组织专家深入田间地头开展实地技术指导服务，多次召开专题会议，分析小麦生产面临的形势，组建“8+2”服务“三秋”生产农业技术指导服务团队，为小麦播种提出抗湿应变技术意见。一是强调适墒播种，防止因土壤过湿，影响播种质量。二是加大播量和肥量，以种、肥补晚。三是重点抓了农机农艺结合，扩大先进实用技术面积。以农机化为依托，大力推广小麦宽幅精播高产栽培技术、秸秆还田技术、深施肥二次镇压划锄全幅匀播技术、小麦增产节水高低畦种植技术等。四是充分发挥高产创建平台建设示范县和小麦规范化播种项目的示范带动作用。通过十亩高产攻关田、新品种和新技术试验展示田，将成熟的小麦高产配套栽培技术以样本的形式展示给种粮农民，提高了新技术的推广速度和应用面积。

三、存在的问题

一是晚播小麦面积大。受连续降水影响，玉米收获比较晚，导致播种晚、出苗晚，苗情弱，还有一部分未播和未出苗地块。二是部分地块播种质量不高，由于抢种土壤过湿，坷垃多播种质量差。三是普遍播种浅，不利小麦安全越冬。四是深耕松面积有所增加但总体相对偏少，连年旋耕造成耕层变浅，根系难以下扎。五是部分秸秆还田地块秸秆还田质量不高，秸秆量大，打不碎，埋不深，镇压不实，易造成冻苗、死苗。六是部分麦田存在牲畜啃青现象。七是农机农艺措施结合推广经验不足，缺乏统一组织协调机制；农机手个体分散、缺乏统一组织、培训，操作技能良莠不齐，造成机播质量不高。

四、冬前与越冬期麦田管理措施

1. 适时镇压

密实土壤，破碎坷垃，确保小麦安全越冬。

2. 及时防除麦田杂草

冬前，选择日平均气温8℃以上晴天中午前后（喷药时温度10℃左右）进行喷施除草剂，防除麦田杂草。为防止药害发生，要严格按照说明书推荐剂量使用。喷施除草剂用药量要准、加水量要足，应选用扇形喷头，做到不重喷、不漏喷，以提高防效，避免药害。

3. 适时浇好越冬水

适时浇好越冬水是保证麦苗安全越冬和春季肥水后移的一项重要措施。特别是，小麦播种浅，坷垃多，各县区要抓紧时间利用现有水利条件浇好越冬水，时间掌握在日平均气温下降到3～5℃，在麦田地表土壤夜冻昼消时浇越冬水较为适宜，但一定不要浇大水，要浇小水，由于土壤底墒足，防止因浇水过多对小麦造成负面影响。

4. 控旺促弱促进麦苗转化升级

对于各类旺长麦田，采取喷施“壮丰安”“麦巨金”等生长抑制剂控叶蘖过量生长；适当控制肥水，以控水控旺长；运用麦田镇压，抑上促下，促根生长，以达到促苗转壮、培育冬前壮苗的目标。播期偏晚的晚茬麦田，积温不够是影响年前壮苗的主要因素，田间管理要以促为主。对于墒情较好的晚播弱苗，冬前一般不要追肥浇水，以免降低地温，影响发苗，可浅锄2～3遍，以松土、保墒、增温。对于整地质量差、地表坷垃多、秸秆还田量较大的麦田，可在冬前及越冬期镇压1～2次，压后浅锄，以压碎坷垃，弥实裂缝、踏实土壤，使麦根和土壤紧实结合，提墒保墒，促进根系发育。但盐碱地不宜反复镇压。

5. 严禁放牧啃青

要进一步提高对放牧啃青危害性的认识，整个越冬期都要禁止放牧啃青。

五、春季麦田管理意见

（一）适时划锄镇压，增温保墒促早发

划锄具有良好的保墒、增温、灭草、促苗早发等效果。各类麦田，不论弱苗、壮苗或旺苗，返青期间都应抓好划锄。早春划锄的有利时机为“顶凌期”，就是表土化冻2 cm时开始划锄。划锄要看苗情采取不同的方法：①晚茬麦田，划锄要浅，防止伤根和坷垃压苗；②旺苗麦田，应视苗情，于起身至拔节期进行深锄断根，控制地上部生长，变旺苗为壮苗；③盐碱地麦田，要在“顶凌期”和雨后及时划锄，以抑制返盐，减少死苗。另外，

要特别注意，早春第一次划锄要适当浅些，以防伤根和寒流冻害。以后随气温逐渐升高，划锄逐渐加深，以利根系下扎。到拔节前划锄3遍。尤其浇水或雨后，更要及时划锄。

（二）科学施肥浇水

三类麦田春季肥水管理应以促为主。三类麦田春季追肥应分两次进行，第一次在返青期5 cm地温稳定于5℃时开始追肥浇水，一般在2月下旬至3月初，每亩施用5～7 kg尿素和适量的磷酸二铵，促进春季分蘖，巩固冬前分蘖，以增加亩穗数。第二次在拔节中期施肥，提高穗粒数。二类麦田春季肥水管理的重点是巩固冬前分蘖，适当促进春季分蘖发生，提高分蘖的成穗率。地力水平一般，亩茎数45万～50万株的二类麦田，在小麦起身初期追肥浇水，结合浇水亩追尿素10～15 kg；地力水平较高，亩茎数50万～60万株的二类麦田，在小麦起身中期追肥浇水。一类麦田属于壮苗麦田，应控促结合，提高分蘖成穗率，促穗大粒多。一是起身期喷施“壮丰安”等调节剂，缩短基部节间，控制植株旺长，促进根系下扎，防止生育后期倒伏。二是在小麦拔节期追肥浇水，亩追尿素12～15 kg。旺苗麦田植株较高，叶片较长，主茎和低位分蘖的穗分化进程提前，早春易发生冻害。拔节期以后，易造成田间郁蔽，光照不良和倒伏。春季肥水管理应以控为主。一是起身期喷施调节剂，防止生育后期倒伏。二是无脱肥现象的旺苗麦田，应早春镇压蹲苗，避免过多春季分蘖发生。在拔节期前后施肥浇水，每亩施尿素10～15 kg。

（三）防治病虫草害

白粉病、锈病、纹枯病是春季小麦的主要病害。纹枯病在小麦返青后就发病，麦田表现点片发黄或死苗，小麦叶鞘出现梭形病斑或地图状病斑，应在起身期至拔节期用“井冈霉素”兑水喷根。白粉病、锈病一般在小麦挑旗后发病，可用粉锈宁在发病初期喷雾防治。小麦虫害主要有麦蚜、麦叶蜂、红蜘蛛等，要及时防治。

（四）密切关注天气变化，预防早春冻害

防止早春冻害最有效措施是密切关注天气变化，在降温之前灌水。由于水的热容量比空气和土壤大，因此早春寒流到来之前浇水能使近地层空气中水汽增多，在发生凝结时，放出潜热，以减小地面温度的变幅。因此，有浇灌条件的地区，在寒潮来前浇水，可以调节近地面层小气候，对防御早春冻害有很好的效果。

小麦是具有分蘖特性的作物，遭受早春冻害的麦田不会冻死全部分蘖，另外还有小麦蘖芽可以长成分蘖成穗。只要加强管理，仍可获得好的收成。因此，早春一旦发生冻害，就要及时进行补救。主要补救措施：一是抓紧时间，追施肥料。对遭受冻害的麦田，根据受害程度，抓紧时间，追施速效化肥，促苗早发，提高2～4级高位分蘖的成穗率。一般每亩追施尿素10 kg左右。二是中耕保墒，提高地温。及时中耕，蓄水提温，能有效增加分蘖数，弥补主茎损失。三是叶面喷施植物生长调节剂。小麦受冻后，及时叶面喷施天达2116植物细胞膜稳态剂、复硝酚钠、己酸二乙氨基醇酯等植物生长调节剂，可促进中、小分蘖的迅速生长和潜伏芽的快发，明显增加小麦成穗数和千粒重，显著增加小麦产量。

第三节 2022年春季田间管理技术措施

针对目前滨州市小麦苗情、墒情和病虫草害发生特点，春季麦田管理要立足“早”和“促”，各地要及早谋划，动员群众早行动、争主动，以促弱苗升级，促苗情转化，促分蘖增穗为重点，坚持因苗分类管理和病虫草害绿色防控，提高麦苗群、个体质量，搭好丰产架子，奠定夏粮丰收基础。应重点抓好以下几个方面的春季田间管理技术措施。

一、适时镇压划锄，保墒增温促早发

镇压可压碎土块，弥封裂缝，沉实土壤，减少水分蒸发，提升地温，使土壤与根系密接起来，提高植株抗旱、抗寒能力，有利于根系吸收养分，促苗早发稳长。对于吊根苗和田间坷垃较多、秸秆还田质量不高导致土壤暄松的麦田，要在早春土壤化冻后进行镇压，促使土壤下层水分向上移动，起到提墒、保墒、抗旱的作用；对长势过旺麦田，要在起身期前后镇压，可以抑制地上部生长，促进根系下扎，起到控旺转壮的作用。

由于2021年小麦普遍播种浅、坷垃多，易跑墒受冻。开春以后，随着温度升高，土壤蒸发量加大，如春季降水量偏少，很容易引起干旱发生。预防春季干旱，关键是保住地下墒。划锄可有效保墒增温促早发，对群体偏小、个体偏弱、发生冻害的麦田效果尤为显著。各地要及早组织发动农户在早春表层土化冻2 cm时（顶凌期）对各类麦田进行划锄，以保持土壤墒情，提高地表温度，消灭越冬杂草。在春季浇水或雨后也要适时划锄。划锄时要切实做到划细、划匀、划平、划透，不留坷垃，不压麦苗，不漏杂草，以提高划锄效果。早春镇压应和划锄结合起来，特别是盐碱地宜采用镇压划锄一体化技术，先压后锄，达到土层上松下实、提墒保墒、增温抗旱抑盐的作用。

二、因苗分类管理，科学肥水运筹

（一）一类麦田

一类麦田即冬前亩茎数60万～80万株的壮苗麦田。对地力水平较高，群体70万～80万株的麦田，建议在小麦拔节中后期追肥浇水；对地力水平一般，群体60万～70万株的一类麦田，要在小麦拔节初期进行肥水管理。一般结合浇水亩追施尿素15～20 kg。

（二）二类麦田

二类麦田即冬前亩茎数45万～60万株介于弱苗和壮苗之间麦田类型。春季田间管理的重点是促进春季分蘖的发生，巩固冬前分蘖，提高冬春分蘖的成穗率。地力水平较高，群体55万～60万株的二类麦田，在小麦起身以后、拔节以前追肥浇水；地力水平一般，群体45万～55万株的二类麦田，在小麦起身期进行肥水管理。

（三）三类麦田

三类麦田即冬前亩茎数小于45万株的弱苗麦田。春季田间管理应以促为主。要通过“早划锄、早追肥”等措施促进苗情转化升级。一般在早春表层土化冻2 cm时开始划锄，增温促早发。同时，在早春土壤化冻后及早追施氮肥和磷肥，促根增蘖保穗数。只要墒情尚可，应尽量避免早春浇水，以免降低地温，影响土壤通透性并延缓麦苗生长发育。

（四）“土里捂”和“一根针”麦田

对于冬前“土里捂”和“一根针”麦田，春季管理首先要保墒增温，在小麦黄墒期（化透冻土）三四天后进行镇压；其次，要适度推迟浇水，最早也应到三叶期以后，有喷灌条件的可适度提前几天；第三，对底肥不足麦田在不埋苗的情况下提早串施或利用水肥一体化补充氮肥，对于随水撒施肥料管理的麦田，肥水应适当推迟。

（五）无水浇条件麦田

对于无水浇条件麦田应在早春土壤化冻后抓紧进行镇压划锄，以提墒、保墒。缺肥麦田，要在土壤返浆后，借墒施入氮素化肥，促苗早发；一般壮苗麦田，应在小麦起身至拔节期间降水后，抓紧借雨追肥。一般亩追施尿素12～15 kg。对底肥没施磷肥的要在氮肥中配施磷酸二铵，促根下扎，提高抗旱能力。

三、做好预测预报，绿色防控病虫草害

受小麦播期推迟影响，麦苗长势偏弱，但病害冬前侵染时间较短，预计病虫害总体发生情况与常年持平，虫害发生较常年相对较轻，病害发生与常年持平，春季土壤湿度较大，病虫害发生的概率也比较高，冬前化学除草面积大幅少于常年。

各地要密切跟踪病虫害的发生发展趋势，及早备好药剂药械，科学预测预报，搞好专业化统防统治，做到早发现、早预警、早防治。推广统防统治和绿色防控，实现农药减量控害。对小麦条锈病的防控，减持带药侦查，发现一点，防治一片，及早控制发病中心。推广“一喷早三防”技术，杀虫剂、杀菌剂和植物生长调节剂混合使用，防病治虫防旺长，重点防控小麦茎基腐病为主的根茎部病害，小麦红蜘蛛等虫害。杀菌剂可选用丙环·嘧菌酯悬乳剂、氰烯·戊唑醇悬浮剂、氟唑菌酰羟胺、噻呋酰胺等药剂。

冬前未进行化学除草的麦田，应在当日平均气温稳定在6℃以上时进行施药。阔叶杂草为主的麦田，可使用双氟磺草胺、氯氟吡氧乙酸；禾本科杂草为主的麦田，可用氟唑磺隆、甲基二磺隆等除草剂要严格按照推荐剂量、适宜浓度、使用时期和技术操作规程使用，避免漏喷、重喷，以免发生药害。

四、密切关注天气变化，预防春季低温冷害

春季低温冷害是滨州市春季常发灾害，特别是起身拔节阶段的“倒春寒”对产量和品

质影响都很大。各地要密切关注天气变化，做好预警预防工作，努力减轻灾害损失。

预防春季低温冷害特别是“倒春寒”，可在降温之前灌水，调节近地面层小气候，减轻冻害对麦田的影响。若发生冻害，就要及时进行补救：一是抓紧时间，追施肥料。对遭受冻害的麦田，根据受害程度，抓紧时间，追施速效化肥，促苗早发，提高2～4级高位分蘖的成穗率。一般每亩追施尿素10 kg左右。二是及时适量浇水，促进小麦对氮素的吸收，平衡植株水分状况，使小分蘖尽快生长，增加有效分蘖数，弥补主茎损失。三是叶面喷施植物生长调节剂。小麦受冻后，及时叶面喷施植物细胞膜稳态剂、复硝酚钠等植物生长调节剂，可促进中、小分蘖的迅速生长和潜伏芽的快发，明显增加小麦成穗数和千粒重，显著增加小麦产量。

第四节　天气及管理措施对小麦春季苗情的影响

一、基本苗情

滨州市有麦面积439.58万亩，比上年增加7.11万亩，亩茎数60.23万株，比上年减少15.1万株；单株分蘖2.32个，比上年减少1.25个；单株次生根3.72条，比上年减少1.41条。一类苗面积99.7万亩，占总播种面积的22.68%，较上年下降23.22个百分点；二类苗面积210.99万亩，占总播种面积的48.00%，较上年上升9.53个百分点；三类苗面积128.75万亩，占总播种面积的29.29%，较上年上升14.79个百分点；旺苗面积0.14万亩，较上年减少4.14万亩。总体上看，2022年小麦春季长势整体偏弱，受前茬作物影响，导致播期较晚，群体和个体发育一般，二、三类苗面积大，占到总播种面积的七成。今春麦田墒情好，小麦发育充分，苗期转化升级明显。

二、存在的主要问题

一是三类苗面积较大；二是部分麦田土壤暄松，没有及时镇压，存在遭受低温冻害、后期倒伏和熟前早衰的风险；三是冬前化学除草面积小；四是土壤墒情好，气温高有利于部分病虫害的发生。

三、春季管理措施

春季麦田管理要以“促弱转壮、保蘖成穗、培育合理群体”为主攻方向，重点是立足“早”，早发动、早下地、早管理；立足“促”，肥水早施，促苗情转化；立足“防”，抓好重大病虫草害防治，为小麦丰收奠定坚实基础。

（一）返青期管理

1. 二、三类苗管理

对播种较晚、基本苗低于45万的麦田，重点是促弱转壮，促根增蘖，提高成穗率。要“早划锄、早追肥”，一般在早春表层土化冻2 cm时开始中耕划锄，拔节前力争中耕划锄2～3遍，增温促早发。在早春土壤化冻后及早追肥，一般亩追复合肥20～30 kg或尿素15～20 kg，促根增蘖保穗数。只要墒情尚可，应尽量避免早春浇水，以免降低地温，影响土壤透气性延缓麦苗生长发育。

对播量偏大、基本苗超过45万的晚播地块，尤其是独秆栽培的晚播小麦，要以主茎成穗为主攻方向，要控制肥水抑制无效分蘖，促主茎成大穗。

2. 一类苗、旺苗管理

重点是控旺转壮，促蘖成穗。在管理措施上要以控为主，适时镇压，在返青期每隔7～10 d镇压1次，共镇压1～2次，一般不需浇水施肥。

3. 病虫草害防治

重点抓好化学除草和茎基腐病防治。

（1）化学除草。冬前未进行化学除草的麦田，应在当日平均气温稳定在8℃以上时进行施药。阔叶杂草为主的麦田，可使用双氟磺草胺、唑草酮、氯氟吡氧乙酸等单剂或混剂；禾本科杂草为主的麦田，可用氟唑磺隆、甲基二磺隆、精噁唑禾草灵、炔草酯等单剂或混剂。禾本科杂草和阔叶杂草混合发生麦田，可选用以上药剂的混合制剂。除草剂要严格按照推荐剂量、适宜浓度、使用时期和技术操作规程使用，避免漏喷、重喷，以免发生药害。

（2）茎基腐病防治。可选用丙环·嘧菌酯悬乳剂、氰烯·戊唑醇悬浮剂、氟唑菌酰羟胺悬浮剂兑水喷雾防治，适当加大用水量，重点喷施小麦茎基部。防治纹枯病，田间病株率达到10%时，可选用噻呋酰胺、丙环唑乳油、己唑醇等药剂兑水均匀喷雾防治。对于未经种子处理的麦田，返青后当地下害虫为害死苗率达10%时，可结合划锄用辛硫磷加细土（1∶200）配成毒土撒施，先撒施后锄地防效更好。

（二）起身拔节期管理

1. 二、三类苗管理

重点是促进有效分蘖，着力提高亩穗数。在返青期没有浇水追肥的地块，应抓紧结合浇水进行追肥，一般亩均使用尿素15～20 kg。已在返青期浇水追肥但显现缺肥症状的地块，应在拔节期再追施尿素10 kg左右。

2. 一类苗、旺苗管理

重点是合理运筹肥水，地力水平较高的一类麦田，在拔节中后期追肥浇水；地力水平一般的一类麦田，在拔节初期追肥浇水。一般结合浇水亩追尿素20～25 kg。对旺长麦田，应在前期控旺的基础上，将追肥时期推迟到拔节后期，一般施肥量为亩追尿素15～20 kg。

3. 病虫害防治

重点是密切监测条锈病等病虫害发生动态，及时组织开展统防统治。对条锈病，要坚持带药侦查，“发现一点、防治一片”，及早控制发病中心，及时组织大面积应急防治。可选用戊唑醇、烯唑醇、已唑醇、吡唑醚菌酯等药剂进行防治。对纹枯病，当病株率达10%时，可选用井冈霉素、噻呋酰胺、三唑类等药剂及时进行茎基部喷雾防治。对麦蚜，当百株蚜量达500头以上时，可选用吡虫啉、高效氯氰菊酯、噻虫嗪等药剂进行防治。对麦蜘蛛，当平均每尺单行有虫200头以上或每株有虫6头时，可选用阿维菌素、哒螨灵等药剂进行防治。

4. “倒春寒”灾害应对

最有效的措施是在降温之前浇水。对已经发生冻害的麦田，一要根据小麦受冻程度，抓紧追施速效化肥，一般每亩追施尿素10 kg左右；二要及时适量浇水，平衡植株水分状况，增加有效分蘖数，弥补主茎损失；三要及时喷施芸苔素内酯、复硝酚钠等植物生长调节剂，促进中小分蘖的迅速生长和潜伏芽的快发，增加小麦成穗数。

第五节　2022年小麦中后期管理技术措施

小麦生长后期是穗粒数、千粒重影响的关键期，也是气象灾害和病虫害的高发期。抓好这一阶段的麦田管理，对夺取小麦丰收具有重要意义。经过前一阶段的管理，预计大部分小麦长势接近常年。此阶段主攻目标是“增粒数，攻粒重”，重点措施是抓好肥水管理、落实“一喷三防”，有效应对气象灾害和病虫害。

一、抽穗扬花期管理

1. 肥水管理

对高产地块，墒情较差的应适时浇好抽穗扬花水；对中低产地块，应结合浇水亩追尿素7.5 kg左右，保证小麦正常灌浆。

2. 病虫害防治

重点防治小麦赤霉病、锈病、白粉病、蚜虫等，适时实施“一喷三防”。对赤霉病，在抽穗扬花期遭遇连阴雨或连续结露、多雾天气，应立即喷施戊唑醇、氰烯菌酯、咪鲜胺等药剂预防；若气候条件适宜发病，应隔5～7 d再喷药1次。若施药6 h后遇雨，应及时补喷。对白粉病、叶锈病，当田间白粉病病叶率达10%或叶锈病病叶率达5%时，可选用三唑酮、烯唑醇、丙环唑、吡唑醚菌酯等药剂防治。对蚜虫，当田间百穗蚜量达500头以上时，可选用吡虫啉、高效氯氟氰菊酯、氟啶虫胺腈等药剂防治。对条锈病，要继续强化监测，及时封锁防治。

二、灌浆期管理

1. 高产田管理

小麦灌浆期耗水量约占整个生育期耗水总量的1/4。对墒情不足地块，要适时浇好浇足灌浆水。应特别注意不要在小麦收获前半月内浇水，以免导致植株早衰。浇水时应密切关注天气变化，不要在风雨天气前浇水，以防小麦倒伏。

2. 中低产田管理

中低产田保水保肥能力差，应在浇好浇足灌浆水的同时，结合浇水进行追肥，亩追尿素7.5 ~ 10 kg，提高粒重，增加产量。

3. 病虫害防治

重点防治穗期蚜虫、白粉病、叶锈病等。当百穗蚜量在500头以上、白粉病田间病叶率在10%或叶锈病病叶率在5%时，可使用杀虫剂、杀菌剂混合喷雾防治。在收获前15 d停止用药。

4. 气象灾害应对

（1）倒伏。小麦生长后期遭遇大风降水天气可能导致倒伏。此时，小麦植株具有自动调节功能，倒伏后应顺其自然、不扶不绑，待叶片和穗轴自然翘起。有条件的可喷施三唑类杀菌剂预防白粉病等次生灾害。

（2）干热风。最有效措施是喷施叶面肥。可在灌浆初期或中期通过叶面喷施尿素、磷酸二氢钾等溶液，增强叶片功能，防止小麦早衰。也可通过实施“一喷三防”，防病防虫防干热风。

第六节　天气及管理措施对小麦产量及构成要素的影响

一、滨州市小麦生产情况和主要特点

（一）生产情况

1. 滨州市小麦生产总体情况

2022年，滨州市小麦收获面积441.89万亩，单产517.85 kg，总产228.83万t。与上年相比，面积增加3.06万亩，增幅0.70%；单产增加22.22 kg，增幅4.48%；总产增加11.3 t，增幅5.21%。

2. 小麦产量构成

穗粒数、亩穗数、千粒重均比上年增加，平均亩穗数41.81穗，增加1.62万穗，增幅为4.03%；穗粒数34.86粒，增加0.11粒，增幅0.32%；千粒重41.8 g，增加0.06 g，增幅0.14%（表12-2）。

表12-2　2021—2022年小麦产量结构对比

年份	面积（万亩）	单产（kg）	总产（万t）	亩穗数（万穗）	穗粒数（粒）	千粒重（g）
2021	438.83	495.63	217.5	40.19	34.75	41.74
2022	441.89	517.85	228.83	41.81	34.86	41.8
增减	3.06	22.22	11.33	1.62	0.11	0.06
增减百分比（%）	0.70	4.48	5.21	4.03	0.32	0.14

3. 小麦单产分布情况

单产200 kg以下4.2万亩，占收获总面积的0.95%；单产201～300 kg12.07万亩，占2.73%；单产301～400 kg41.38万亩，占9.36%；单产401～500 kg130.65万亩，占29.57%；单产501～600 kg200.41万亩，占43.53%；单产600 kg以上53.16万亩，占12.03%（表12-3）。

表12-3　小麦单产分布情况

项目	亩产（kg）					
	<200	201～300	301～400	401～500	501～600	>600
面积（万亩）	4.2	12.07	41.38	130.65	200.41	53.16
占比（%）	0.95	2.73	9.36	29.57	45.35	12.03

（二）主要特点

1. 播种质量好

由于机械化在农业生产中的普及，特别是秸秆还田、深耕深松面积的扩大，以及宽幅播种、规范化播种技术的大面积推广，滨州市小麦播种质量明显提高，加之播种时土壤底墒尚可、播期适宜，小麦基本实现了一播全苗。精量半精量播种面积213.75万亩，规范化播种技术399.73万亩；宽幅播种技术190.63万亩；深耕面积65.4万亩，深松面积86.33万亩，播后镇压352.47万亩。

2. 良种覆盖率高

借助小麦统一供种等平台，滨州市加大高产优质小麦品种的宣传推广力度，重点推广了济麦22、师栾02-1、济麦44、济南17、鲁原502、临麦4号等优良品种。良种覆盖率达到了95%以上。2020年滨州市小麦统一供种面积227.6万亩，占播种面积的51.56%，药剂拌种面积422.91万亩，占播种面积的95.81%。

3. 冬前苗情特点

2021年9—10月，滨州市平均降水量236.4 mm，较常年偏多220%，日照时数315.9 h，较常年偏少110.5 h。受连阴雨天气影响，滨州市小麦播期整体推迟10～25 d。冬前整体苗情较差，播期延后造成出苗晚，群体和个体发育一般。二、三类苗面积大，占到总播种面积的九成。

4. 春季苗情特点

小麦春季长势整体偏弱，受前茬作物影响，导致播期较晚，群体和个体发育一般，二、三类苗面积大，占到总播种面积的七成。今春麦田墒情好，小麦发育充分，苗期转化升级明显。

5. 病虫害防治

2022年滨州市小麦病虫害发生较轻，小麦统防统治实现全覆盖。

6. 优势品种逐渐形成规模

具体面积：济麦22面积185.74万亩，是滨州市种植面积最大的品种；师栾02-1面积68.35万亩；济麦44面积52.34万亩；济南17面积29.8万亩；鲁原502面积29.2万亩；临麦4号面积17.33万亩。以上几大主栽品种计382.76万亩，占滨州市小麦播种总面积的86.61%。

7. "一喷三防"及统防统治技术到位

小麦"一喷三防"技术是小麦生长后期防病、防虫、防干热风的关键技术，是经实践证明的小麦后期管理的一项最直接、最有效的关键增产措施。2022年滨州市大力推广小麦"一喷三防"及统防统治技术，提高了防治效果，小麦病虫害得到了有效控制。及时发布了防御小麦干热风的技术应对措施并组织落实，有效地防范了干热风危害，为小麦丰产打下了坚实基础。

8. 小麦受灾情况

小麦生长中后期降水偏少，造成滨州市7.82万亩小麦发生不同程度旱情，影响小麦产量；5—6月的冰雹天气，造成4.28万亩小麦受灾。

9. 收获集中，机收率高

2022年小麦集中收获时间在6月4—22日，收获面积占总面积的90%以上；机收率高，机收面积占总收获面积的98%以上，累计投入机具1万台。

二、气象条件对小麦生长发育影响分析

（一）冬前气象因素

（1）气温。播种后温度适中，有利于小麦出苗和生长。10月平均气温14℃，较常年偏低0.4℃。11月平均气温7.8℃，较常年偏高1.7℃。滨州市小麦冬前影响壮苗所需积温为500～700℃，10—11月大于0℃积温为668.9℃。总体来看，气温适宜，有利于小麦出苗和生长发育。

（2）光照条件。10月光照149.5 h，比常年偏少59.5 h；11月光照183.4 h，比常年偏多5.5 h。总体光照偏少，不利于小麦光合作用及有机物质形成，也不利于分蘖。

（3）降水。9—10月，滨州市平均降水量236.4 mm，较常年偏多102.7 mm，造成大量地块土壤湿度过大，个别地块积水严重，无法进行小麦机械播种，从而导致小麦播种较晚。晚播播量加大，基本苗比上年偏多；出苗晚，群体发育弱于上年。11月降水量

64.3 mm，比常年偏多50.2 mm，有利于出苗麦田的生长发育（表12-4）。

表12-4 2021年9—11月气象资料

时间	气温（℃）	距平（℃）	积温（℃）	距平（℃）	降水量（mm）	距平（mm）	日照（h）	距平（h）
9月	22.6	1.7	687.1	51.4	138.7	94.3	166.4	-51.0
10月	14.0	-0.4	434.1	-12.2	97.7	68.4	149.5	-59.5
11月	7.8	1.7	234.8	51.6	64.3	50.2	183.4	5.5

（二）春季气象因素

1. 气温

3月平均气温8.3℃，比常年偏高0.7℃，有利于小麦生长。4月滨州市平均气温16.4℃，比常年偏高1.7℃，5月滨州市平均气温21.2℃，比常年偏高0.5℃。小麦从返青到中后期，气温适宜，有利于小麦生长和产量形成。

2. 降水

2022年3—5月滨州市降水偏少，平均降水量541. mm，较常年偏少30.8 mm，造成部分麦田出现旱情，影响了后期的灌浆。

3. 光照

2—5月日照时数911.3 h，较常年偏少10.9 h。光照偏少影响了小麦中后期的孕穗和灌浆，不利于小麦千粒重的增加，影响千粒重（表12-5）。

表12-5 2022年1—6月气象资料

时间	气温（℃）	距平（℃）	积温（℃）	距平（℃）	降水量（mm）	距平（mm）	日照（h）	距平（h）
1月	-1.0	1.1			3.8	-0.7	153.7	-12.8
2月	0.7	-0.5			0.5	-8.7	206.3	37.6
3月	8.3	0.7	257.3	22.0	27.0	17.9	194.3	-26.2
4月	16.4	1.7	492.1	50.9	20.1	-7.0	230.4	-10.3
5月	21.2	0.5	657.4	15.5	7.0	-41.7	280.3	9.8
6月	26.5	1.1	795.2	33.3	151.7	72.0	228.9	-10.8

注：1、2月正负气温交替多，未统计积温。

三、小麦增产采取的主要措施

1. 大力开展高产创建平台建设，提高粮食增产能力

滨州市以“吨粮市”建设为平台，结合各县区粮食生产发展的实际，大力开展高产创

建活动。积极推广秸秆还田、深耕深松、规范化播种、宽幅精播、配方施肥、氮肥后移等先进实用新技术，熟化集成了一整套高产稳产技术，辐射带动了大面积平衡增产。

2. 坚持惠农政策落实和发挥市场作用统筹推进

广泛宣传发动，扎实落实耕地地力保护补贴政策，做到了应补尽补，保护和调动了农民种粮积极性。大力开展政策性农业保险，积极探索特色农业保险，逐步由成本保险向收入保险转变，做到了应保尽保。

3. 加强关键环节管理

在小麦冬前、返青、抽穗、灌浆等关键时期，组织专家进行苗情会商，针对不同麦田研究制定翔实可行的管理措施，指导群众不失时机地做好麦田管理。

4. 坚持病虫害预测预报和统防统治统筹推进

全力做好病虫害监测预报，及时发布病虫害发生防治信息。小麦统防统治全覆盖，全力保障了夏粮生产安全。

四、新技术引进、试验、示范情况

借助粮食绿色高产高效项目，加大对新技术新产品的示范推广力度，通过试验对比探索出适合滨州市的新技术新品种，其中，推广面积较大的有：玉米秸秆还田324.57万亩，规范化播种技术399.73万亩；宽幅播种技术190.63万亩；深耕面积65.4万亩，深松面积86.33万亩，播后镇压352.47万亩，氮肥后移194.32万亩，“一喷三防”技术489.2万亩。从近几年的推广情况看，规范化播种技术、宽幅精播技术、机械深松技术、“一喷三防”技术、化控防倒技术、秸秆还田技术效果明显，且技术较为成熟，推广前景好；滨州市农技科总结的小麦镇压划锄一体化技术、黄河三角洲盐碱地冬小麦节水增产播种技术、全幅播种技术等也推广了一定面积，取得了一些成效；免耕栽培技术要因地制宜推广；随着机械化程度的提高农机农艺的融合对小麦的增产作用越来越明显，要加大和农机部门的合作。品种方面滨州市主推品种为：济麦22、师栾02-1、鲁原502、泰农18、济南17等。

五、小面积高产攻关主要技术措施和经验、做法

（一）采取的主要技术措施和做法

1. 选用良种

依据气候条件、土壤基础、耕作制度等选择高产潜力大、抗逆性强的多穗性优良品种，如济麦22号、鲁原502等品种进行集中攻关、展示、示范。

2. 培肥地力

采用小麦、玉米秸秆全量还田技术，同时每亩施用土杂肥3 ~ 5 m^3，提高土壤有机质含量和保蓄肥水能力，增施商品有机肥100 kg，并适当增施锌、硼等微量元素肥料。

3. 种子处理

选用包衣种子或进行二次拌种，促进小麦次生根生长，增加分蘖数，有效控制小麦纹枯病、金针虫等苗期病虫害。

4. 适期适量播种并播前播后镇压

小麦播种日期于10月5日左右，采用精量播种机精量播种，基本苗10万～12万株，冬前总茎数为计划穗数的1.2倍，春季最大总茎数为计划穗数的1.8～2.0倍，采用宽幅播种技术。镇压提高播种质量，对苗全苗壮作用大。

5. 冬前管理

一是于2021年11月下旬浇灌冬水，保苗越冬、预防冬春连旱；二是喷施除草剂，春草冬治，提高防治效果。

6. 氮肥后移延衰技术

将氮素化肥的底肥比例减少到50%，追肥比例增加到50%，土壤肥力高的麦田底肥比例为30%～50%，追肥比例为50%～70%；春季第一次追肥时间由返青期或起身期后移至拔节期。

7. 后期肥水管理

于5月上旬浇灌40 m^3左右灌浆水，后期采用“一喷三防”，连喷3次，延长灌浆时间，防早衰、防干热风，提高粒重。

8. 病虫草害综合防控技术

前期以杂草及根部病害、红蜘蛛为主，后期以白粉病、赤霉病、蚜虫等为主，进行综合防控。

（二）主要经验

要选择土壤肥力高（有机质1.2%以上）、水浇条件好的地块。培肥地力是高产攻关的基础，实现小麦高产攻关必须以较高的土壤肥力和良好的土、肥、水条件为保障，要求土壤有机质含量高，氮、磷、钾等养分含量充足，比例协调。

选择具有高产能力的优良品种，如济麦22号、鲁原502等。高产良种是攻关的内因，在较高的地力条件下，选用增产潜力大的高产良种，实行良种良法配套，就能达到高产攻关的目标。

深耕深松，提高整地和播种质量。有了肥沃的土壤和高产潜力大的良种，在适宜播期内，做到足墒下种，保证播种深浅一致，下种均匀，确保一播全苗，是高产攻关的基础。

采用宽幅播种技术。通过试验和生产实践证明，在同等条件下采用宽幅播种技术比其他播种方式产量高，因此在高产攻关和大田生产中值得大力推广。

狠抓小麦“三期”管理，即冬前、春季和小麦中后期管理。栽培管理是高产攻关的关键，良种良法必须配套，才能充分发挥良种的增产潜力，达到高产的目的。

相关配套技术要运用好。集成小麦精播半精播、种子包衣、冬春控旺防冻、氮肥后移延衰、病虫草害综防、后期“一喷三防”等技术，确保各项配套技术措施落实到位。

六、小麦生产存在的主要问题

1. 整地质量问题

以旋代耕面积较大，许多地块只旋耕而不耕翻，犁底层变浅、变硬，影响根系下扎。滨州市441.89万亩小麦，深耕深松面积151.73万亩，只有三成多。玉米秸秆还田粉碎质量不过关，且只旋耕1遍，不能完全掩埋秸秆，影响小麦苗全、苗匀。根本原因是机械受限和成本因素。通过滨州市粮食生产"十统一"工作深入开展，深耕松面积将不断扩大，以旋代耕问题将逐步解决，耕地质量将会大大提升。

2. 施肥不够合理

部分群众底肥重施化肥，轻施有机肥，重施磷肥，不施钾肥。偏重追施化肥，年后追氮肥量过大，少用甚至不追施钾肥，追肥喜欢撒施"一炮轰"，肥料利用率低且带来面源污染。究其原因为图省工省力。

3. 镇压质量有待提高

仍有部分秸秆还田地片播后镇压质量不过关，存在着早春低温冻害和干旱灾害的隐患。原因为播种机械供给不足及群众意识差等因素。

4. 杂草防治不太得当

部分地区雀麦、野燕麦、节节麦有逐年加重的趋势，发生严重田块出现草荒，部分防治不当地块出现除草剂药害。主观原因是对草害发生与防治的认识程度不够，冬前除草面积小。客观原因是缺乏防治节节麦高效安全的除草剂，加之冬前最佳施药期降水较多除草作业困难，春季防治适期温度不稳定等因素。

5. 品种多乱杂的情况仍然存在

"二层楼"甚至"三层楼"现象仍存在。原因为自留种或制种去杂不彻底或执法不严等。

6. 部分地块小麦不结实

部分地区插花式分布小麦不结实现象，面积虽小，但影响群众种植效益及积极性。初步诊断为小麦穗分化期受冷害或花期喷药所致。

7. 盐碱地粮食高产稳产难度大

盐碱程度高，引黄河引水指标受限，小麦高产栽培技术不配套，农民存在不科学的种植习惯。小麦生产面积增加潜力大，但高产稳产难度大。

七、秋种期间在技术措施方面应做的主要工作

1. 搞好技术培训，确保关键增产技术落实

结合粮食绿色高产高效项目、农技体系建设培训等，大力组织各级农技部门开展技术培训，加大对种粮大户、种植合作社、家庭农场及种粮现代农业园区等新型经营主体的培训，使农民及种植从业人员熟练掌握新技术，确保技术落地。

2. 加大关键技术和新技术推广力度

大力进行秸秆还田、深耕深松等关键技术的集成推广。疏松耕层，降低土壤容重，增加孔隙度，改善通透性，促进好气性微生物活动和养分释放；提高土壤渗水、蓄水、保肥和供肥能力。扩大小麦高低畦和全幅播种示范面积。

3. 因地制宜，搞好品种布局

继续搞好主推技术及主推品种的宣传引导，如在高肥水地块加大济麦22、山农38等多穗型品种的推广力度，并推广精播半精播、适期晚播技术，良种精选、种子包衣、防治地下害虫、根病。盐碱地种粮地块以德抗961、青农6号等品种为主。对倒伏面积较大的品种进行引导更换新品种。

4. 加大宣传力度，确实搞好播后镇压

近几年来，滨州市连续冬春连旱，播后镇压对小麦安全越冬起着非常关键的作用，对防御冬季及早春低温冻害和干旱灾害意义重大。关键是镇压质量要过关。我们将利用各种媒体及手段做好播后镇压技术的落实。